新时代新理念职业教育教材·土木建筑类
职业教育校企合作开发教材

地下工程施工安全管理

主　编　柳　伟　胡中华
副主编　孙　微　乔雪垠　刘桂琴　李建高

北京交通大学出版社
·北京·

内容简介

本书针对地下工程施工技术和施工组织管理，按照项目化教学的理念，综合考虑人才培养方案、课程标准，精准对接 “五大员”、安全工程师及全断面隧道掘进机操作 1+X 职业技能等级证书的技能要求，将全书内容分为五个项目，分别为安全生产教育、安全生产体系组成、安全文明施工、特种作业安全管理、施工安全管理。每个项目包括若干任务，每个任务包括若干知识点和实践活动。

本书可作为高等职业院校土木工程专业或其他相关专业的教学用书或参考书，也可作为从事地下工程施工或管理的技术人员或管理人员的培训用书或手册。

图书在版编目（CIP）数据

地下工程施工安全管理 / 柳伟，胡中华主编. —北京：北京交通大学出版社，2023.12
新时代新理念职业教育教材. 土木建筑类
ISBN 978-7-5121-5137-6

Ⅰ. ① 地… Ⅱ. ① 柳… ② 胡… Ⅲ. ① 地下工程-工程施工-安全管理-职业教育-教材 Ⅳ. ① TU94

中国国家版本馆 CIP 数据核字（2023）第 230695 号

地下工程施工安全管理
DIXIA GONGCHENG SHIGONG ANQUAN GUANLI

责任编辑：严慧明
出版发行：北京交通大学出版社　　电话：010–51686414　　http://www.bjtup.com.cn
地　　址：北京市海淀区高梁桥斜街 44 号　　邮编：100044
印 刷 者：北京虎彩文化传播有限公司
经　　销：全国新华书店
开　　本：185 mm×260 mm　　印张：16.75　　字数：387 千字
版 印 次：2023 年 12 月第 1 版　　2023 年 12 月第 1 次印刷
定　　价：68.00 元

本书如有质量问题，请向北京交通大学出版社质监组反映。对您的意见和批评，我们表示欢迎和感谢。
投诉电话：010-51686043，51686008；传真：010-62225406；E-mail：press@bjtu.edu.cn。

前　　言

随着我国城市化建设的不断推进，越来越多的地下工程项目出现在我们的日常生活中，如地铁、地下停车场、地下通道、地下商城等。地下工程的建设不仅可以有效地解决城市交通、环保等问题，同时也是城市化建设的重要组成部分。虽然地下工程在建设过程中，相关技术和设备有着长足的发展，但是地下工程安全方面的问题却日益凸显。为了预防和减少事故的发生，地下工程施工安全管理的工作就显得尤为重要。

本书结合当前地下工程施工技术的新发展和隧道及地下工程施工安全管理一线人员的岗位需求，系统全面地介绍了地下工程施工安全管理的基本知识和施工组织管理相关知识。本书按照地下工程施工全过程，分为安全生产教育、安全生产体系组成、安全文明施工、特种作业安全管理、施工安全管理五个项目，内容选取上，综合考虑人才培养方案、课程标准，精准对接 “五大员”、安全工程师及全断面隧道掘进机操作 1+X 职业技能等级证书的技能要求。本书可作为高等职业院校土木工程专业或其他相关专业的教学用书或参考书，也可作为从事地下工程施工或管理的技术人员或管理人员的培训用书或手册。

本书是一本新型的一体化教材，它利用隧道及地下工程施工技术专业国家资源库，提供了颗粒化的教学资源，支持混合式教学模式。为了方便教学，本书配备了微课，读者登录学习通和智慧职教可进行在线学习，学习网址：https://www.xueyinonline.com/detail/236334946。

本书由江西交通职业技术学院、河南建筑职业技术学院、中铁隧道局集团有限公司联合编写。本书共分为 5 个项目 15 个任务，江西交通职业技术学院孙微编写项目 1，河南建筑职业技术学院刘桂琴编写项目 2 的任务 2.1 和任务 2.2，河南建筑职业技术学院乔雪垠编写项目 2 的任务 2.3，江西交通职业技术学院柳伟编写项目 4，江西交通职业技术学院胡中华编写项目 3 和项目 5 的任务 5.1，中铁隧道局集团有限公司李建高编写项目 5 的任务 5.2 和任务 5.3。

尽管我们在探索《地下工程施工安全管理》教材特色的建设方面做出了许多努力，但由于编者水平有限，教材中仍可能存在一些疏漏和不妥之处，恳请读者批评指正，并将建议反馈给我们，以便及时修订完善。

编　者

2023 年 11 月

习题答案

目　　录

项目1　安全生产教育

任务1.1　安全生产危害认知

教学目标

（1）了解与安全、事故和危险有关的概念；
（2）了解安全生产教育的内容和方法；
（3）熟悉安全生产管理基本原理、安全生产方针与原则；
（4）熟悉建设工程参与各方安全责任和施工单位内部安全责任分工。

任务描述

2019年11月9日9时40分许，位于嘉兴市南湖区某化工公司的新建生产废水调节池工地，承包钢结构工程安装单位嘉兴某新材料公司员工卢某，在擅自进行钢结构檩条的电焊作业时，电焊火星引发调节池内违规存放的废水挥发出的易燃易爆气体闪爆，造成调节池顶部混凝土掀开，导致在池顶作业的8名工人被不同程度砸压，其中1名工人送医院后经抢救无效死亡。

事故直接原因：

（1）化工公司在尚未完工的新建生产废水调节池内违规存放生产废水（内含有甲苯、乙醇、甲醇等易燃成分），由于调节池顶部封闭，调节池内易燃液体挥发，在废水调节池内形成易燃易爆气体；

（2）该新材料公司在未取得相应级别的动火作业证的前提下，员工卢某在未取得特种作业证的情况下，未在动火审批区域内动火，擅自在废水调节池顶上进行电焊（动火）作业，引发池内爆炸性混合气体闪爆。

事故间接原因：

（1）化工公司未落实安全生产主体责任，在未办理用地、规划、施工许可的情况下，擅自开工建设废水处理项目，且在项目未完工的情况下违规提前投入使用，盲目追求项目进度，违规将钢结构工程发包给不具备资质的公司施工，对导致本次事故得以发生的各种安全隐患排查不到位，未形成安全生产协同监管机制，动火等特殊作业存在审批不规范、风险辨识及安全措施不到位、现场安全监管未落实等问题；

（2）该新材料公司在不具备施工资质且未取得安全生产许可证的情况下，违规承接钢结构施工工程，现场管理混乱。对员工的安全教育不到位，未督促和教育员工严格遵守特种作业安全规定。

请将该项目管理中的不妥之处加以整改。

任务实施

1.1.1 安全的基本概念

1. 安全

安全，泛指没有危险、不出事故的状态。汉语中有“无危则安，无损则全”一说。安全的英文为safety，指健康与平安之意；梵文为sarva，意为无伤害或完整无损。《韦氏词典》对安全的定义为“没有伤害、损伤或危险，不遭受危害或损害的威胁，或免除了危害、伤害或损失的威胁”。

2. 安全生产

《辞海》中将安全生产解释为：为预防生产过程中发生人身、设备事故，形成良好劳动环境和工作秩序而采取的一系列措施和活动。《中国大百科全书》中将安全生产解释为：旨在保护劳动者在生产过程中安全的一项方针，也是企业管理必须遵循的一项原则，要求最大限度地减少劳动者的工伤和职业病，保障劳动者在生产过程中的生命安全和身体健康。后者将安全生产解释为企业生产的一项方针、原则和要求，前者则将安全生产解释为企业生产的一系列措施和活动。根据现代系统安全工程的观点，安全生产是指在社会生产活动中，通过人、机、物料、环境、方法的和谐运作，使生产过程中潜在的各种事故风险和伤害因素始终处于有效控制状态，切实保护劳动者的生命安全和身体健康。

3. 安全生产管理

安全生产管理是管理的重要组成部分，是安全科学的一个分支。所谓安全生产管理，就是针对人们生产过程中的安全问题，运用有效的资源，发挥人们的智慧，通过人们的努力，进行有关决策、计划、组织和控制等活动，实现生产过程中人与机器设备、物料、环境的和谐，实现安全生产的目标。

安全生产管理的目标是，减少和控制危害，减少和控制事故，尽量避免生产过程中由于事故造成的人身伤害、财产损失、环境污染及其他损失。

安全生产管理包括安全生产法制管理、行政管理、监督检查、工艺技术管理、设备设施管理、作业环境和条件管理等。

安全生产管理的基本对象是企业的员工，涉及企业中的所有人员、设备设施、物料、环境、财务、信息等各个方面。

安全生产管理的内容包括：安全生产管理机构和安全生产管理人员、安全生产责任制、安全生产管理规章制度、安全生产策划、安全培训教育、安全生产档案等。

1.1.2 危险与危害的基本概念

1. 危险、危害因素

危害是指可能造成人员伤害、职业病、财产损失、作业环境破坏的根源或状态。根据系统安全工程的观点，危险是指系统中存在导致发生不期望后果的可能性超过了人们的承受程度。从危险的概念可以看出，危险是人们对事物的具体认识，必须指明具体对象，如危险环境、危险条件、危险状态、危险物质、危险场所、危险人员、危险因素等。一般

用风险度来表示危险的程度。在安全生产管理中，风险度用生产系统中发生事故的可能性与严重性给出，即

$$R=f(F, C)$$

式中：R——风险度；F——发生事故的可能性；C——发生事故的严重性。

总体来说，危险、危害因素是指能对人造成伤亡、对物造成突发性损坏或影响人的身体健康导致疾病、对物造成慢性损坏的因素。

通常为了区别客体对人体不利作用的特点和效果，分为危险因素（强调突发性和瞬间作用）和危害因素（强调在一定时间范围内的积累作用）。有时对两者不加以区分，统称危险因素。客观存在的危险、有害物质或能量超过临界值的设备、设施和场所，都可能成为危险因素。

事故隐患泛指现存系统中可导致事故发生的物的危险状态、人的不安全行为及管理上的缺陷，通常通过检查、分析可以发现、察觉它们的存在。

2. 危害因素的分类

危害包括可能造成人员的伤害、职业病、财产损失、作业环境破坏等，危害根据在事故发生、发展过程中的作用，可分为以下两大类。

1）第一类危害

根据能量意外释放理论，生产过程中存在的、可能发生意外释放的能量或危险物质称作第一类危害。正常情况下，生产过程中的能量或危险物质受到约束或限制，不会发生意外释放，即不会发生事故，一旦这些约束、限制能量或危险物质的措施失效或遭到破坏，事故将不可避免。常见的第一类危害有：产生、供给能量的装置、设备；使人体或物体具有较高势能的装置、设备、场所；能量载体；一旦失控可能产生巨大能量的装置、设备场所，如强烈放热反应的化工装置等；危险物质，如各种有毒、有害、易燃易爆物质等。第一类危害具有的能量越多或包含的物质越多，一旦发生事故，其危险性就越大。

2）第二类危害

导致约束、限制能量措施失效或遭到破坏的各种不安全因素称作第二类危害，它通常包括人、物、环境三个方面的因素。人的因素是人的失误，即人的行为的结果偏离了预定的标准，人的不安全行为可看作是人失误的特例。人为失误可能直接破坏对第一类危害的控制，造成能量或危险物质的意外释放。例如，合错了开关使检修中的线路带电；误开阀门使有害气体泄放等。人的失误也可能造成物的故障，物的故障进而导致事故。物的因素通常是物的故障，即由于性能低下不能实现预定功能的现象，物的不安全状态就是一种物的故障。物的故障可能直接使约束、限制能量或危险物质的措施失效而发生事故，也可能导致另一种物的故障或人的失误。环境因素主要是指系统运行的环境，包括温度、湿度、照明、粉尘、通风换气、噪声和振动等物理环境。

1.1.3 事故的分类

1. 事故

《现代汉语词典》对“事故”的解释是：多指生产、工作上发生的意外损失或灾祸。

在国际劳工组织制定的一些指导性文件，如《职业事故和职业病记录与通报实用规程》中，将职业事故定义为："由工作引起或者在工作过程中发生的事件，并导致致命或非致命的职业伤害。"我国事故的分类方法有多种。

按照导致事故发生的原因，根据《企业职工伤亡事故分类》(GB 6441—1986)，将工伤事故分为20类，分别为物体打击、车辆伤害、机械伤害、起重伤害、触电、淹溺、灼烫、火灾、高处坠落、坍塌、冒顶片帮、透水、放炮、瓦斯爆炸、火药爆炸、锅炉爆炸、容器爆炸、其他爆炸、中毒和窒息及其他伤害等。

2. 事故的等级

《生产安全事故报告和调查处理条例》(国务院令第493号)将"生产安全事故"定义为：生产经营活动中发生的造成人身伤亡或者直接经济损失的事件。根据生产安全事故造成的人员伤亡或者直接经济损失，事故一般分为以下等级：

(1) 特别重大事故，是指造成30人以上死亡，或者100人以上重伤（包括急性工业中毒，下同），或者1亿元以上直接经济损失的事故；

(2) 重大事故，是指造成10人以上30人以下死亡，或者50人以上100人以下重伤，或者5 000万元以上1亿元以下直接经济损失的事故；

(3) 较大事故，是指造成3人以上10人以下死亡，或者10人以上50人以下重伤，或者1 000万元以上5 000万元以下直接经济损失的事故；

(4) 一般事故，是指造成3人以下死亡，或者10人以下重伤，或者1 000万元以下直接经济损失的事故。

该等级标准中所称的"以上"包括本数，所称的"以下"不包括本数。综合来讲，在生产过程中，事故是指造成人员伤亡、职业伤害、财产损失的意外事件。

3. 事故隐患

《安全生产事故隐患排查治理暂行规定》中将"安全生产事故隐患"定义为："生产经营单位违反安全生产法律、法规、规章、标准、规程和安全生产管理制度的规定，或者因其他因素在生产经营活动中存在可能导致事故发生的物的危险状态、人的不安全行为和管理上的缺陷。"

事故隐患分为一般事故隐患和重大事故隐患。一般事故隐患是指危害和整改难度较小，发现后能够立即整改排除的隐患。重大事故隐患是指危害和整改难度较大，应当全部或者局部停产停业，并经过一定时间整改治理方能排除的隐患，或者因外部因素影响导致生产经营单位自身难以排除的隐患。

1.1.4 危险源及其分类

1. 危险源

从安全生产角度，危险源是指可能造成人员伤害、疾病、财产损失、作业环境破坏或其他损失的根源或状态。根据危险源在事故发生、发展中的作用，一般将危险源划分为两大类，即第一类危险源和第二类危险源。第一类危险源是指生产过程中存在的，可能发生意外释放的能量，包括生产过程中各种能量源、能量载体或危险物质。第一类危险源决定了事故后果的严重程度，它具有的能量越多，发生事故后果越严重。

第二类危险源是指导致能量或危险物质约束或限制措施破坏或失效的各种因素，广义上包括物的故障、人的失误、环境不良及管理缺陷等因素。第二类危险源决定了事故发生的可能性，它出现得越频繁，发生事故的可能性越大。

在企业安全生产管理中，第一类危险源客观上已经存在并且在设计、建设时已经采取了必要的控制措施，因此，企业安全生产工作重点是第二类危险源的控制问题。

2. 重大危险源

广义上说，可能导致重大事故发生的危险源就是重大危险源。

《中华人民共和国安全生产法》(以下简称《安全生产法》)第一百一十七条对重大危险源作出了明确的规定：重大危险源，是指长期地或者临时地生产、搬运、使用或者储存危险物品，且危险物品的数量等于或者超过临界量的单元（包括场所和设施）。

《安全生产法》第一百一十七条中对危险物品也作出了明确的规定：危险物品，是指易燃易爆物品、危险化学品、放射性物品等能够危及人身安全和财产安全的物品。

3. 危险源的分类

根据《危险化学品重大危险源辨识》(GB 18218—2018)，将容易引发事故的 78 种化学品按照《危险货物分类和品名编号》(GB 6944—2012) 归类（见表 1.1.1），划分为爆炸品、易燃气体、毒性气体、易燃液体、易于自燃的物质、遇水放出易燃气体的物质、氧化性物质、有机过氧化物、毒性物质六大类九小类，同时给出了 78 种典型危险化学品属于重大危险源的临界量。表 1.1.2 列出了其他爆炸品、气体、易燃液体、易燃固体、易于自燃的物质、遇水放出易燃气体的物质、氧化性物质、有机过氧化物、毒性物质六大类九小类属于重大危险源的临界量。

表 1.1.1 危险化学品名称及其临界量

序号	类别	危险化学品名称和说明	临界量/t
1	爆炸品	叠氮化钡	0.5
2		叠氮化铅	0.5
3		雷酸汞	0.5
4		三硝基苯甲醚	5
5		2,4,6-三硝基甲苯	5
6		硝化甘油	1
7		硝化纤维素（含乙醇≥25%）	10
8		硝酸铵（含可燃物>0.2%，包括以碳计算的任何有机物，但不包括任何其他添加剂）	5
9	易燃气体	1,3-丁二烯	5
10		二甲醚	50
11		甲烷、天然气	50
12		氯乙烯	50
13		氢	5

续表

序号	类别	危险化学品名称和说明	临界量/t
14	易燃气体	液化石油气（含丙烷、丁烷及其混合物）	50
15		一甲胺	5
16		乙炔	1
17		乙烯	50
18	毒性气体	氨	10
19		二氟化氧	1
20		二氧化氮	1
21		二氧化硫	20
22		氟	1
23		碳酰氯（光气）	0.3
24		环氧乙烷	10
25		甲醛（含量＞90%）	5
26		磷化氢	1
27		硫化氢	5
28		氯化氢（无水）	20
29		氯	5
30		煤气（CO，CO 和 H_2、CH_4 的混合物等）	20
31		砷化氢（砷化三氢；胂）	1
32		锑化氢	1
33		硒化氢	1
34		溴甲烷	10
35	易燃液体	苯	50
36		苯乙烯	500
37		丙酮	500
38		2-丙烯腈	50
39		二硫化碳	50
40		环己烷	500
41		1,2-环氧丙烷	10
42		甲苯	500
43		甲醇	500
44		汽油（乙醇汽油、甲醇汽油）	200
45		乙醇	500
46		乙醚	10

续表

序号	类别	危险化学品名称和说明	临界量/t
47	易燃液体	乙酸乙酯	500
48		正己烷	500
49	易于自燃的物质	白磷	50
50		烷基铝	1
51		戊硼烷	1
52	遇水放出易燃气体的物质	碳化钙（电石）	100
53		钾	1
54		钠	10
55	氧化性物质	发烟硫酸	100
56		过氧化钾	20
57		过氧化钠	20
58		氯酸钾	100
59		氯酸钠	100
60		硝酸（发红烟的）	20
61		硝酸（发红烟的除外，含硝酸＞70%）	100
62		硝酸铵（含可燃物≤0.2%）	50
63		硝酸铵肥料（含可燃物≤0.4%）	200
64	有机过氧化物	过氧乙酸（含量≥60%）	10
65		过氧化甲乙酮（含量≥60%）	10
66	毒性物质	丙酮合氰化氢	20
67		丙烯醛	20
68		氟化氢	1
69		环氧氯丙烷（3–氯–1,2–环氧丙烷）	20
70		环氧溴丙烷（表溴醇）	20
71		甲苯二异氰酸酯	100
72		氯化硫	1
73		氰化氢	1
74		三氧化硫	75
75		烯丙胺	20
76		溴	20
77		乙撑亚胺	20
78		异氰酸甲酯	0.75

表 1.1.2　未在表 1.1.1 中列举的危险化学品类别及其临界量

类别	危险性分类及说明	临界量/t
爆炸品	1.1A 项爆炸品	1
	除 1.1A 项外的其他 1.1 项爆炸品	10
	除 1.1 项外的其他爆炸品	50
气体	易燃气体：危险性属于 2.1 项的气体	10
	氧化性气体：危险性属于 2.2 项非易燃无毒气体且次要危险行为 5 类的气体	200
	剧毒气体：危险性属于 2.3 项且急性毒性为类别 1 的毒性气体	5
	有毒气体：危险性属于 2.3 项的其他毒性气体	50
易燃液体	极易燃液体：沸点≤35 ℃且闪点<0 ℃的液体；或保存温度一直在其沸点以上的易燃液体	10
	高度易燃液体：闪点<23 ℃的液体（不包括极易燃液体）	1 000
	易燃液体：23 ℃≤闪点<61 ℃的液体	5 000
易燃固体	危险性属于 4.1 项且包装为 I 类的物质	200
易于自燃的物质	危险性属于 4.2 项且包装为 I 类或 II 类的物质	200
遇水放出易燃气体的物质	危险性属于 4.3 项且包装为 I 类或 II 类的物质	200
氧化性物质	危险性属于 5.1 项且包装为 I 类的物质	50
	危险性属于 5.1 项且包装为 II 类或 III 类的物质	200
有机过氧化物	危险性属于 5.2 项的物质	50
毒性物质	危险性属于 6.1 项且急性毒性为类别 1 的物质	50
	危险性属于 6.1 项且急性毒性为类别 2 的物质	500

注：以上危险化学品危险性类别及包装类别依据 GB 12268—2012 确定，急性毒性类别依据 GB 30000.18—2013 确定。

1.1.5　安全生产原则与方针

1. 安全生产基本原则

1）安全具有否决权

安全工作是衡量项目管理的一项基本内容，对项目各项指标考核、评优创先时，首先必须考虑安全指标的完成情况。安全指标没有实现，尽管其他指标顺利完成，仍无法实现项目最优化，安全具有一票否决的作用。

此外，安全否决权还表现在：施工企业资质不符合国家规定，不准参加施工；建设区域位置的环境安全不合格，不得投资动工；某项工程或设备不符合安全要求，不准使用等。

2）坚持“三同时”原则

“三同时”原则是指生产经营单位新建、改建、扩建工程项目（建设项目）的安全设施，必须与主体工程同时设计、同时施工、同时投入生产和使用。

3）坚持“三同步”原则

“三同步”原则是指安全生产与经济建设、企业深化改革、技术改造同步策划、同步发展、同步实施。“三同步”要求将安全生产内容融入生产经营活动的各个方面中，以保证安全与生产的一体化，克服安全与生产“分离”的弊端。

4）坚持“四不放过”原则

“四不放过”原则是指对原因未查明、责任人未处理、有关人员未受到教育、整改措施未落实的生产一律采取不放过的原则，在发生事故后，需要找到事故的真正原因，然后对责任进行划分，要求责任人承担相应的责任。

5）坚持“五定”原则

“五定”原则是指对查出的安全隐患要做到定整改责任人、定整改措施、定整改完成时间、定整改完成人、定整改验收人。

6）做到“六个坚持”

“六个坚持”原则是指坚持管生产同时管安全、坚持目标管理、坚持预防为主、坚持全员管理、坚持过程控制和坚持持续改进。

2. 安全生产方针

安全生产方针是政府对安全生产工作总的要求，它是安全生产工作的方向。根据历史资料，我国安全生产方针的发展过程大体可以归纳为以下3个阶段。

1949—1983年：“生产必须安全，安全为了生产”方针。

1984—2004年：“安全第一，预防为主”方针。

2005年至今：“安全第一，预防为主，综合治理”方针。

“安全第一”是原则和目标，是从保护和发展生存力的角度，确立了生产与安全的关系，肯定了安全在建设工程生产活动中的重要地位。“安全第一”的方针，就是要求所有参与工程建设的人员，包括管理者和从业人员及对工程建设活动进行监督管理的人员，都必须树立安全的观念，不能为了经济的发展而牺牲安全。当安全与生产发生矛盾时，必须先解决安全问题，在保证安全的前提下从事生产活动。

“预防为主”是手段和途径，是指在工程建设活动中，根据工程建设的特点，对不同的生产要素采取相应的管理措施，有效地控制不安全因素的发展和扩大，将可能发生的事故消灭在萌芽状态，以保证生产活动中人的安全与健康。

“综合治理”，从遵循和适应安全生产规律出发，指出了提高安全生产工作效率的基本方法：一是标本兼治，既要采取强硬措施，遏制特大事故的发生，又要建立长效机制提高本质安全水平；二是多措并举，综合运用经济、法律等多种手段，从责任、技术、制度、培训等多方面努力，形成安全监管合力；三是部门协调，有关部门要秉承“协同政府”理念，在履行法定职责的基础上互相支持、密切配合，构建齐抓共管的安全生产管理新格局。

总之，“安全第一，预防为主，综合治理”的方针，体现了国家在建设工程安全生产过程中“以人为本”，保护劳动者权利、保护社会生产力、促进社会全面进步的指导思想，是建设工程安全生产管理的基本方针。

1.1.6 安全生产责任制

安全生产责任制是根据我国的安全生产方针“安全第一，预防为主，综合治理”和安全生产法规建立的各级领导、职能部门、工程技术人员、岗位操作人员在劳动生产过程中对安全生产层层负责的制度。安全生产责任制是企业岗位责任制的一个组成部分，是企业中最基本的一项安全制度，也是企业安全生产、劳动保护管理制度的核心。

实践证明，凡是建立、健全了安全生产责任制的企业，各级领导重视安全生产、劳动保护工作，切实贯彻执行党的安全生产、劳动保护方针、政策和国家的安全生产、劳动保护法规，在认真负责地组织生产的同时，积极采取措施，改善劳动条件，工伤事故和职业病就会减少。反之，就会职责不清，相互推诿，而使安全生产、劳动保护工作无人负责，无法进行，工伤事故与职业病就会不断发生。

1. 建设工程参与各方安全责任

1）建设单位安全责任

（1）执行法律、法规和工程建设强制性标准并遵守合同的约定，不得对勘察、设计、施工、工程监理等单位提出不符合建设工程安全生产法律、法规和强制性标准规定的要求；执行合同中约定的工期，不得压缩合同约定的工期。

（2）在申请领取施工许可证时，要报送有关安全施工的资料，应当自开工报告批准之日起 15 日内，将保证安全施工的措施报送建设工程所在地的县级以上地方人民政府建设行政主管部门或者其他有关部门备案。

（3）建设单位应当将拆除工程发包给具有相应资质等级的施工单位。建设单位应当在拆除工程施工 15 日前，将有关资料报送建设工程所在地的县级以上地方人民政府建设行政主管部门或者其他有关部门备案。

（4）提供安全生产费用，在编制工程概算时，应当确定建设工程安全作业环境及安全施工措施所需费用。

2）勘察单位安全责任

勘察单位应当按照法律、法规和工程建设强制性标准进行勘察，提供的勘察文件应当真实、准确，满足建设工程安全生产的需要。在勘察作业时，应当严格执行操作规程，采取措施保证各类管线、设施和周边建筑物、构筑物的安全。

3）设计单位安全责任

设计单位应当按照法律、法规和工程建设强制性标准进行设计，应当考虑施工安全操作和防护的需要，对涉及施工安全的重点部位和环节在设计文件中注明，并对防范生产安全事故提出指导性意见。

设计单位应当对采用新结构、新材料、新工艺和特殊结构的建设工程，在设计中提出保障施工作业人员安全和预防生产安全事故的措施建议。

4）工程监理单位安全责任

工程监理单位和监理工程师应当按照法律法规和工程建设强制性标准实施监理，并对建设工程安全生产承担监理责任。工程监理单位应当审查施工组织设计中的安全技术措施或专项施工方案是否符合工程建设强制性标准。

工程监理单位在实施监理的过程中，发现存在事故隐患的，应当要求施工单位整改；情况严重的，应当要求施工单位暂时停止施工，并及时报告建设单位；施工单位拒不整改或者不停止施工的，工程监理单位应当及时向有关主管部门报告。

5）施工单位安全责任

施工单位从事建设工程的新建、扩建、改建和拆除等活动，应当具备国家规定的注册资本、专业技术人员、技术装备和安全生产等条件，依法取得相应等级的资质证书，并在其资质等级许可的范围内承揽工程。

（1）施工单位主要负责人依法对本单位的安全生产工作全面负责。建立健全安全生产管理制度，包括安全生产许可证制度、安全生产责任制度、安全生产教育培训制度、安全生产费用保障制度、安全生产管理机构和专职人员制度、特种人员持证上岗制度、安全技术措施制度、专项施工方案专家论证审查制度、施工前详细说明制度、消费安全责任制度、防护用品及设备管理制度、起重机械和设备设施验收登记制度、三类人员考核任职制度、意外伤害保险制度、安全事故应急救援制度、安全事故报告制度。

（2）施工单位应当设立安全生产管理机构，配备专职安全生产管理人员。

（3）施工单位应当在施工组织设计中编制安全技术措施和临时用电方案，对达到一定规模的危险较大的部分项工程编制专项施工方案，并附具安全验算结果，经施工单位技术负责人、总监理工程师签字后实施，由专职安全员进行现场监督。对于超过一定规模的危大工程，施工单位应当组织召开专家论证会对专项施工方案进行论证。

施工现场的安全防护用具、机械设备、施工机具及配件必须由专人管理，定期进行检查、维修和养护，建立相应资料档案，并按国家有关规定及时报废。

施工单位在使用施工起重机械和整体提升脚手架、模板等自升式架设设施前，应当组织有关单位进行验收；使用承租的机械设备和施工机具及配件，由施工总承包单位、分包单位、出租单位和安装单位共同进行验收，验收合格后方可使用。

2. 施工单位内部安全责任分工

为贯彻落实党和国家有关安全生产的政策法规，明确施工项目各级人员、各职能部门安全生产责任，保证施工生产过程中的人身安全和财产安全，根据国家有关规定，制定施工项目安全生产责任制。

1）项目经理部安全生产责任

（1）项目经理部是安全生产工作的载体，具体组织和实施项目安全生产、文明施工、环境保护工作，对本项目工程的安全生产负全面责任。

（2）贯彻落实各项安全生产的法律、法规、规章、制度，组织实施各项安全管理工作，完成各项考核指标。

（3）建立并完善项目经理部安全生产责任制和安全考核评价体系，积极开展各项安全活动，监督、控制分包队伍执行安全规定，履行安全职责。

（4）发生伤亡事故及时上报，并保护好事故现场，积极抢救伤员，认真配合事故调查组开展伤亡事故的调查和分析，按照“四不放过”原则，落实整改防范措施，对责任人员进行处理。

2）项目经理部各级人员安全生产责任

（1）工程项目经理。

① 工程项目经理是安全生产职责的核心，对参加本工程项目施工的全体职工的安全与健康负责，在组织与指挥生产的全过程中，将安全生产措施落实到每一个生产环节中，严格遵守安全技术操作规程。

② 要组织工程项目施工的全员教育，对工程项目的管理人员和施工操作人员，要按各自的安全职责范围进行教育，建立安全生产奖惩制度。

③ 在工程施工中发生重大事故，要立即组织人员保护现场，并立即向主管上级汇报，积极配合劳动部门、安全部门和司法部门调查事故原因，提出预防事故重复发生和防止事故危害扩大的初步措施。

④ 要定期组织召开安全生产会议。针对施工的不同阶段、不同季节及临时出现的有关安全生产问题，及时召集项目管理人员、各施工队、分公司，必要时应扩大到班组长，研究对策并确定各项措施的执行人，解决发现的隐患问题。

⑤ 对职工进行持续、系统的安全教育。安全教育的主要内容包括：思想政治、劳动保护方针、政策、规章、制度、劳动纪律、安全技术知识、典型经验和事故教训等。

⑥ 应当坚持每周的现场安全生产活动，坚持每天上班前安全生产讲话。对于一般工程，工程项目经理可集中全员开展每周和每日的活动；对于大工程，工程项目经理可集中工人、班组长及以上的人员进行活动。每周活动的主要内容是：分析和通报一周内的不安全问题和所发生的事故，以及有关安全生产情况。每天的班前活动，主要是向工人或班组长说明当天任务的特点，以及危险作业的部位和作业时的安全要求。

⑦ 每天要巡视施工现场。对于大工程，还要指定安全技术人员分别巡视，并及时收集工程情况。发现不安全因素要立即指令执行人或亲自处理。对于不安全的隐患，也要下令解决。

⑧ 认真做好安全生产工作日记。要认真记录每天的安全生产情况及发现和处理的问题等，这项工作，既有利于积累安全生产管理经验，也是发生事故追查责任的主要依据。

⑨ 做好录用劳务单位提供人员，特别是选用零散工人做劳务时的安全管理，要与录用的劳务单位或个人签订用工合同，明确双方义务和责任，确定违约违纪的处罚，特别是安全生产方面的各种要求和规定。对于严重违章违纪、造成重大安全事故的责任者要坚决辞退。

（2）工程项目生产副经理。

① 对工程项目的安全生产负直接领导责任，协助工程项目经理认真贯彻执行国家安全生产方针、政策、法规，落实各项安全生产规范、标准和工程项目的各项安全生产管理制度。

② 组织实施工程项目总体和施工各阶段安全生产工作规划及各项安全技术措施、方案的组织实施工作，组织落实工程项目各级人员的安全生产责任制。

③ 组织领导工程项目安全生产的宣传教育工作，并制定工程项目安全培训实施办法，确定安全生产考核指标，制定实施措施和方案，并负责组织实施，负责外协施工

队伍各类人员的安全教育、培训和考核审查的组织领导工作。

④ 配合工程项目经理组织定期安全生产检查，负责工程项目各种形式的安全检查的组织、督促工作和安全生产隐患整改“三落实”的实施工作，及时解决施工中的安全问题。

⑤ 负责工程项目安全生产管理机构的领导工作，认真听取、采纳安全生产的合理化建议，支持安全生产管理人员的业务工作，保证工程项目安全生产，保证体系的正常运转。

⑥ 工地发生伤亡事故时，负责事故现场保护、职工教育、防范措施落实，并协助做好事故调查分析的具体组织工作。

（3）项目安全总监。

① 在现场经理的直接领导下履行项目安全生产工作的监督管理职责。

② 宣传贯彻安全生产方针政策、规章制度，推动项目安全组织保证体系的运行。

③ 督促实施施工组织设计、安全技术措施，实现安全管理目标，对项目各项安全生产管理制度的贯彻与落实情况进行检查与指导。

④ 组织分包商安全专职人员开展安全监督与检查工作。

⑤ 查处违章指挥、违章操作、违反劳动纪律的行为和人员，对重大事故隐患采取有效的控制措施，必要时可采取局部甚至全部停产的非常措施。

⑥ 督促开展周一安全活动和项目安全讲评活动。

⑦ 负责办理与发放各级管理人员的安全资格证书和操作人员安全上岗证。

⑧ 参与事故的调查与处理。

（4）工程项目技术负责人。

① 对工程项目生产经营中的安全生产负技术责任。

② 贯彻落实国家安全方针、政策，严格执行安全技术规程、规范、标准；结合工程特点，进行项目整体安全技术交底。

③ 参加或组织编制施工组织设计，在编制、审查施工方案时，必须制定、审查安全技术措施，保证其可行性和针对性，并认真监督实施情况，发现问题及时解决。

④ 主持制定技术措施计划和季节性施工方案的同时，必须制定相应的安全技术措施并监督执行，及时解决执行中出现的问题。

⑤ 应用新材料、新技术、新工艺，要及时上报，经批准后方可实施，同时必须对上岗人员进行安全技术培训、教育；认真执行相应的安全技术措施与安全操作工艺要求，预防施工中因化学药品引起的火灾、中毒或在新工艺实施中可能造成的事故。

⑥ 主持安全防护设施和设备的验收。严格控制不符合标准的防护措施、设备投入使用；使用中的设施、设备，要组织定期检查，发现问题及时处理。

⑦ 参加安全生产定期检查，对施工中存在的事故隐患和不安全因素，从技术上提出整改意见和消除办法。

⑧ 参加或配合工伤及重大未遂事故的调查，从技术上分析事故发生的原因，提出防范措施和整改意见。

（5）工长、施工员。

① 工长、施工员是所管辖区域范围内安全生产的第一责任人，对所管辖范围内的

安全生产负直接领导责任。

② 认真贯彻落实上级有关规定，监督执行安全技术措施及安全操作规程，针对生产任务特点，向班组（外协施工队伍）进行书面安全技术交底，履行签字手续，并对规程、措施、交底要求的执行情况进行经常检查，随时纠正违规作业。

③ 负责组织落实所管辖施工队伍的三级安全教育、常规安全教育、季节转换及针对施工各阶段特点等进行的各种形式的安全教育，负责组织落实所管辖施工队伍特种人员的安全培训工作和持证上岗的管理工作。

④ 经常检查所管辖区域的工作环境、设备和安全防护设施的安全状况，发现问题并及时纠正解决。对重点特殊部位施工，必须检查作业人员及各种设备和安全防护设施的技术状况是否符合安全标准要求，认真做好书面安全技术交底，落实安全技术措施，并监督其执行，做到不违章指挥。

⑤ 负责组织落实所管辖班组（外协施工队伍）开展各项安全活动，学习安全操作规程，接受安全管理机构或人员的安全监督检查，及时解决提出的不安全问题。

⑥ 对工程项目中应用的新材料、新工艺、新技术严格执行申报、审批制度，发现不安全问题，及时停止施工，并上报领导或有关部门。

⑦ 发生因公伤亡及未遂事故必须停止施工，保护现场，立即上报，对重大事故隐患和重大未遂事故，必须查明事故发生原因，落实整改措施，经上级有关部门验收合格后方准恢复施工，不得擅自撤除现场保护设施，强行复工。

（6）外协施工队负责人。

① 外协施工队负责人是本队安全生产的第一责任人，对本单位安全生产负全面领导责任。

② 认真执行安全生产的各项法规、规定、规章制度及安全操作规程，合理安排组织施工班组人员上岗作业，对本队人员在施工生产中的安全和健康负责。

③ 严格履行各项劳务用工手续，做到证件齐全，特种作业持证上岗。做好本队人员的岗位安全培训、教育工作，经常组织学习安全操作规程，监督本队人员遵守劳动、安全纪律，做到不违章指挥，杜绝违章作业。

④ 必须保持本队人员的相对稳定，人员变更需事先向用工单位有关部门报批，新进场人员必须按规定办理各种手续，经入场和上岗安全教育后，方准上岗。

⑤ 组织本队人员开展各项安全生产活动，根据上级的交底向本队各施工班组进行详细的书面安全交底，针对当天施工任务、作业环境等情况，做好班前安全讲话，施工中发现安全问题，应及时解决。

⑥ 定期和不定期组织检查本队施工的作业现场安全生产状况，发现不安全因素，及时整改，发现重大事故隐患应立即停止施工，并上报有关领导，严禁冒险蛮干。

⑦ 发生因公伤亡或重大未遂事故，组织保护好事故现场，做好伤者抢救工作和防范措施，并立即上报，不得隐瞒、拖延不报。

⑧ 根据工程进展情况和分包进场时间，应分别签订年度或一次性的安全生产责任书或责任状，做到总分包在安全管理上责任划分明确，有奖有罚。

⑨ 项目部实行“总包方统一管理，分包方各负其责”的施工现场管理体制，负责对发包方、分包和上级各部门或政府部门的综合协调管理工作。工程项目经理对施工

现场的管理工作负全面领导责任。

⑩ 项目部有权限期责令分包商将不能尽责的施工管理人员调离本工程，重新配备符合总包要求的施工管理人员。

（7）班组。

① 班组长是本班组安全生产的第一责任人，应认真执行安全生产规章制度及安全生产操作规程，合理安排班组人员的工作，对本班组人员在施工生产中的安全和健康负直接责任。

② 经常组织班组人员开展各项安全生产活动和学习安全生产操作规程，监督班组人员正确使用个人劳动防护用品和安全设施、设备，不断提高安全自保能力。

③ 认真落实安全技术交底要求，做好班前交底，严格执行安全防护标准，不违章指挥，不冒险蛮干。

④ 经常检查班组作业现场的安全生产状况和工人的安全意识、安全行为，发现问题及时解决，并上报有关领导。

⑤ 发生因公伤亡或未遂事故，保护好事故现场，并立即上报有关领导。

（8）工人。

① 工人是本岗位安全生产的第一责任人，在本岗位作业中对自己、对环境、对他人的安全负责。

② 认真学习，严格执行安全操作规程、规范，遵守安全生产规章制度。

③ 积极参加各项安全生产活动，认真执行安全技术交底要求，不违章作业，不违反劳动纪律，虚心服从安全生产管理人员的监督、指导。

④ 发扬团结友爱精神，在安全生产方面做到互相帮助、互相监督，维护一切安全设施、设备，做到正确使用，不准随意拆改，对新工人有传、带、帮的责任。

⑤ 对不安全的作业要求要提出意见，有权拒绝违章指令。

⑥ 发生因公伤亡事故，要保护好事故现场并立即上报。

⑦ 在作业时要严格做到“眼观六面，安全定位；措施得当，安全操作”。

3）分包单位的安全生产责任

（1）分包单位的项目经理是该分包单位工程安全生产管理工作的第一责任人，必须认真贯彻执行总包的有关规定、标准和总承包单位的有关决定和指示，按总包的要求组织施工。

（2）建立健全安全保证体系。根据安全生产组织标准设置安全机构，配备安全检查人员，每 50 人要配备 1 名专职安全人员，不足 50 人的要设兼职安全人员，并接受工程项目安全部门的业务管理。

（3）分包单位在编制分包项目或单项作业的施工方案或冬雨期方案措施时，必须同时编制安全消防技术措施，并经总包审批后方可实施，如改变原方案时必须重新审批。

（4）分包单位必须执行逐级安全技术交底制度和班组长班前安全讲话制度，并跟踪检查管理。

（5）分包单位必须按规定执行安全防护设施、设备验收制度，履行书面验收手续，并建档备查。

(6) 分包单位必须接受总承包单位及其上级主管部门的各种安全检查并接受奖罚。在生产例会上应先检查、汇报安全生产情况。在施工生产过程中切实把好安全教育、检查、措施、交底、防护、文明、验收等七关，做到预防为主。

(7) 强化安全教育，除对全体施工人员进行经常性的安全教育外，对新入场人员必须进行三级安全教育培训，做到持证上岗，同时要坚持转场和调换工种的安全教育；特种作业人员必须经过专业安全技术培训考核，持有效证件上岗。

(8) 分包单位必须按总承包单位的要求实行重点劳动防护用品定点厂家产品采购、使用制度，对个人劳动防护用品实行定期、定量供应制，并严格要求按规定要求佩戴。

(9) 凡因分包单位管理不严而发生的因公伤亡事故，所造成的一切经济损失及后果由分包单位负责。

(10) 各分包方发生因公伤亡事故，要立即用最快捷的方式向总包方报告，并积极组织抢救伤员，保护好现场，如因抢救伤员必须移动现场设备，要做好记录或拍照。

(11) 对安全管理纰漏多、施工现场管理混乱的分包单位，除进行罚款处理外，对问题严重、屡禁不止，甚至不服管理的分包单位，予以解除经济合同。

4) 业主指定分包单位的安全责任

(1) 必须具备与分包工程相应的企业资质。

(2) 建立健全安全管理机构，配备安全人员；接受总承包单位的监督、协调和指导，实现总承包单位的安全生产目标。

(3) 独立完成安全技术措施方案的编制、审批和审核；对自行施工范围内的安全措施、设施进行验收。

(4) 对分包范围内的安全生产负责，对所辖职工的身体健康负责，为职工提供安全的作业环境，自带设备与手持电动工具的安全装备应齐全、灵敏、可靠。

(5) 履行与总承包单位和业主签订的总包合同及《安全管理责任制》中的有关安全生产条款。

(6) 自行完成所辖职工的合法用工手续。

(7) 自行开展总承包单位规定的各项安全活动。

5) 总承包单位的安全责任

(1) 总承包单位应当自行完成公路工程主体工程的施工。

(2) 总承包单位依法将工程分包给其他单位的，分包合同中应当明确各自的安全生产方的权利、义务。总承包单位和分包单位对分包工程的安全生产承担连带责任。

(3) 工程实行工程总承包的，如发生事故，由总承包单位负责上报事故。

1.1.7 安全生产教育

安全是生产正常进行的前提，安全生产教育又是安全控制工作的重要环节，安全生产教育就是为了提高全员安全素质、安全管理水平，从而防止事故的发生，实现安全生产。

1. 安全生产教育的对象

生产经营单位应当对从业人员进行安全生产教育和培训，保证从业人员具备必要的安全生产知识，熟悉有关的安全生产规章制度和安全操作规程，掌握本岗位的安全操作技能。未经安全生产教育和培训的不合格的从业人员，不得上岗作业。

施工项目安全生产教育的对象主要包括以下 5 类人员。

（1）工程项目经理、项目执行经理、项目技术负责人：工程项目主要管理人员必须经过当地政府或上级主管部门组织的安全生产专项培训，培训时间不得少于 24 h，经考核合格后，持“安全生产资质证书”上岗。

（2）工程项目基层管理人员：工程项目基层管理人员每年必须接受公司安全生产年审，经考试合格后持证上岗。

（3）分包负责人、分包队伍管理人员：必须接受政府主管部门或总承包单位的安全培训，经考试合格后持证上岗。

（4）特种作业人员：必须经过专门的安全理论培训和安全技术实际陪练，经理论和实际操作的双向考核，合格者持“特种作业操作证”上岗作业。

（5）操作工人：新入场工人必须经过三级安全教育，考试合格后持“上岗证”上岗作业。

2. 安全生产教育培训时间要求

企业职工每年必须接受一次专门的安全生产培训。

（1）企业法定代表人、项目经理每年接受安全生产教育培训时间，不得少于 30 学时。

（2）企业专职安全生产管理人员除按照相关要求，取得岗位合格证书并持证上岗外，每年还必须接受安全专业技术培训，时间不得少于 40 学时。

（3）企业其他管理人员和技术人员每年接受安全生产教育培训时间，不得少于 20 学时。

（4）企业特殊工种（包括电工、焊工、架子工、司炉工、爆破工、机械操作工、起重工、塔吊司机及指挥人员、人货两用电梯司机等）在通过专业技术培训并取得岗位操作证后，每年仍须接受有针对性的安全生产教育培训，时间不得少于 20 学时。

（5）企业其他职工每年接受安全生产教育培训时间，不得少于 15 学时。

（6）企业待岗、转岗、换岗的职工，在重新上岗前，必须接受一次安全生产教育培训，不得少于 20 学时。

（7）企业新进场的工人、必须接受公司、项目（或工程处、工区、施工队）、班组的三级安全生产教育培训，经考核合格后，方能上岗。

3. 安全生产教育的类别

1）按教育的内容分类

安全生产教育按教育的内容分类，主要包括安全思想教育、安全知识教育、安全法制教育及安全技能教育。

（1）安全思想教育。安全思想教育的目的是为安全生产奠定思想基础，通常从加强思想路线、方针政策和劳动纪律教育等方面进行。

① 思想认识和方针政策的教育。

② 提高各级管理人员和广大职工对安全生产重要意义的认识。从思想上、理论上认识搞好安全生产的重要意义，以增强关心人、保护人的责任感，树立牢固的群众观点。

③ 通过安全生产方针、政策教育，提高各级技术、管理人员和广大职工的政策水平，使他们正确、全面地理解党和国家的安全生产方针、政策，严肃认真地执行安全生产方针、政策和法规。

④ 劳动纪律教育。主要是使广大职工懂得严格执行劳动纪律对现实安全生产的重要性，企业的劳动纪律是劳动者进行共同劳动时必须遵守的法则和秩序。反对违章指挥，反对违章作业，严格执行安全操作规程，遵守劳动纪律是贯彻安全生产方针、减少伤害事故、实现安全生产的重要保证。

（2）安全知识教育。安全知识教育是一种基本的、最普通和最经常性的教育活动。企业所有职工必须具备安全知识，因此全体职工都必须接受安全知识教育，每年按规定学时进行安全培训。安全知识教育就是让职工了解施工生产的安全注意事项，掌握安全知识，要做到因人施教，浅显易懂，不搞“填鸭式”的应试教育。安全知识教育的主要内容是：企业基本生产概况；施工（生产）流程、方法；企业施工（生产）危险区域及安全防护的基本知识和注意事项；机械设备、厂（场）内运输的有关安全知识；有关电气设备（动力照明）的基本安全知识；高处作业基本安全知识；个人防护用品的安全使用知识等。

（3）安全法制教育。安全法制教育就是要采取各种有效形式，对全体职工进行安全生产法规和法制教育，从而提高职工遵纪守法的自觉性，以达到安全生产的目的。促使每个员工从法制的角度去认识搞好生产的重要性，明确遵纪守法是每个职工应尽责任，通过学习、知法来守法，首先“从我做起”，自己不违章守纪，同时同一切违章违纪的不安全行为做斗争，以制止并预防各类事故的发生，实现安全生产的目的。

（4）安全技能教育。安全技能教育，就是结合本工种专业特点，实现安全操作，掌握安全防护所必须具备的基本技术知识要求。每个职工都要熟悉本工种、本岗位专业安全技术知识。安全技能知识是比较专门、细致和深入的知识，它包括安全技术、劳动卫生和安全操作规程。国家规定建筑登高架设、起重、焊接、电气、爆破、压力容器、锅炉等特种作业人员必须进行专门的安全技能培训。

2）按教育的对象分类

安全生产教育按教育的对象分类，可分为领导干部的安全生产教育、一般管理人员的安全生产教育、新员工的三级安全生产教育、转场安全生产教育、变换工种安全生产教育等。企业应根据不同的教育对象，侧重于不同的教育内容，提出不同的教育要求。

（1）领导干部的安全生产教育。

加强对企业领导干部的安全生产教育是社会主义市场经济条件下，安全生产工作的一项重要举措。加强对企业负责人的安全生产教育，企业厂长、经理必须通过职业安全卫生管理资格认证，做到持证上岗，从而使企业干部领导的安全生产教育进入规范化管理的行列。

为了督促施工落实主要领导的安全生产责任制，根据国务院文件精神，提出了“施工企业法定代表人是企业安全生产的第一负责人，项目经理是施工项目安全生产的第一责任人”。企业项目的两个安全生产第一责任人，使安全生产责任制得到了具体落实。

总之，要通过对企业领导干部的安全生产教育，全面提高安全管理水平，真正从思想上树立起安全生产意识，摆正安全与生产、生产与进度、安全与效率的关系，为进一步实现安全生产和文明施工打下基础。

（2）新员工的三级安全生产教育。

三级安全生产教育一般是由企业的安全、教育、劳动、技术等部门配合组织进行的。受教育者必须经过教育、考试，合格后才准许进入生产岗位；考试不合格者不得上岗工作，必须重新补课并进行补考，合格后方可工作。

① 公司安全生产教育。

公司安全生产教育培训时间不得少于15学时，教育内容包含：

a）国家和地方有关安全生产、劳动保护的方针、政策、法律、法规、标准、规范、规程；

b）企业及其上级部门（主管局、集团、总公司、办事处等）印发的安全管理规章制度；

c）安全生产与劳动保护工作的目的、意义等；

d）安全生产的一般规律及典型事故案例；

e）预防事故的基本知识，急救措施。

② 项目（施工现场）安全生产教育。

应就工地安全制度、施工现场环境、工程施工特点及可能存在的不安全因素等对新员工进行项目安全生产教育，时间不得少于15学时，教育内容包含：

a）各级管理部门有关安全生产的标准；

b）工程施工生产的特点，施工现场的一般安全管理规定、要求；

c）施工现场主要施工类别，常见多发性事故的特点、规律及预防措施，事故教训等；

d）本单位安全生产制度、规定及安全注意事项；

e）本工程项目施工的基本情况（工程类型、施工阶段、作业特点等），施工中应当注意的安全事项；

f）机械设备、电气安全及高处作业等安全基本知识；

g）防火、防毒、防尘、防塌方、防煤气中毒、防爆知识及紧急情况安全处置和安全疏散知识；

h）防护用品发放标准及防护用具使用的基本知识。

③ 班组安全生产教育。

班组安全生产教育又叫岗位教育，由班组长主持。班组安全生产教育时间不得少于20学时，教育内容包含：

a）本工种的安全操作规程；

b）班组安全活动制度及纪律；

c）本班组施工生产工作概况，包括工作性质、作业环境、职责、范围；

d）本岗位易发生事故的不安全因素及其防范对策；

e）本人及本班组在施工过程中，所使用、所遇到的各种机具设备及其安全防护设施的性能、作用、操作要求和安全防护要求；

f）个人使用和保管的各类个人劳动防护用品的正确穿戴、使用方法及个人劳动防护用品的基本原理和主要功能；

g）发生伤亡事故或其他事故，如火灾、爆炸、设备及管理事故等，应采取的措施（救助抢险、保护现场、事故报告等）要求；

h）工程项目中工人的安全生产责任制；

i）本工种的典型事故案例剖析。

（3）转场安全生产教育。

新转入施工现场的工人必须进行转场安全生产教育，教育时间不得少于 8 学时，教育内容包括以下 3 点：

① 本工程项目安全生产状况及施工条件；

② 施工现场中危险部位的防护措施及典型施工案例；

③ 本工程项目的安全管理体系、规定及制度。

（4）变换工种安全生产教育。

凡改变工种或调换工作岗位的工人必须进行变换工种安全生产教育。变换工种安全生产教育时间不得少于 4 学时，教育考核合格后方准上岗，教育内容包括以下几点：

① 新工作岗位或生产班组安全生产概况、工作性质和职责；

② 新工作岗位必要的安全知识，各种机具设备及安全防护设施的性能和作用；

③ 新工作岗位、新工种的安全技术操作规程；

④ 新工作岗位容易发生事故及有毒有害的地方；

⑤ 新工作岗位个人劳动防护用品的使用和保管；

⑥ 从事一般工种的工人不得从事特种作业。

（5）特种作业安全生产教育。

从事特种作业的人员必须经过专门的安全生产技术培训，经考试合格取得操作证后方准独立作业。特种作业的类别及操作项目包括以下内容。

① 金属焊接作业。包括手工电弧焊、气焊、气割、CO_2 气体保护焊、手工钨极氩弧焊、埋弧自动焊、电阻焊、钢材对焊、锅炉压力容器焊接等。

② 登高架设作业。包括脚手架拆装、起重设备拆装、超高处作业等。

③ 起重机械作业。包括塔式起重机操作、汽车式起重机驾驶、桥式起重机驾驶、挂钩作业、信号指挥、履带式起重机驾驶、轨道式起重机驾驶、垂直卷扬机操作、客运电梯驾驶、货运电梯驾驶等。

④ 电工作业。包括用电安全技术、低压运行维修、高压运行维修、低压安装、电缆安装、高压值班、超高压值班、高压电器试验、高压安装、继电保护及二次仪表整定等。

3）按教育的时间分类

安全生产教育按教育的时间分类，分为经常性的安全生产教育、季节性施工的安全生产教育及节假日加班的安全生产教育等。

（1）经常性的安全生产教育。经常性的安全生产教育是施工现场开展安全生产教育的主要形式，可以起到提醒、告诫职工遵章守纪，加强责任心，消除麻痹思想的作用。其形式多种多样，可以采取大小会议，也可以利用班前会进行教育等，其主要内容包括：

① 安全生产法规、规范、标准、规定；

② 企业及上级部门的安全管理新规定；

③ 各级安全生产责任制及管理制度；

④ 安全生产先进经验介绍、最近的典型事故教训；

⑤ 施工新技术、新工艺、新设备、新材料的使用及有关安全技术方面的要求；

⑥ 最近安全生产方面的动态情况，如新的法律、法规、标准、规章的出台，安全生产通报、批示等；

⑦ 本单位近期安全工作回顾、讲评等。

（2）季节性施工的安全生产教育。

季节性施工的安全生产教育主要指夏季与冬期施工的安全教育，就是对员工进行有针对性的安全教育，从而适应自然环境的变化，确保安全生产，安全生产教育时间不得少于 2 h。

① 夏季施工安全生产教育。

a）加强用电安全教育。讲解常见触电事故发生的原理、预防触电事故发生的措施、触电事故发生的一般解救方法，以加强员工的自我保护意识。

b）讲解雷击事故发生的原因、避雷装置的避雷原理，以及预防雷击的方法。

c）大型施工机械、设施常见事故案例，以及预防事故的措施。

d）基础施工阶段的安全防护常识，包括基坑开挖的安全、支护安全。

e）劳动保护工作的宣传教育。合理安排好作息时间，注意劳逸结合，白天上班避开中午高温时间，“做两头、歇中间”，保证工人有充沛的精力。

② 冬期施工安全生产教育。

a）针对冬期施工特点，避免冰雪结冻引发的事故。例如，施工作业面应采取必要的防雨雪结冰及防滑措施，个人要提高自身的安全防范意识，及时消除不安全因素。

b）加强防火安全宣传。分析施工现场常见火灾事故发生的原因，讲解扑救火灾的方法，必要时可采取现场演示。

c）安全用电教育。冬季用电与夏季用电的安全生产教育要求的侧重点不同，夏季着重于防触电事故，冬季则着重于防电气火灾。因此，应教育工人懂得施工中电气火灾发生的原因，做到不擅自乱拉乱接电线及用电设备，不超负荷使用电气设备，避免引起电气线路发生燃烧，不使用大功率的灯具，如碘钨灯之类照射易燃、易爆及可燃物品或取暖，生活区域也要注意用电安全。

d）冬季气候寒冷，施工作业要先关闭门窗。在深基坑、地下通道、沉井涵洞及地下室作业时，应加强对作业人员的自我保护意识教育，既要预防在这种环境中，进行有毒有害物质（固体、液体及挥发性强的气体）作业对人员造成的伤害，也要预防施工作业点原先就存在的各种危险因素，如泄漏并积聚有毒气体、液体、易燃气体及其他有害物质等。

（3）节假日加班的安全生产教育。

节假日期间，大部分单位及人员已经放假休息，这样往往影响加班员工的思想和工作情绪，造成思想不集中，注意力分散，从而给安全生产带来不利因素。加强对这部分员工的安全生产教育，是非常必要的，教育内容主要包括以下 3 点：

① 重点做好安全思想教育，稳定职工工作情绪，使他们集中精力，轻装上阵。鼓励表扬员工节假日坚守工作岗位的优良作风，使他们能全力以赴地做好本职工作。

② 班组长要做好上岗前的安全生产教育，可以结合安全交底内容进行，工作过程中要互相督促、互相提醒，共同注意安全。

③ 重点做好当天作业将遇到的各类设施、设备、危险作业点的安全防护工作。对较易发生事故的薄弱环节，应进行专门的安全生产教育。

4. 安全生产教育方式

安全生产教育形式可以分为以下几种。

（1）广告宣传。包括安全广告、标语、宣传画、标志、展览、黑板报等。

（2）演讲。包括教学、讲座、演讲、经验介绍、现身说法等。

（3）会议讨论。包括事故现场分析会、班前班后会、专题座谈会等。

（4）竞赛。包括口头、笔头知识竞赛，安全、消防技能竞赛，以及其他各种安全生产教育活动评比等。

（5）声像。用电影、录像等现代手段，使安全生产教育寓教于乐，主要有安全生产教育方面的广播、电影、电视、录像等。

（6）文艺演出。以安全生产为题材的相声、小品、话剧等文艺演出。

课后习题

一、判断题

1. 企业安全生产工作重点是第二类危险源的控制问题。（　　）
2. 未经安全生产教育和培训的不合格的从业人员，不得上岗作业。（　　）
3. 企业法定代表人、项目经理每年接受安全生产培训时间，不得少于 10 学时。（　　）

二、单选题

1.（　　）是指在社会生产活动中，通过人、机、物料、环境的和谐运作，使生产过程中潜在的各种事故风险和伤害因素始终处于有效控制状态，切实保护劳动者的生命安全和身体健康。

A. 安全管理　　B. 安全工作

C. 劳动安全　　D. 安全生产

2. 危险是指系统中存在导致发生不期望后果的可能性超过了（　　）。

A. 可预防的范围　　B. 人们的承受程度

C. 制定的规章制度　　D. 安全性

3.（　　）属于重大事故。

A. 一次造成 1～2 人死亡

B. 一次造成 100 万～1 000 万元直接经济损失

C. 一次造成 50～99 人重伤

D. 一次造成 1 000 万～5 000 万元直接经济损失

4. 根据《建设工程安全生产管理条例》，施工单位应当设立（　　），配备专职安全生产管理人员。

A. 安全生产管理机构　　B. 安全生产监督机构
C. 安全生产实施机构　　D. 安全生产保障机构

三、多选题

1. 事故的分析处理要遵守“四不放过”原则，包括（　　）。
A. 事故原因没有查清不放过　　B. 事故责任者没有严肃处理不放过
C. 生命和财产损失不公示不放过　　D. 广大职工没有受到教育不放过
E. 防范措施没有落实不放过

2.“三同时”原则是指职业安全卫生技术措施及设施应与主体工程（　　）、（　　）、（　　），以确保项目投产后符合职业安全卫生要求，保障劳动者在生产过程中的安全与健康。
A. 同时设计　　B. 同时勘察
C. 同时施工　　D. 同时监督
E. 同时投产使用

3. 安全生产管理的目标有（　　）。
A. 减少和控制危害　　B. 减少和控制事故
C. 减少人员伤亡　　D. 降低事故损失
E. 避免由于事故所造成的人身伤害、财产损失、环境污染及其他损失

任务 1.2 安全生产法律法规认知

教学目标

（1）了解《安全生产法》的内容；
（2）熟悉《工伤保险条例》的规定；
（3）理解并掌握《隧道施工安全九条规定》。

任务描述

1959 年 1 月 27 日 19 时 45 分，在滇黔线贵阳六枝段岩脚寨隧道进口的施工过程中，发生了 5 次瓦斯爆炸，2 月 1 日平行导洞又发生瓦斯爆炸，共计伤亡 99 人，其中死亡 34 人，伤 65 人。岩脚寨隧道正洞全长 2 711 m，位于 9.6%上坡，平行导洞全长 2 733 m。隧道地质水文情况复杂，进口 220 m 至 260 m 地段岩石破碎松软，裂隙水甚多，且夹有煤层，为瓦斯严重渗出地段。1 月 27 日 19 时 45 分，正洞下导坑工作面正准备放炮，在距洞口 228 m 至 261 m 地段突然发生爆炸，蓝色火焰弥漫，热风一直冲出洞口，电灯熄灭，爆炸地点发生塌方，支撑坍倒。洞外人员发现后组织进洞抢救，并继续送风进洞和恢复照明。20 时 30 分抢救工作仍在进行中，发生了第二次爆炸，随即再组织抢救，不到 10 分钟又发生第三次爆炸，当时把受轻伤人员运出洞外后，即停止抢救，随后每隔 10 分钟又听到洞内发生第四次和第五次爆炸，怀疑洞内电线漏电引起瓦斯爆炸。把电线剪断后未再发生爆炸，当即向洞内大量送风，当时考虑留在洞内的人员经几次爆炸，估计已死亡，且怕再发生爆炸增加伤亡，未再组织抢救，直到 28 日 3 时开始组织人员清理现场，到 24 时全部结束。这五次爆炸造成伤亡 95 人，其中死亡 33 人，伤 62 人。1 月 31 日进口平行导洞继续进行开挖，2 月 1 日 14 时检查瓦斯含量为 0.9%，16 时左右接好电线，命令工人撤出洞外，撤至距工作面 130 m 电闸附近避险后开始放炮，轰然一声，全部人员扑倒，死亡 1 人、重伤 3 人，至此进口平行导洞暂停掘进。

事故原因：经过几次现场调查和与受伤人员的沟通发现，发生爆炸地点在有煤层的两侧，瓦斯含量一般为 4%～17%，洞内通风设备不足，此次连续爆炸前曾几次发现小量瓦斯燃烧和爆炸，并从爆炸当时的火焰及声响、受伤人员的现象分析，认定瓦斯爆炸无疑，因为具备了瓦斯爆炸的浓度，而爆炸火源可从多方面查找分析。一个是洞内电灯是非防爆型，27 日第一次爆炸点就有一只 100 W 电灯泡玻璃破碎，可能是由于灯泡破裂引起爆炸；另一个是事故前洞内抽烟划火柴是常有的事，火雷管引线常用烟头点火，这些都是隐患。

经认真分析，最后得出的结论是：

（1）第 1 次瓦斯爆炸是由于电灯泡破碎而引起的。

（2）对于第 2 次至第 5 次连续发生的 4 次瓦斯爆炸，由于当时人员均在进行紧张抢救，不会有人抽烟划火柴，政治性破坏也无可能，因此这些均可以排除。事实上，发生连续爆炸的原因是洞内瓦斯继续渗出或突出，遇到电线漏电产生火花，最终引起瓦斯爆炸。

（3）平行导洞内发生爆炸是由于工作面爆破时高温引起的瓦斯爆炸。

以上是瓦斯爆炸的直接原因，而发生爆炸事故的根本原因，客观上是瓦斯渗出通风设备不足。经检查，洞内瓦斯含量为：正洞内为 4.4%～9.2%，平行导洞内为 4.5%～16.7%，瓦斯大量渗出地点达到 42.6%。根据计算，正洞瓦斯渗出量为 110 m^3/h，平行导洞为 30.5 m^3/h，因此瓦斯爆炸浓度条件具备，只要有火源，随时都有发生爆炸的可能。当时隧道现场配有 10 kW 通风机两台，通风量不够。发生此次事故的主观原因是领导严重思想麻痹，对瓦斯危害认识不足，一味追求施工进度而忽视安全，尽管下级几次反映通风不良，出现人员晕倒，领导却因官僚主义没有采取有效防范措施。

资料来源：煤矿安全生产网. 滇黔线岩脚寨隧道瓦斯爆炸［A/OL］(2008–09–20). https://www.mkaq.org/html/2008/09/20/23199.shtml.

请将该项目管理中的不妥之处加以整改。

任务实施

1.2.1 安全生产法律体系

1. 安全生产法律体系的含义

安全生产法律体系是一个包含多种法律形式和法律层次的综合性系统，从法律规范的形式和特点来讲，既包括作为整个安全生产法律法规基础的宪法规范，也包括行政法律规范、技术性法律规范、程序性法律规范。按法律地位及效力同等原则，安全生产法律体系分为以下 5 个门类。

1）宪法

《中华人民共和国宪法》是安全生产法律体系框架的最高层级，“加强劳动保护，改善劳动条件”是有关安全生产方面最高法律效力的规定。

2）安全生产方面的法律

（1）基础法律。

我国有关安全生产的法律包括《安全生产法》和与它平行的专门法律和相关法律。《安全生产法》是综合规范安全生产法律制度的法律，它适用于所有生产经营单位，是我国安全生产法律体系的核心。

（2）专门法律。

安全生产专门法律是规范某一专业领域安全生产法律制度的法律。我国在专业领域的法律有《中华人民共和国矿山安全法》《中华人民共和国海上交通安全法》《中华人民共和国消防法》《中华人民共和国道路交通安全法》等。

（3）相关法律。

与安全生产有关的法律是指安全生产专门法律以外的其他法律中涵盖有安全生产内容的法律，如《中华人民共和国劳动法》《中华人民共和国建筑法》《中华人民共和国煤炭法》《中华人民共和国铁路法》《中华人民共和国民用航空法》《中华人民共和国工会法》《中华人民共和国全民所有制企业法》《中华人民共和国乡镇企业法》《中华人民共和国矿产资源法》等。还有一些与安全生产监督执法工作有关的法律，如《中华人民共和国刑法》《中华人民共和国刑事诉讼法》《中华人民共和国行政处罚法》《中华人民共和国行政复议法》《中华人民共和国国家赔偿法》《中华人民共和国标准化法》等。

3）安全生产行政法规

安全生产行政法规是由国务院组织制定并批准公布的，是为实施安全生产法律或规范安全生产监督管理制度而制定并颁布的一系列具体规定，是实施安全生产监督管理和监察工作的重要依据。我国已颁布了多部安全生产行政法规，如《国务院关于特大安全事故行政责任追究的规定》《煤矿安全监察条例》等。

4）地方性安全生产法规

地方性安全生产法规是指由有立法权的地方权力机关——人民代表大会及其常务委员会和地方政府制定的安全生产规范性文件，是由法律授权制定的，是对国家安全生产法律、法规的补充和完善，以解决本地区某一特定的安全生产问题为目标，具有较强的针对性和可操作性。如目前我国有27个省（自治区、直辖市）人大制定了劳动保护条例或劳动安全卫生条例，有26个省（自治区、直辖市）人大制定了矿山安全法实施办法。

5）部门安全生产规章、地方政府安全生产规章

根据《中华人民共和国立法法》的有关规定，部门规章之间、部门规章与地方政府规章之间具有同等效力，在各自的权限范围内施行。

国务院部门安全生产规章由有关部门为加强安全生产工作而颁布的规范性文件组成，从部门角度可划分为：交通运输业、化学工业、石油工业、机械工业、电子工业、冶金工业、电力工业、建筑业、建材工业、航空航天业、船舶工业、轻纺工业、煤炭工业、地质勘探业、农村和乡镇工业、技术装备与统计工作、安全评价与竣工验收、劳动防护用品、培训教育、事故调查与处理、职业危害、特种设备、防火防爆和其他部门等。部门安全生产规章作为安全生产法律法规的重要补充，在我国安全生产监督管理工作中起着十分重要的作用。

地方政府安全生产规章一方面从属于法律和行政法规，另一方面又从属于地方性法规，并且不能与它们相抵触。

6）安全生产标准

安全生产标准是安全生产法规体系中的一个重要组成部分，也是安全生产管理的基础和监督执法工作的重要技术依据。安全生产标准大致分为设计规范类，安全生产设备、工具类，生产工艺安全卫生，防护用品类4类标准。

7）已批准的国际劳工安全公约

国际劳工组织自1919年创立以来，一共通过了188个国际公约和为数较多的建议书，这些公约和建议书统称国际劳工标准，其中70%的公约和建议书涉及职业安全卫生问题。我国政府为国际性安全生产工作已签订了国际性公约，当我国安全生产法律与国际公约有不同时，应优先采用国际公约的规定（除保留条件的条款外）。目前我国政府已批准的公约有28个，其中4个是与职业安全卫生相关的。

2. 涉及安全生产的相关法律范畴

我国的安全生产法律体系比较复杂，它覆盖整个安全生产领域，包含多种法律形式，可以根据涵盖内容的不同分成8个类别，包括综合类安全生产法律法规和规章；

矿山类安全法律法规；危险物品类安全法律法规；建筑业安全法律法规；交通运输安全法律法规；公众聚集场所及消防安全法律法规；其他安全生产法律法规和国际劳工安全卫生标准。

1）综合类安全生产法律法规和规章

综合类安全生产法律法规和规章是指同时适用于矿山、危险物品、建筑业和其他方面的安全生产法律法规和规章，它对各行各业的安全生产行为都具有指导和规范作用，主导性的法律是《中华人民共和国劳动法》《安全生产法》，由安全生产监督检查类、伤亡事故报告和调查处理类、重大危险源监管类、安全中介管理类、安全检测检验类、安全培训考核类、劳动防护用品管理类、特种设备安全监督管理类和安全生产举报奖励类通用安全生产法规和规章组成。

2）矿山类安全法律法规

矿山类安全生产法律法规规范的行业和部门主要包括煤矿、金属和非金属矿山、石油天然气开采业。我国的矿山安全立法工作已取得了很大成绩：先后颁布实施了《矿山安全法》《煤炭法》《矿山安全法实施条例》《煤矿安全监察条例》；相关部门先后颁布了一批矿山安全监督管理规章；有 26 个省（自治区、直辖市）人大制定了《矿山安全法》实施办法，目前已初步形成了矿山安全法律子体系。

3）危险物品类安全法律法规

在危险物品安全管理方面已经颁布实施了《危险化学品安全管理条例》《民用爆炸物品安全管理条例》《使用有毒物品作业场所劳动保护条例》《放射性同位素与射线装置放射防护条例》《核材料管制条例》《放射性药品管理办法》等法规。

4）建筑业安全法律法规

规范建筑业安全行为的法律有《安全生产法》《建筑法》。行业规章一直沿用 1956 年颁布的《建筑安装工程技术规程》和其他有关技术标准。我国已批准国际劳工组织通过的《建筑业安全和卫生公约》，可是目前还没有一部统一的建筑业安全法规。

5）交通运输安全法律法规

交通运输安全法律法规包括铁路、道路、水路、民用航空运输行业的法律法规和规章，《安全生产法》原则上也适用于这些行业。目前，这些行业都有自己专门的法律法规，如铁路运输业有《铁路法》《铁路运输安全保护条例》等；民航运输业有《民用航空法》《民用航空器适航条例》《民用航空安全保卫条例》等。此外，民用航空运输安全还执行国际公约和相关的规则；道路交通管理方面有《道路交通安全法》《道路交通管理条例》及《道路交通事故处理办法》；海上交通运输业有《海上交通安全法》《海上交通事故调查处理条例》《渔港水域交通安全条例》；内河交通运输业有《内河交通安全管理条例》。另外，各交通运输业主管部门和公安部门还制定了不少交通运输安全方面的规章、标准等。

6）公众聚集场所及消防安全法律法规

公众聚集场所及消防安全法律法规所涉及的范围主要是公众聚集场所、娱乐场所、公共建筑设施、旅游设施、机关团体及其他场所的安全及消防工作。目前这方面的法律法规和规章主要有《消防法》及与之相配套的《公共娱乐场所消防安全管理规定》《消防监督检查规定》《机关团体企业事业单位消防安全规定》《集贸市场消防安全管理规定》《仓库防火安全管理规则》《火灾统计管理规定》等，这方面还需要制定和完善相关的法律法规。

7）其他安全生产法律法规

其他类包括的内容是前面 5 个专业领域以外的行业安全管理规章，主要有石化、电力、机械、建材、造船、冶金、轻纺、军工、商贸等行业规章。这些行业和部门都有一些规章和规程，但均未制定专门的安全行政法规，因此《安全生产法》是规范这些部门安全生产行为的主导性法律。

8）国际劳工安全卫生标准

在国际劳工公约中，我国政府批准的有 23 个，其中 4 个是有关职业安全卫生方面的公约。当前，国际上将贸易与劳工标准挂钩是发展趋势，随着我国加入 WTO，参与世界贸易必须遵守国际通行的规则。我国的安全生产立法和监督管理工作也需要逐步与国际接轨。

1.2.2 安全生产法

《安全生产法》（2021 年第三次修正）全文如下。

第一章 总 则

第一条 为了加强安全生产工作，防止和减少生产安全事故，保障人民群众生命和财产安全，促进经济社会持续健康发展，制定本法。

第二条 在中华人民共和国领域内从事生产经营活动的单位（以下统称生产经营单位）的安全生产，适用本法；有关法律、行政法规对消防安全和道路交通安全、铁路交通安全、水上交通安全、民用航空安全以及核与辐射安全、特种设备安全另有规定的，适用其规定。

第三条 安全生产工作坚持中国共产党的领导。

安全生产工作应当以人为本，坚持人民至上、生命至上，把保护人民生命安全摆在首位，树牢安全发展理念，坚持安全第一、预防为主、综合治理的方针，从源头上防范化解重大安全风险。

安全生产工作实行管行业必须管安全、管业务必须管安全、管生产经营必须管安全，强化和落实生产经营单位主体责任与政府监管责任，建立生产经营单位负责、职工参与、政府监管、行业自律和社会监督的机制。

第四条 生产经营单位必须遵守本法和其他有关安全生产的法律、法规，加强安全生产管理，建立健全全员安全生产责任制和安全生产规章制度，加大对安全生产资金、物资、技术、人员的投入保障力度，改善安全生产条件，加强安全生产标准化、信息化建设，构建安全风险分级管控和隐患排查治理双重预防机制，健全风险防范化解机制，提高安全生产水平，确保安全生产。

平台经济等新兴行业、领域的生产经营单位应当根据本行业、领域的特点，建立健全并落实全员安全生产责任制，加强从业人员安全生产教育和培训，履行本法和其他法律、法规规定的有关安全生产义务。

第五条 生产经营单位的主要负责人是本单位安全生产第一责任人，对本单位的安全生产工作全面负责。其他负责人对职责范围内的安全生产工作负责。

第六条 生产经营单位的从业人员有依法获得安全生产保障的权利，并应当依法履行安全生产方面的义务。

第七条 工会依法对安全生产工作进行监督。

生产经营单位的工会依法组织职工参加本单位安全生产工作的民主管理和民主监督，维护职工在安全生产方面的合法权益。生产经营单位制定或者修改有关安全生产的规章制度，应当听取工会的意见。

第八条 国务院和县级以上地方各级人民政府应当根据国民经济和社会发展规划制定安全生产规划，并组织实施。安全生产规划应当与国土空间规划等相关规划相衔接。

各级人民政府应当加强安全生产基础设施建设和安全生产监管能力建设，所需经费列入本级预算。

县级以上地方各级人民政府应当组织有关部门建立完善安全风险评估与论证机制，按照安全风险管控要求，进行产业规划和空间布局，并对位置相邻、行业相近、业态相似的生产经营单位实施重大安全风险联防联控。

第九条 国务院和县级以上地方各级人民政府应当加强对安全生产工作的领导，建立健全安全生产工作协调机制，支持、督促各有关部门依法履行安全生产监督管理职责，及时协调、解决安全生产监督管理中存在的重大问题。

乡镇人民政府和街道办事处，以及开发区、工业园区、港区、风景区等应当明确负责安全生产监督管理的有关工作机构及其职责，加强安全生产监管力量建设，按照职责对本行政区域或者管理区域内生产经营单位安全生产状况进行监督检查，协助人民政府有关部门或者按照授权依法履行安全生产监督管理职责。

第十条 国务院应急管理部门依照本法，对全国安全生产工作实施综合监督管理；县级以上地方各级人民政府应急管理部门依照本法，对本行政区域内安全生产工作实施综合监督管理。

国务院交通运输、住房和城乡建设、水利、民航等有关部门依照本法和其他有关法律、行政法规的规定，在各自的职责范围内对有关行业、领域的安全生产工作实施监督管理；县级以上地方各级人民政府有关部门依照本法和其他有关法律、法规的规定，在各自的职责范围内对有关行业、领域的安全生产工作实施监督管理。对新兴行业、领域的安全生产监督管理职责不明确的，由县级以上地方各级人民政府按照业务相近的原则确定监督管理部门。

应急管理部门和对有关行业、领域的安全生产工作实施监督管理的部门，统称负有安全生产监督管理职责的部门。负有安全生产监督管理职责的部门应当相互配合、齐抓共管、信息共享、资源共用，依法加强安全生产监督管理工作。

第十一条 国务院有关部门应当按照保障安全生产的要求，依法及时制定有关的国家标准或者行业标准，并根据科技进步和经济发展适时修订。

生产经营单位必须执行依法制定的保障安全生产的国家标准或者行业标准。

第十二条 国务院有关部门按照职责分工负责安全生产强制性国家标准的项目提出、组织起草、征求意见、技术审查。国务院应急管理部门统筹提出安全生产强制性国家标准的立项计划。国务院标准化行政主管部门负责安全生产强制性国家标准的立项、编号、对外通报和授权批准发布工作。国务院标准化行政主管部门、有关部门依据法定职责对安全生产强制性国家标准的实施进行监督检查。

第十三条 各级人民政府及其有关部门应当采取多种形式，加强对有关安全生产的法律、法规和安全生产知识的宣传，增强全社会的安全生产意识。

第十四条 有关协会组织依照法律、行政法规和章程，为生产经营单位提供安全生产方面的信息、培训等服务，发挥自律作用，促进生产经营单位加强安全生产管理。

第十五条 依法设立的为安全生产提供技术、管理服务的机构，依照法律、行政法规和执业准则，接受生产经营单位的委托为其安全生产工作提供技术、管理服务。

生产经营单位委托前款规定的机构提供安全生产技术、管理服务的，保证安全生产的责任仍由本单位负责。

第十六条 国家实行生产安全事故责任追究制度，依照本法和有关法律、法规的规定，追究生产安全事故责任单位和责任人员的法律责任。

第十七条 县级以上各级人民政府应当组织负有安全生产监督管理职责的部门依法编制安全生产权力和责任清单，公开并接受社会监督。

第十八条 国家鼓励和支持安全生产科学技术研究和安全生产先进技术的推广应用，提高安全生产水平。

第十九条 国家对在改善安全生产条件、防止生产安全事故、参加抢险救护等方面取得显著成绩的单位和个人，给予奖励。

第二章　生产经营单位的安全生产保障

第二十条 生产经营单位应当具备本法和有关法律、行政法规和国家标准或者行业标准规定的安全生产条件；不具备安全生产条件的，不得从事生产经营活动。

第二十一条 生产经营单位的主要负责人对本单位安全生产工作负有下列职责：

（一）建立健全并落实本单位全员安全生产责任制，加强安全生产标准化建设；

（二）组织制定并实施本单位安全生产规章制度和操作规程；

（三）组织制定并实施本单位安全生产教育和培训计划；

（四）保证本单位安全生产投入的有效实施；

（五）组织建立并落实安全风险分级管控和隐患排查治理双重预防工作机制，督促、检查本单位的安全生产工作，及时消除生产安全事故隐患；

（六）组织制定并实施本单位的生产安全事故应急救援预案；

（七）及时、如实报告生产安全事故。

第二十二条 生产经营单位的全员安全生产责任制应当明确各岗位的责任人员、责任范围和考核标准等内容。

生产经营单位应当建立相应的机制，加强对全员安全生产责任制落实情况的监督考核，保证全员安全生产责任制的落实。

第二十三条 生产经营单位应当具备的安全生产条件所必需的资金投入，由生产经营单位的决策机构、主要负责人或者个人经营的投资人予以保证，并对由于安全生产所必需的资金投入不足导致的后果承担责任。

有关生产经营单位应当按照规定提取和使用安全生产费用，专门用于改善安全生产条件。安全生产费用在成本中据实列支。安全生产费用提取、使用和监督管理的具体办法由国务院财政部门会同国务院应急管理部门征求国务院有关部门意见后制定。

第二十四条 矿山、金属冶炼、建筑施工、运输单位和危险物品的生产、经营、储存、装卸单位，应当设置安全生产管理机构或者配备专职安全生产管理人员。

前款规定以外的其他生产经营单位，从业人员超过一百人的，应当设置安全生产管理机构或者配备专职安全生产管理人员；从业人员在一百人以下的，应当配备专职或者兼职的安全生产管理人员。

第二十五条 生产经营单位的安全生产管理机构以及安全生产管理人员履行下列职责：

（一）组织或者参与拟订本单位安全生产规章制度、操作规程和生产安全事故应急救援预案；

（二）组织或者参与本单位安全生产教育和培训，如实记录安全生产教育和培训情况；

（三）组织开展危险源辨识和评估，督促落实本单位重大危险源的安全管理措施；

（四）组织或者参与本单位应急救援演练；

（五）检查本单位的安全生产状况，及时排查生产安全事故隐患，提出改进安全生产管理的建议；

（六）制止和纠正违章指挥、强令冒险作业、违反操作规程的行为；

（七）督促落实本单位安全生产整改措施。

生产经营单位可以设置专职安全生产分管负责人，协助本单位主要负责人履行安全生产管理职责。

第二十六条 生产经营单位的安全生产管理机构以及安全生产管理人员应当恪尽职守，依法履行职责。

生产经营单位作出涉及安全生产的经营决策，应当听取安全生产管理机构以及安全生产管理人员的意见。

生产经营单位不得因安全生产管理人员依法履行职责而降低其工资、福利等待遇或者解除与其订立的劳动合同。

危险物品的生产、储存单位以及矿山、金属冶炼单位的安全生产管理人员的任免，应当告知主管的负有安全生产监督管理职责的部门。

第二十七条 生产经营单位的主要负责人和安全生产管理人员必须具备与本单位所从事的生产经营活动相应的安全生产知识和管理能力。

危险物品的生产、经营、储存、装卸单位以及矿山、金属冶炼、建筑施工、运输单位的主要负责人和安全生产管理人员，应当由主管的负有安全生产监督管理职责的部门对其安全生产知识和管理能力考核合格。考核不得收费。

危险物品的生产、储存、装卸单位以及矿山、金属冶炼单位应当有注册安全工程师从事安全生产管理工作。鼓励其他生产经营单位聘用注册安全工程师从事安全生产管理工作。注册安全工程师按专业分类管理，具体办法由国务院人力资源和社会保障部门、国务院应急管理部门会同国务院有关部门制定。

第二十八条 生产经营单位应当对从业人员进行安全生产教育和培训，保证从业人员具备必要的安全生产知识，熟悉有关的安全生产规章制度和安全操作规程，掌握本岗位的安全操作技能，了解事故应急处理措施，知悉自身在安全生产方面的权利和义务。未经安全生产教育和培训合格的从业人员，不得上岗作业。

生产经营单位使用被派遣劳动者的，应当将被派遣劳动者纳入本单位从业人员统一管理，对被派遣劳动者进行岗位安全操作规程和安全操作技能的教育和培训。劳务派遣单位应当对被派遣劳动者进行必要的安全生产教育和培训。

生产经营单位接收中等职业学校、高等学校学生实习的，应当对实习学生进行相应的安全生产教育和培训，提供必要的劳动防护用品。学校应当协助生产经营单位对实习学生进行安全生产教育和培训。

生产经营单位应当建立安全生产教育和培训档案，如实记录安全生产教育和培训的时间、内容、参加人员以及考核结果等情况。

第二十九条 生产经营单位采用新工艺、新技术、新材料或者使用新设备，必须了解、掌握其安全技术特性，采取有效的安全防护措施，并对从业人员进行专门的安全生产教育和培训。

第三十条 生产经营单位的特种作业人员必须按照国家有关规定经专门的安全作业培训，取得相应资格，方可上岗作业。

特种作业人员的范围由国务院应急管理部门会同国务院有关部门确定。

第三十一条 生产经营单位新建、改建、扩建工程项目（以下统称建设项目）的安全设施，必须与主体工程同时设计、同时施工、同时投入生产和使用。安全设施投资应当纳入建设项目概算。

第三十二条 矿山、金属冶炼建设项目和用于生产、储存、装卸危险物品的建设项目，应当按照国家有关规定进行安全评价。

第三十三条 建设项目安全设施的设计人、设计单位应当对安全设施设计负责。

矿山、金属冶炼建设项目和用于生产、储存、装卸危险物品的建设项目的安全设施设计应当按照国家有关规定报经有关部门审查，审查部门及其负责审查的人员对审查结果负责。

第三十四条 矿山、金属冶炼建设项目和用于生产、储存、装卸危险物品的建设项目的施工单位必须按照批准的安全设施设计施工，并对安全设施的工程质量负责。

矿山、金属冶炼建设项目和用于生产、储存、装卸危险物品的建设项目竣工投入生产或者使用前，应当由建设单位负责组织对安全设施进行验收；验收合格后，方可投入生产和使用。负有安全生产监督管理职责的部门应当加强对建设单位验收活动和验收结果的监督核查。

第三十五条 生产经营单位应当在有较大危险因素的生产经营场所和有关设施、设备上，设置明显的安全警示标志。

第三十六条 安全设备的设计、制造、安装、使用、检测、维修、改造和报废，应当符合国家标准或者行业标准。

生产经营单位必须对安全设备进行经常性维护、保养，并定期检测，保证正常运转。维护、保养、检测应当作好记录，并由有关人员签字。

生产经营单位不得关闭、破坏直接关系生产安全的监控、报警、防护、救生设备、设施，或者篡改、隐瞒、销毁其相关数据、信息。

餐饮等行业的生产经营单位使用燃气的，应当安装可燃气体报警装置，并保障其正常使用。

第三十七条 生产经营单位使用的危险物品的容器、运输工具，以及涉及人身安全、危险性较大的海洋石油开采特种设备和矿山井下特种设备，必须按照国家有关规定，由专业生产单位生产，并经具有专业资质的检测、检验机构检测、检验合格，取得安全使用证或者安全标志，方可投入使用。检测、检验机构对检测、检验结果负责。

第三十八条 国家对严重危及生产安全的工艺、设备实行淘汰制度，具体目录由国务院应急管理部门会同国务院有关部门制定并公布。法律、行政法规对目录的制定另有规定的，适用其规定。

省、自治区、直辖市人民政府可以根据本地区实际情况制定并公布具体目录，对前款规定以外的危及生产安全的工艺、设备予以淘汰。

生产经营单位不得使用应当淘汰的危及生产安全的工艺、设备。

第三十九条 生产、经营、运输、储存、使用危险物品或者处置废弃危险物品的，由有关主管部门依照有关法律、法规的规定和国家标准或者行业标准审批并实施监督管理。

生产经营单位生产、经营、运输、储存、使用危险物品或者处置废弃危险物品，必须执行有关法律、法规和国家标准或者行业标准，建立专门的安全管理制度，采取可靠的安全措施，接受有关主管部门依法实施的监督管理。

第四十条 生产经营单位对重大危险源应当登记建档，进行定期检测、评估、监控，并制定应急预案，告知从业人员和相关人员在紧急情况下应当采取的应急措施。

生产经营单位应当按照国家有关规定将本单位重大危险源及有关安全措施、应急措施报有关地方人民政府应急管理部门和有关部门备案。有关地方人民政府应急管理部门和有关部门应当通过相关信息系统实现信息共享。

第四十一条 生产经营单位应当建立安全风险分级管控制度，按照安全风险分级采取相应的管控措施。

生产经营单位应当建立健全并落实生产安全事故隐患排查治理制度，采取技术、管理措施，及时发现并消除事故隐患。事故隐患排查治理情况应当如实记录，并通过职工大会或者职工代表大会、信息公示栏等方式向从业人员通报。其中，重大事故隐患排查治理情况应当及时向负有安全生产监督管理职责的部门和职工大会或者职工代表大会报告。

县级以上地方各级人民政府负有安全生产监督管理职责的部门应当将重大事故隐患纳入相关信息系统，建立健全重大事故隐患治理督办制度，督促生产经营单位消除重大事故隐患。

第四十二条 生产、经营、储存、使用危险物品的车间、商店、仓库不得与员工宿舍在同一座建筑物内，并应当与员工宿舍保持安全距离。

生产经营场所和员工宿舍应当设有符合紧急疏散要求、标志明显、保持畅通的出口、疏散通道。禁止占用、锁闭、封堵生产经营场所或者员工宿舍的出口、疏散通道。

第四十三条 生产经营单位进行爆破、吊装、动火、临时用电以及国务院应急管理部门会同国务院有关部门规定的其他危险作业，应当安排专门人员进行现场安全管理，确保操作规程的遵守和安全措施的落实。

第四十四条 生产经营单位应当教育和督促从业人员严格执行本单位的安全生产规章制度和安全操作规程；并向从业人员如实告知作业场所和工作岗位存在的危险因素、防范措施以及事故应急措施。

生产经营单位应当关注从业人员的身体、心理状况和行为习惯，加强对从业人员的心理疏导、精神慰藉，严格落实岗位安全生产责任，防范从业人员行为异常导致事故发生。

第四十五条 生产经营单位必须为从业人员提供符合国家标准或者行业标准的劳动防护用品，并监督、教育从业人员按照使用规则佩戴、使用。

第四十六条 生产经营单位的安全生产管理人员应当根据本单位的生产经营特点，对安全生产状况进行经常性检查；对检查中发现的安全问题，应当立即处理；不能处理的，应当及时报告本单位有关负责人，有关负责人应当及时处理。检查及处理情况应当如实记录在案。

生产经营单位的安全生产管理人员在检查中发现重大事故隐患，依照前款规定向本单位有关负责人报告，有关负责人不及时处理的，安全生产管理人员可以向主管的负有安全生产监督管理职责的部门报告，接到报告的部门应当依法及时处理。

第四十七条 生产经营单位应当安排用于配备劳动防护用品、进行安全生产培训的经费。

第四十八条 两个以上生产经营单位在同一作业区域内进行生产经营活动，可能危及对方生产安全的，应当签订安全生产管理协议，明确各自的安全生产管理职责和应当采取的安全措施，并指定专职安全生产管理人员进行安全检查与协调。

第四十九条 生产经营单位不得将生产经营项目、场所、设备发包或者出租给不具备安全生产条件或者相应资质的单位或者个人。

生产经营项目、场所发包或者出租给其他单位的，生产经营单位应当与承包单位、承租单位签订专门的安全生产管理协议，或者在承包合同、租赁合同中约定各自的安全生产管理职责；生产经营单位对承包单位、承租单位的安全生产工作统一协调、管理，定期进行安全检查，发现安全问题的，应当及时督促整改。

矿山、金属冶炼建设项目和用于生产、储存、装卸危险物品的建设项目的施工单位应当加强对施工项目的安全管理，不得倒卖、出租、出借、挂靠或者以其他形式非法转让施工资质，不得将其承包的全部建设工程转包给第三人或者将其承包的全部建设工程肢解以后以分包的名义分别转包给第三人，不得将工程分包给不具备相应资质条件的单位。

第五十条 生产经营单位发生生产安全事故时，单位的主要负责人应当立即组织抢救，并不得在事故调查处理期间擅离职守。

第五十一条 生产经营单位必须依法参加工伤保险，为从业人员缴纳保险费。

国家鼓励生产经营单位投保安全生产责任保险；属于国家规定的高危行业、领域的生产经营单位，应当投保安全生产责任保险。具体范围和实施办法由国务院应急管理部门会同国务院财政部门、国务院保险监督管理机构和相关行业主管部门制定。

第三章 从业人员的安全生产权利义务

第五十二条 生产经营单位与从业人员订立的劳动合同，应当载明有关保障从业人员劳动安全、防止职业危害的事项，以及依法为从业人员办理工伤保险的事项。

生产经营单位不得以任何形式与从业人员订立协议，免除或者减轻其对从业人员因生产安全事故伤亡依法应承担的责任。

第五十三条 生产经营单位的从业人员有权了解其作业场所和工作岗位存在的危险因素、防范措施及事故应急措施，有权对本单位的安全生产工作提出建议。

第五十四条 从业人员有权对本单位安全生产工作中存在的问题提出批评、检举、控告；有权拒绝违章指挥和强令冒险作业。

生产经营单位不得因从业人员对本单位安全生产工作提出批评、检举、控告或者拒绝违章指挥、强令冒险作业而降低其工资、福利等待遇或者解除与其订立的劳动合同。

第五十五条 从业人员发现直接危及人身安全的紧急情况时，有权停止作业或者在采取可能的应急措施后撤离作业场所。

生产经营单位不得因从业人员在前款紧急情况下停止作业或者采取紧急撤离措施而降低其工资、福利等待遇或者解除与其订立的劳动合同。

第五十六条 生产经营单位发生生产安全事故后，应当及时采取措施救治有关人员。

因生产安全事故受到损害的从业人员，除依法享有工伤保险外，依照有关民事法律尚有获得赔偿的权利的，有权提出赔偿要求。

第五十七条 从业人员在作业过程中，应当严格落实岗位安全责任，遵守本单位的安全生产规章制度和操作规程，服从管理，正确佩戴和使用劳动防护用品。

第五十八条 从业人员应当接受安全生产教育和培训，掌握本职工作所需的安全生产知识，提高安全生产技能，增强事故预防和应急处理能力。

第五十九条 从业人员发现事故隐患或者其他不安全因素，应当立即向现场安全生产管理人员或者本单位负责人报告；接到报告的人员应当及时予以处理。

第六十条 工会有权对建设项目的安全设施与主体工程同时设计、同时施工、同时投入生产和使用进行监督，提出意见。

工会对生产经营单位违反安全生产法律、法规，侵犯从业人员合法权益的行为，有权要求纠正；发现生产经营单位违章指挥、强令冒险作业或者发现事故隐患时，有权提出解决的建议，生产经营单位应当及时研究答复；发现危及从业人员生命安全的情况时，有权向生产经营单位建议组织从业人员撤离危险场所，生产经营单位必须立即作出处理。

工会有权依法参加事故调查，向有关部门提出处理意见，并要求追究有关人员的责任。

第六十一条 生产经营单位使用被派遣劳动者的，被派遣劳动者享有本法规定的从业人员的权利，并应当履行本法规定的从业人员的义务。

第四章　安全生产的监督管理

第六十二条　县级以上地方各级人民政府应当根据本行政区域内的安全生产状况，组织有关部门按照职责分工，对本行政区域内容易发生重大生产安全事故的生产经营单位进行严格检查。

应急管理部门应当按照分类分级监督管理的要求，制定安全生产年度监督检查计划，并按照年度监督检查计划进行监督检查，发现事故隐患，应当及时处理。

第六十三条　负有安全生产监督管理职责的部门依照有关法律、法规的规定，对涉及安全生产的事项需要审查批准（包括批准、核准、许可、注册、认证、颁发证照等，下同）或者验收的，必须严格依照有关法律、法规和国家标准或者行业标准规定的安全生产条件和程序进行审查；不符合有关法律、法规和国家标准或者行业标准规定的安全生产条件的，不得批准或者验收通过。对未依法取得批准或者验收合格的单位擅自从事有关活动的，负责行政审批的部门发现或者接到举报后应当立即予以取缔，并依法予以处理。对已经依法取得批准的单位，负责行政审批的部门发现其不再具备安全生产条件的，应当撤销原批准。

第六十四条　负有安全生产监督管理职责的部门对涉及安全生产的事项进行审查、验收，不得收取费用；不得要求接受审查、验收的单位购买其指定品牌或者指定生产、销售单位的安全设备、器材或者其他产品。

第六十五条　应急管理部门和其他负有安全生产监督管理职责的部门依法开展安全生产行政执法工作，对生产经营单位执行有关安全生产的法律、法规和国家标准或者行业标准的情况进行监督检查，行使以下职权：

（一）进入生产经营单位进行检查，调阅有关资料，向有关单位和人员了解情况；

（二）对检查中发现的安全生产违法行为，当场予以纠正或者要求限期改正；对依法应当给予行政处罚的行为，依照本法和其他有关法律、行政法规的规定作出行政处罚决定；

（三）对检查中发现的事故隐患，应当责令立即排除；重大事故隐患排除前或者排除过程中无法保证安全的，应当责令从危险区域内撤出作业人员，责令暂时停产停业或者停止使用相关设施、设备；重大事故隐患排除后，经审查同意，方可恢复生产经营和使用；

（四）对有根据认为不符合保障安全生产的国家标准或者行业标准的设施、设备、器材以及违法生产、储存、使用、经营、运输的危险物品予以查封或者扣押，对违法生产、储存、使用、经营危险物品的作业场所予以查封，并依法作出处理决定。

监督检查不得影响被检查单位的正常生产经营活动。

第六十六条　生产经营单位对负有安全生产监督管理职责的部门的监督检查人员（以下统称安全生产监督检查人员）依法履行监督检查职责，应当予以配合，不得拒绝、阻挠。

第六十七条　安全生产监督检查人员应当忠于职守，坚持原则，秉公执法。

安全生产监督检查人员执行监督检查任务时，必须出示有效的行政执法证件；对涉及被检查单位的技术秘密和业务秘密，应当为其保密。

第六十八条 安全生产监督检查人员应当将检查的时间、地点、内容、发现的问题及其处理情况，作出书面记录，并由检查人员和被检查单位的负责人签字；被检查单位的负责人拒绝签字的，检查人员应当将情况记录在案，并向负有安全生产监督管理职责的部门报告。

第六十九条 负有安全生产监督管理职责的部门在监督检查中，应当互相配合，实行联合检查；确需分别进行检查的，应当互通情况，发现存在的安全问题应当由其他有关部门进行处理的，应当及时移送其他有关部门并形成记录备查，接受移送的部门应当及时进行处理。

第七十条 负有安全生产监督管理职责的部门依法对存在重大事故隐患的生产经营单位作出停产停业、停止施工、停止使用相关设施或者设备的决定，生产经营单位应当依法执行，及时消除事故隐患。生产经营单位拒不执行，有发生生产安全事故的现实危险的，在保证安全的前提下，经本部门主要负责人批准，负有安全生产监督管理职责的部门可以采取通知有关单位停止供电、停止供应民用爆炸物品等措施，强制生产经营单位履行决定。通知应当采用书面形式，有关单位应当予以配合。

负有安全生产监督管理职责的部门依照前款规定采取停止供电措施，除有危及生产安全的紧急情形外，应当提前二十四小时通知生产经营单位。生产经营单位依法履行行政决定、采取相应措施消除事故隐患的，负有安全生产监督管理职责的部门应当及时解除前款规定的措施。

第七十一条 监察机关依照监察法的规定，对负有安全生产监督管理职责的部门及其工作人员履行安全生产监督管理职责实施监察。

第七十二条 承担安全评价、认证、检测、检验职责的机构应当具备国家规定的资质条件，并对其作出的安全评价、认证、检测、检验结果的合法性、真实性负责。资质条件由国务院应急管理部门会同国务院有关部门制定。

承担安全评价、认证、检测、检验职责的机构应当建立并实施服务公开和报告公开制度，不得租借资质、挂靠、出具虚假报告。

第七十三条 负有安全生产监督管理职责的部门应当建立举报制度，公开举报电话、信箱或者电子邮件地址等网络举报平台，受理有关安全生产的举报；受理的举报事项经调查核实后，应当形成书面材料；需要落实整改措施的，报经有关负责人签字并督促落实。对不属于本部门职责，需要由其他有关部门进行调查处理的，转交其他有关部门处理。

涉及人员死亡的举报事项，应当由县级以上人民政府组织核查处理。

第七十四条 任何单位或者个人对事故隐患或者安全生产违法行为，均有权向负有安全生产监督管理职责的部门报告或者举报。

因安全生产违法行为造成重大事故隐患或者导致重大事故，致使国家利益或者社会公共利益受到侵害的，人民检察院可以根据民事诉讼法、行政诉讼法的相关规定提起公益诉讼。

第七十五条 居民委员会、村民委员会发现其所在区域内的生产经营单位存在事故隐患或者安全生产违法行为时，应当向当地人民政府或者有关部门报告。

第七十六条 县级以上各级人民政府及其有关部门对报告重大事故隐患或者举报

安全生产违法行为的有功人员，给予奖励。具体奖励办法由国务院应急管理部门会同国务院财政部门制定。

第七十七条 新闻、出版、广播、电影、电视等单位有进行安全生产公益宣传教育的义务，有对违反安全生产法律、法规的行为进行舆论监督的权利。

第七十八条 负有安全生产监督管理职责的部门应当建立安全生产违法行为信息库，如实记录生产经营单位及其有关从业人员的安全生产违法行为信息；对违法行为情节严重的生产经营单位及其有关从业人员，应当及时向社会公告，并通报行业主管部门、投资主管部门、自然资源主管部门、生态环境主管部门、证券监督管理机构以及有关金融机构。有关部门和机构应当对存在失信行为的生产经营单位及其有关从业人员采取加大执法检查频次、暂停项目审批、上调有关保险费率、行业或者职业禁入等联合惩戒措施，并向社会公示。

负有安全生产监督管理职责的部门应当加强对生产经营单位行政处罚信息的及时归集、共享、应用和公开，对生产经营单位作出处罚决定后七个工作日内在监督管理部门公示系统予以公开曝光，强化对违法失信生产经营单位及其有关从业人员的社会监督，提高全社会安全生产诚信水平。

第五章　生产安全事故的应急救援与调查处理

第七十九条 国家加强生产安全事故应急能力建设，在重点行业、领域建立应急救援基地和应急救援队伍，并由国家安全生产应急救援机构统一协调指挥；鼓励生产经营单位和其他社会力量建立应急救援队伍，配备相应的应急救援装备和物资，提高应急救援的专业化水平。

国务院应急管理部门牵头建立全国统一的生产安全事故应急救援信息系统，国务院交通运输、住房和城乡建设、水利、民航等有关部门和县级以上地方人民政府建立健全相关行业、领域、地区的生产安全事故应急救援信息系统，实现互联互通、信息共享，通过推行网上安全信息采集、安全监管和监测预警，提升监管的精准化、智能化水平。

第八十条 县级以上地方各级人民政府应当组织有关部门制定本行政区域内生产安全事故应急救援预案，建立应急救援体系。

乡镇人民政府和街道办事处，以及开发区、工业园区、港区、风景区等应当制定相应的生产安全事故应急救援预案，协助人民政府有关部门或者按照授权依法履行生产安全事故应急救援工作职责。

第八十一条 生产经营单位应当制定本单位生产安全事故应急救援预案，与所在地县级以上地方人民政府组织制定的生产安全事故应急救援预案相衔接，并定期组织演练。

第八十二条 危险物品的生产、经营、储存单位以及矿山、金属冶炼、城市轨道交通运营、建筑施工单位应当建立应急救援组织；生产经营规模较小的，可以不建立应急救援组织，但应当指定兼职的应急救援人员。

危险物品的生产、经营、储存、运输单位以及矿山、金属冶炼、城市轨道交通运营、建筑施工单位应当配备必要的应急救援器材、设备和物资，并进行经常性维护、保养，保证正常运转。

第八十三条 生产经营单位发生生产安全事故后，事故现场有关人员应当立即报告本单位负责人。

单位负责人接到事故报告后，应当迅速采取有效措施，组织抢救，防止事故扩大，减少人员伤亡和财产损失，并按照国家有关规定立即如实报告当地负有安全生产监督管理职责的部门，不得隐瞒不报、谎报或者迟报，不得故意破坏事故现场、毁灭有关证据。

第八十四条 负有安全生产监督管理职责的部门接到事故报告后，应当立即按照国家有关规定上报事故情况。负有安全生产监督管理职责的部门和有关地方人民政府对事故情况不得隐瞒不报、谎报或者迟报。

第八十五条 有关地方人民政府和负有安全生产监督管理职责的部门的负责人接到生产安全事故报告后，应当按照生产安全事故应急救援预案的要求立即赶到事故现场，组织事故抢救。

参与事故抢救的部门和单位应当服从统一指挥，加强协同联动，采取有效的应急救援措施，并根据事故救援的需要采取警戒、疏散等措施，防止事故扩大和次生灾害的发生，减少人员伤亡和财产损失。

事故抢救过程中应当采取必要措施，避免或者减少对环境造成的危害。

任何单位和个人都应当支持、配合事故抢救，并提供一切便利条件。

第八十六条 事故调查处理应当按照科学严谨、依法依规、实事求是、注重实效的原则，及时、准确地查清事故原因，查明事故性质和责任，评估应急处置工作，总结事故教训，提出整改措施，并对事故责任单位和人员提出处理建议。事故调查报告应当依法及时向社会公布。事故调查和处理的具体办法由国务院制定。

事故发生单位应当及时全面落实整改措施，负有安全生产监督管理职责的部门应当加强监督检查。

负责事故调查处理的国务院有关部门和地方人民政府应当在批复事故调查报告后一年内，组织有关部门对事故整改和防范措施落实情况进行评估，并及时向社会公开评估结果；对不履行职责导致事故整改和防范措施没有落实的有关单位和人员，应当按照有关规定追究责任。

第八十七条 生产经营单位发生生产安全事故，经调查确定为责任事故的，除了应当查明事故单位的责任并依法予以追究外，还应当查明对安全生产的有关事项负有审查批准和监督职责的行政部门的责任，对有失职、渎职行为的，依照本法第九十条的规定追究法律责任。

第八十八条 任何单位和个人不得阻挠和干涉对事故的依法调查处理。

第八十九条 县级以上地方各级人民政府应急管理部门应当定期统计分析本行政区域内发生生产安全事故的情况，并定期向社会公布。

第六章　法律责任

第九十条 负有安全生产监督管理职责的部门的工作人员，有下列行为之一的，给予降级或者撤职的处分；构成犯罪的，依照刑法有关规定追究刑事责任：

（一）对不符合法定安全生产条件的涉及安全生产的事项予以批准或者验收通过的；

（二）发现未依法取得批准、验收的单位擅自从事有关活动或者接到举报后不予取缔或者不依法予以处理的；

（三）对已经依法取得批准的单位不履行监督管理职责，发现其不再具备安全生产条件而不撤销原批准或者发现安全生产违法行为不予查处的；

（四）在监督检查中发现重大事故隐患，不依法及时处理的。

负有安全生产监督管理职责的部门的工作人员有前款规定以外的滥用职权、玩忽职守、徇私舞弊行为的，依法给予处分；构成犯罪的，依照刑法有关规定追究刑事责任。

第九十一条 负有安全生产监督管理职责的部门，要求被审查、验收的单位购买其指定的安全设备、器材或者其他产品的，在对安全生产事项的审查、验收中收取费用的，由其上级机关或者监察机关责令改正，责令退还收取的费用；情节严重的，对直接负责的主管人员和其他直接责任人员依法给予处分。

第九十二条 承担安全评价、认证、检测、检验职责的机构出具失实报告的，责令停业整顿，并处三万元以上十万元以下的罚款；给他人造成损害的，依法承担赔偿责任。

承担安全评价、认证、检测、检验职责的机构租借资质、挂靠、出具虚假报告的，没收违法所得；违法所得在十万元以上的，并处违法所得二倍以上五倍以下的罚款，没有违法所得或者违法所得不足十万元的，单处或者并处十万元以上二十万元以下的罚款；对其直接负责的主管人员和其他直接责任人员处五万元以上十万元以下的罚款；给他人造成损害的，与生产经营单位承担连带赔偿责任；构成犯罪的，依照刑法有关规定追究刑事责任。

对有前款违法行为的机构及其直接责任人员，吊销其相应资质和资格，五年内不得从事安全评价、认证、检测、检验等工作；情节严重的，实行终身行业和职业禁入。

第九十三条 生产经营单位的决策机构、主要负责人或者个人经营的投资人不依照本法规定保证安全生产所必需的资金投入，致使生产经营单位不具备安全生产条件的，责令限期改正，提供必需的资金；逾期未改正的，责令生产经营单位停产停业整顿。

有前款违法行为，导致发生生产安全事故的，对生产经营单位的主要负责人给予撤职处分，对个人经营的投资人处二万元以上二十万元以下的罚款；构成犯罪的，依照刑法有关规定追究刑事责任。

第九十四条 生产经营单位的主要负责人未履行本法规定的安全生产管理职责的，责令限期改正，处二万元以上五万元以下的罚款；逾期未改正的，处五万元以上十万元以下的罚款，责令生产经营单位停产停业整顿。

生产经营单位的主要负责人有前款违法行为，导致发生生产安全事故的，给予撤职处分；构成犯罪的，依照刑法有关规定追究刑事责任。

生产经营单位的主要负责人依照前款规定受刑事处罚或者撤职处分的，自刑罚执行完毕或者受处分之日起，五年内不得担任任何生产经营单位的主要负责人；对重大、特别重大生产安全事故负有责任的，终身不得担任本行业生产经营单位的主要负责人。

第九十五条 生产经营单位的主要负责人未履行本法规定的安全生产管理职责，导致发生生产安全事故的，由应急管理部门依照下列规定处以罚款：

（一）发生一般事故的，处上一年年收入百分之四十的罚款；

（二）发生较大事故的，处上一年年收入百分之六十的罚款；

（三）发生重大事故的，处上一年年收入百分之八十的罚款；

（四）发生特别重大事故的，处上一年年收入百分之一百的罚款。

第九十六条 生产经营单位的其他负责人和安全生产管理人员未履行本法规定的安全生产管理职责的，责令限期改正，处一万元以上三万元以下的罚款；导致发生生产安全事故的，暂停或者吊销其与安全生产有关的资格，并处上一年年收入百分之二十以上百分之五十以下的罚款；构成犯罪的，依照刑法有关规定追究刑事责任。

第九十七条 生产经营单位有下列行为之一的，责令限期改正，处十万元以下的罚款；逾期未改正的，责令停产停业整顿，并处十万元以上二十万元以下的罚款，对其直接负责的主管人员和其他直接责任人员处二万元以上五万元以下的罚款：

（一）未按照规定设置安全生产管理机构或者配备安全生产管理人员、注册安全工程师的；

（二）危险物品的生产、经营、储存、装卸单位以及矿山、金属冶炼、建筑施工、运输单位的主要负责人和安全生产管理人员未按照规定经考核合格的；

（三）未按照规定对从业人员、被派遣劳动者、实习学生进行安全生产教育和培训，或者未按照规定如实告知有关的安全生产事项的；

（四）未如实记录安全生产教育和培训情况的；

（五）未将事故隐患排查治理情况如实记录或者未向从业人员通报的；

（六）未按照规定制定生产安全事故应急救援预案或者未定期组织演练的；

（七）特种作业人员未按照规定经专门的安全作业培训并取得相应资格，上岗作业的。

第九十八条 生产经营单位有下列行为之一的，责令停止建设或者停产停业整顿，限期改正，并处十万元以上五十万元以下的罚款，对其直接负责的主管人员和其他直接责任人员处二万元以上五万元以下的罚款；逾期未改正的，处五十万元以上一百万元以下的罚款，对其直接负责的主管人员和其他直接责任人员处五万元以上十万元以下的罚款；构成犯罪的，依照刑法有关规定追究刑事责任：

（一）未按照规定对矿山、金属冶炼建设项目或者用于生产、储存、装卸危险物品的建设项目进行安全评价的；

（二）矿山、金属冶炼建设项目或者用于生产、储存、装卸危险物品的建设项目没有安全设施设计或者安全设施设计未按照规定报经有关部门审查同意的；

（三）矿山、金属冶炼建设项目或者用于生产、储存、装卸危险物品的建设项目的施工单位未按照批准的安全设施设计施工的；

（四）矿山、金属冶炼建设项目或者用于生产、储存、装卸危险物品的建设项目竣工投入生产或者使用前，安全设施未经验收合格的。

第九十九条 生产经营单位有下列行为之一的，责令限期改正，处五万元以下的罚款；逾期未改正的，处五万元以上二十万元以下的罚款，对其直接负责的主管人员和其他直接责任人员处一万元以上二万元以下的罚款；情节严重的，责令停产停业整顿；构成犯罪的，依照刑法有关规定追究刑事责任：

（一）未在有较大危险因素的生产经营场所和有关设施、设备上设置明显的安全警示标志的；

（二）安全设备的安装、使用、检测、改造和报废不符合国家标准或者行业标准的；

（三）未对安全设备进行经常性维护、保养和定期检测的；

（四）关闭、破坏直接关系生产安全的监控、报警、防护、救生设备、设施，或者篡改、隐瞒、销毁其相关数据、信息的；

（五）未为从业人员提供符合国家标准或者行业标准的劳动防护用品的；

（六）危险物品的容器、运输工具，以及涉及人身安全、危险性较大的海洋石油开采特种设备和矿山井下特种设备未经具有专业资质的机构检测、检验合格，取得安全使用证或者安全标志，投入使用的；

（七）使用应当淘汰的危及生产安全的工艺、设备的；

（八）餐饮等行业的生产经营单位使用燃气未安装可燃气体报警装置的。

第一百条 未经依法批准，擅自生产、经营、运输、储存、使用危险物品或者处置废弃危险物品的，依照有关危险物品安全管理的法律、行政法规的规定予以处罚；构成犯罪的，依照刑法有关规定追究刑事责任。

第一百零一条 生产经营单位有下列行为之一的，责令限期改正，处十万元以下的罚款；逾期未改正的，责令停产停业整顿，并处十万元以上二十万元以下的罚款，对其直接负责的主管人员和其他直接责任人员处二万元以上五万元以下的罚款；构成犯罪的，依照刑法有关规定追究刑事责任：

（一）生产、经营、运输、储存、使用危险物品或者处置废弃危险物品，未建立专门安全管理制度、未采取可靠的安全措施的；

（二）对重大危险源未登记建档，未进行定期检测、评估、监控，未制定应急预案，或者未告知应急措施的；

（三）进行爆破、吊装、动火、临时用电以及国务院应急管理部门会同国务院有关部门规定的其他危险作业，未安排专门人员进行现场安全管理的；

（四）未建立安全风险分级管控制度或者未按照安全风险分级采取相应管控措施的；

（五）未建立事故隐患排查治理制度，或者重大事故隐患排查治理情况未按照规定报告的。

第一百零二条 生产经营单位未采取措施消除事故隐患的，责令立即消除或者限期消除，处五万元以下的罚款；生产经营单位拒不执行的，责令停产停业整顿，对其直接负责的主管人员和其他直接责任人员处五万元以上十万元以下的罚款；构成犯罪的，依照刑法有关规定追究刑事责任。

第一百零三条 生产经营单位将生产经营项目、场所、设备发包或者出租给不具备安全生产条件或者相应资质的单位或者个人的，责令限期改正，没收违法所得；违法所得十万元以上的，并处违法所得二倍以上五倍以下的罚款；没有违法所得或者违法所得不足十万元的，单处或者并处十万元以上二十万元以下的罚款；对其直接负责的主管人员和其他直接责任人员处一万元以上二万元以下的罚款；导致发生生产安全事故给他人造成损害的，与承包方、承租方承担连带赔偿责任。

生产经营单位未与承包单位、承租单位签订专门的安全生产管理协议或者未在承包合同、租赁合同中明确各自的安全生产管理职责，或者未对承包单位、承租单位的安全生产统一协调、管理的，责令限期改正，处五万元以下的罚款，对其直接负责的主管人员和其他直接责任人员处一万元以下的罚款；逾期未改正的，责令停产停业整顿。

矿山、金属冶炼建设项目和用于生产、储存、装卸危险物品的建设项目的施工单位未按照规定对施工项目进行安全管理的，责令限期改正，处十万元以下的罚款，对其直接负责的主管人员和其他直接责任人员处二万元以下的罚款；逾期未改正的，责令停产停业整顿。以上施工单位倒卖、出租、出借、挂靠或者以其他形式非法转让施工资质的，责令停产停业整顿，吊销资质证书，没收违法所得；违法所得十万元以上的，并处违法所得二倍以上五倍以下的罚款，没有违法所得或者违法所得不足十万元的，单处或者并处十万元以上二十万元以下的罚款；对其直接负责的主管人员和其他直接责任人员处五万元以上十万元以下的罚款；构成犯罪的，依照刑法有关规定追究刑事责任。

第一百零四条 两个以上生产经营单位在同一作业区域内进行可能危及对方安全生产的生产经营活动，未签订安全生产管理协议或者未指定专职安全生产管理人员进行安全检查与协调的，责令限期改正，处五万元以下的罚款，对其直接负责的主管人员和其他直接责任人员处一万元以下的罚款；逾期未改正的，责令停产停业。

第一百零五条 生产经营单位有下列行为之一的，责令限期改正，处五万元以下的罚款，对其直接负责的主管人员和其他直接责任人员处一万元以下的罚款；逾期未改正的，责令停产停业整顿；构成犯罪的，依照刑法有关规定追究刑事责任：

（一）生产、经营、储存、使用危险物品的车间、商店、仓库与员工宿舍在同一座建筑内，或者与员工宿舍的距离不符合安全要求的；

（二）生产经营场所和员工宿舍未设有符合紧急疏散需要、标志明显、保持畅通的出口、疏散通道，或者占用、锁闭、封堵生产经营场所或者员工宿舍出口、疏散通道的。

第一百零六条 生产经营单位与从业人员订立协议，免除或者减轻其对从业人员因生产安全事故伤亡依法应承担的责任的，该协议无效；对生产经营单位的主要负责人、个人经营的投资人处二万元以上十万元以下的罚款。

第一百零七条 生产经营单位的从业人员不落实岗位安全责任，不服从管理，违反安全生产规章制度或者操作规程的，由生产经营单位给予批评教育，依照有关规章制度给予处分；构成犯罪的，依照刑法有关规定追究刑事责任。

第一百零八条 违反本法规定，生产经营单位拒绝、阻碍负有安全生产监督管理职责的部门依法实施监督检查的，责令改正；拒不改正的，处二万元以上二十万元以下的罚款；对其直接负责的主管人员和其他直接责任人员处一万元以上二万元以下的罚款；构成犯罪的，依照刑法有关规定追究刑事责任。

第一百零九条 高危行业、领域的生产经营单位未按照国家规定投保安全生产责任保险的，责令限期改正，处五万元以上十万元以下的罚款；逾期未改正的，处十万元以上二十万元以下的罚款。

第一百一十条 生产经营单位的主要负责人在本单位发生生产安全事故时，不立即组织抢救或者在事故调查处理期间擅离职守或者逃匿的，给予降级、撤职的处分，并由应急管理部门处上一年年收入百分之六十至百分之一百的罚款；对逃匿的处十五日以下拘留；构成犯罪的，依照刑法有关规定追究刑事责任。

生产经营单位的主要负责人对生产安全事故隐瞒不报、谎报或者迟报的，依照前款规定处罚。

第一百一十一条 有关地方人民政府、负有安全生产监督管理职责的部门，对生产安全事故隐瞒不报、谎报或者迟报的，对直接负责的主管人员和其他直接责任人员依法给予处分；构成犯罪的，依照刑法有关规定追究刑事责任。

第一百一十二条 生产经营单位违反本法规定，被责令改正且受到罚款处罚，拒不改正的，负有安全生产监督管理职责的部门可以自作出责令改正之日的次日起，按照原处罚数额按日连续处罚。

第一百一十三条 生产经营单位存在下列情形之一的，负有安全生产监督管理职责的部门应当提请地方人民政府予以关闭，有关部门应当依法吊销其有关证照。生产经营单位主要负责人五年内不得担任任何生产经营单位的主要负责人；情节严重的，终身不得担任本行业生产经营单位的主要负责人：

（一）存在重大事故隐患，一百八十日内三次或者一年内四次受到本法规定的行政处罚的；

（二）经停产停业整顿，仍不具备法律、行政法规和国家标准或者行业标准规定的安全生产条件的；

（三）不具备法律、行政法规和国家标准或者行业标准规定的安全生产条件，导致发生重大、特别重大生产安全事故的；

（四）拒不执行负有安全生产监督管理职责的部门作出的停产停业整顿决定的。

第一百一十四条 发生生产安全事故，对负有责任的生产经营单位除要求其依法承担相应的赔偿等责任外，由应急管理部门依照下列规定处以罚款：

（一）发生一般事故的，处三十万元以上一百万元以下的罚款；

（二）发生较大事故的，处一百万元以上二百万元以下的罚款；

（三）发生重大事故的，处二百万元以上一千万元以下的罚款；

（四）发生特别重大事故的，处一千万元以上二千万元以下的罚款。

发生生产安全事故，情节特别严重、影响特别恶劣的，应急管理部门可以按照前款罚款数额的二倍以上五倍以下对负有责任的生产经营单位处以罚款。

第一百一十五条 本法规定的行政处罚，由应急管理部门和其他负有安全生产监督管理职责的部门按照职责分工决定；其中，根据本法第九十五条、第一百一十条、第一百一十四条的规定应当给予民航、铁路、电力行业的生产经营单位及其主要负责人行政处罚的，也可以由主管的负有安全生产监督管理职责的部门进行处罚。予以关闭的行政处罚，由负有安全生产监督管理职责的部门报请县级以上人民政府按照国务院规定的权限决定；给予拘留的行政处罚，由公安机关依照治安管理处罚的规定决定。

第一百一十六条 生产经营单位发生生产安全事故造成人员伤亡、他人财产损失的，应当依法承担赔偿责任；拒不承担或者其负责人逃匿的，由人民法院依法强制执行。

生产安全事故的责任人未依法承担赔偿责任，经人民法院依法采取执行措施后，仍不能对受害人给予足额赔偿的，应当继续履行赔偿义务；受害人发现责任人有其他财产的，可以随时请求人民法院执行。

第七章 附 则

第一百一十七条 本法下列用语的含义：

危险物品，是指易燃易爆物品、危险化学品、放射性物品等能够危及人身安全和财产安全的物品。

重大危险源，是指长期地或者临时地生产、搬运、使用或者储存危险物品，且危险物品的数量等于或者超过临界量的单元（包括场所和设施）。

第一百一十八条 本法规定的生产安全一般事故、较大事故、重大事故、特别重大事故的划分标准由国务院规定。

国务院应急管理部门和其他负有安全生产监督管理职责的部门应当根据各自的职责分工，制定相关行业、领域重大危险源的辨识标准和重大事故隐患的判定标准。

第一百一十九条 本法自2002年11月1日起施行。

1.2.3 工伤保险条例

1. 工伤与工伤保险的概念

工伤是指企业职工在生产岗位上，从事与生产劳动有关，或由于劳动条件、作业环境所致引起的人身伤害事故和职业病。

工伤保险，是指劳动者在工作中或在规定的特殊情况下，遭受意外伤害或患职业病导致暂时或永久丧失劳动能力及死亡时，劳动者或其遗属从国家和社会获得物质帮助的一种社会保险制度。

2. 工伤保险的功能

（1）保障因工作遭受事故伤害或者患职业病的职工获得医疗救治和经济补偿；

（2）促进工伤预防和职业康复；

（3）分散用人单位的工伤风险。

3. 工伤保险对象

《工伤保险条例》第二条规定，中华人民共和国境内的企业、事业单位、社会团体、民办非企业单位、基金会、律师事务所、会计师事务所等组织和有雇工的个体工商户（以下称用人单位）应当依照本条例规定参加工伤保险，为本单位全部职工或者雇工（以下称职工）缴纳工伤保险费。

4. 工伤保险的特点

（1）工伤保险对象的范围是在生产劳动过程中的劳动者。

（2）工伤保险的责任具有赔偿性。

（3）工伤保险实行无过错责任原则。无论工伤事故的责任归于用人单位还是职工个人或第三者，用人单位均应承担保险责任。

（4）工伤保险不同于养老保险等险种，劳动者不缴纳保险费，全部费用由用人单位负担，即工伤保险的投保人为用人单位。

（5）工伤保险待遇相对优厚，标准较高，但因工伤事故的不同而有所差别。

5. 工伤认定

《工伤保险条例》第十四条规定，职工有下列情形之一的，应当认定为工伤：

（1）在工作时间和工作场所内，因工作原因受到事故伤害的；

（2）工作时间前后在工作场所内，从事与工作有关的预备性或者收尾性工作受到事故伤害的；

（3）在工作时间和工作场所内，因履行工作职责受到暴力等意外伤害的；

（4）患职业病的；

（5）因工外出期间，由于工作原因受到伤害或者发生事故下落不明的；

（6）在上下班途中，受到非本人主要责任的交通事故或者城市轨道交通、客运轮渡、火车事故伤害的；

（7）法律、行政法规规定应当认定为工伤的其他情形。

《工伤保险条例》第十五条规定，职工有下列情形之一的，视同工伤：

（1）在工作时间和工作岗位，突发疾病死亡或者在 48 h 之内经抢救无效死亡的；

（2）在抢险救灾等维护国家利益、公共利益活动中受到伤害的；

（3）职工原在军队服役，因战、因公负伤致残，已取得革命伤残军人证，到用人单位后旧伤复发的。

职工有前款第（1）项、第（2）项情形的，按照本条例的有关规定享受工伤保险待遇；职工有前款第（3）项情形的，按照本条例的有关规定享受除一次性伤残补助金以外的工伤保险待遇。

《工伤保险条例》第十六条规定，职工符合本条例第十四条、第十五条的规定，但是有下列情形之一的，不得认定为工伤或者视同工伤：

（1）故意犯罪的；

（2）醉酒或者吸毒的；

（3）自残或者自杀的。

6. 工伤认定申请

《工伤保险条例》第十七条规定，职工发生事故伤害或者按照职业病防治法规定被诊断、鉴定为职业病，所在单位应当自事故伤害发生之日或者被诊断、鉴定为职业病之日起 30 日内，向统筹地区社会保险行政部门提出工伤认定申请。遇有特殊情况，经报社会保险行政部门同意，申请时限可以适当延长。

用人单位未按前款规定提出工伤认定申请的，工伤职工或者其近亲属、工会组织在事故伤害发生之日或者被诊断、鉴定为职业病之日起 1 年内，可以直接向用人单位所在地统筹地区社会保险行政部门提出工伤认定申请。

按照本条第一款规定应当由省级社会保险行政部门进行工伤认定的事项，根据属地原则由用人单位所在地的设区的市级社会保险行政部门办理。

用人单位未在本条第一款规定的时限内提交工伤认定申请，在此期间发生符合本条例规定的工伤待遇等有关费用由该用人单位负担。

7. 提出工伤认定申请提交材料

《工伤保险条例》第十八条规定，提出工伤认定申请应当提交下列材料：

（1）工伤认定申请表；

（2）与用人单位存在劳动关系（包括事实劳动关系）的证明材料；

（3）医疗诊断证明或者职业病诊断证明书（或者职业病诊断鉴定书）。

工伤认定申请表应当包括事故发生的时间、地点、原因及职工伤害程度等基本情况。工伤认定申请人提供材料不完整的，社会保险行政部门应当一次性书面告知工伤认定申请人需要补正的全部材料。申请人按照书面告知要求补正材料后，社会保险行政部门应当受理。

8. 工伤认定受理

社会保险行政部门受理工伤认定申请后，根据审核需要可以对事故伤害进行调查核实，用人单位、职工、工会组织、医疗机构及有关部门应当予以协助。职业病诊断和诊断争议的鉴定，依照职业病防治法的有关规定执行。对依法取得职业病诊断证明书或者职业病诊断鉴定书的，社会保险行政部门不再进行调查核实。

职工或者其近亲属认为是工伤，用人单位不认为是工伤的，由用人单位承担举证责任。

社会保险行政部门应当自受理工伤认定申请之日起60日内作出工伤认定的决定，并书面通知申请工伤认定的职工或者其近亲属和该职工所在单位。

社会保险行政部门对受理的事实清楚、权利义务明确的工伤认定申请，应当在15日内作出工伤认定的决定。

9. 劳动能力鉴定

劳动能力鉴定是指劳动功能障碍程度和生活自理障碍程度的等级鉴定。职工发生工伤，经治疗伤情相对稳定后存在残疾、影响劳动能力的，应当进行劳动能力鉴定。

劳动功能障碍分为十个伤残等级，最重的为一级，最轻的为十级。生活自理障碍分为三个等级：生活完全不能自理、生活大部分不能自理和生活部分不能自理。

劳动能力鉴定由用人单位、工伤职工或者其近亲属向设区的市级劳动能力鉴定委员会提出申请，并提供工伤认定决定和职工工伤医疗的有关资料。

设区的市级劳动能力鉴定委员会应当自收到劳动能力鉴定申请之日起60日内作出劳动能力鉴定结论，必要时，作出劳动能力鉴定结论的期限可以延长30日。劳动能力鉴定结论应当及时送达申请鉴定的单位和个人。

申请鉴定的单位或者个人对设区的市级劳动能力鉴定委员会作出的鉴定结论不服的，可以在收到该鉴定结论之日起15日内向省、自治区、直辖市劳动能力鉴定委员会提出再次鉴定申请。省、自治区、直辖市劳动能力鉴定委员会作出的劳动能力鉴定结论为最终结论。

自劳动能力鉴定结论作出之日起1年后，工伤职工或者其近亲属、所在单位或者经办机构认为伤残情况发生变化的，可以申请劳动能力复查鉴定。

10. 工伤保险待遇

《工伤保险条例》第三十条规定，职工因工作遭受事故伤害或者患职业病进行治疗，享受工伤医疗待遇。

职工治疗工伤应当在签订服务协议的医疗机构就医，情况紧急时可以先到就近的医疗机构急救。

职工住院治疗工伤的伙食补助费，以及经医疗机构出具证明，报经办机构同意，工伤职工到统筹地区以外就医所需的交通、食宿费用从工伤保险基金支付，基金支付的具体标准由统筹地区人民政府规定。

工伤职工治疗非工伤引发的疾病，不享受工伤医疗待遇，按照基本医疗保险办法处理。工伤职工到签订服务协议的医疗机构进行工伤康复的费用，符合规定的，从工伤保险基金支付。

《工伤保险条例》第三十二条规定，工伤职工因日常生活或者就业需要，经劳动能力鉴定委员会确认，可以安装假肢、矫形器、假眼、假牙和配置轮椅等辅助器具，所需费用按照国家规定的标准从工伤保险基金支付。

《工伤保险条例》第三十三条规定，职工因工作遭受事故伤害或者患职业病需要暂停工作接受工伤医疗的，在停工留薪期内，原工资福利待遇不变，由所在单位按月支付。

停工留薪期一般不超过 12 个月。伤情严重或者情况特殊，经设区的市级劳动能力鉴定委员会确认，可以适当延长，但延长不得超过 12 个月。工伤职工评定伤残等级后，停发原待遇，按照本条例的有关规定享受伤残待遇。工伤职工在停工留薪期满后仍需治疗的，继续享受工伤医疗待遇。生活不能自理的工伤职工在停工留薪期需要护理的，由所在单位负责。

《工伤保险条例》第三十四条规定，工伤职工已经评定伤残等级并经劳动能力鉴定委员会确认需要生活护理的，从工伤保险基金按月支付生活护理费。

11. 不同伤残等级的工伤待遇

《工伤保险条例》第三十五条规定，职工因工致残被鉴定为一级至四级伤残的，保留劳动关系，退出工作岗位，享受以下待遇。

（1）从工伤保险基金按伤残等级支付一次性伤残补助金，标准为：一级伤残为 27 个月的本人工资，二级伤残为 25 个月的本人工资，三级伤残为 23 个月的本人工资，四级伤残为 21 个月的本人工资。

（2）从工伤保险基金按月支付伤残津贴，标准为：一级伤残为本人工资的 90%，二级伤残为本人工资的 85%，三级伤残为本人工资的 80%，四级伤残为本人工资的 75%。伤残津贴实际金额低于当地最低工资标准的，由工伤保险基金补足差额。

（3）工伤职工达到退休年龄并办理退休手续后，停发伤残津贴，按照国家有关规定享受基本养老保险待遇。基本养老保险待遇低于伤残津贴的，由工伤保险基金补足差额。

职工因工致残被鉴定为一级至四级伤残的，由用人单位和职工个人以伤残津贴为基数，缴纳基本医疗保险费。

12. 因工死亡待遇

《工伤保险条例》第三十九条规定，职工因工死亡，其近亲属按照下列规定从工伤保险基金领取丧葬补助金、供养亲属抚恤金和一次性工亡补助金：

（1）丧葬补助金为 6 个月的统筹地区上年度职工月平均工资；

（2）供养亲属抚恤金按照职工本人工资的一定比例发给由因工死亡职工生前提供主要生活来源、无劳动能力的亲属，标准为：配偶每月 40%，其他亲属每人每月 30%，孤寡老人或者孤儿每人每月在上述标准的基础上增加 10%，核定的各供养亲属的抚恤金之和不应高于因工死亡职工生前的工资，供养亲属的具体范围由国务院社会保险行政部门规定；

（3）一次性工亡补助金标准为上一年度全国城镇居民人均可支配收入的 20 倍。

伤残职工在停工留薪期内因工伤导致死亡的，其近亲属享受本条第一款规定的待遇。

一级至四级伤残职工在停工留薪期满后死亡的，其近亲属可以享受本条第一款第（1）项、第（2）项规定的待遇。

13. 工伤保险待遇的停止

《工伤保险条例》第四十二条规定，工伤职工有下列情形之一的，停止享受工伤保险待遇：

（1）丧失享受待遇条件的；

（2）拒不接受劳动能力鉴定的；

（3）拒绝治疗的。

14. 工伤保险法律责任

《工伤保险条例》第六十条规定，用人单位、工伤职工或者其近亲属骗取工伤保险待遇，医疗机构、辅助器具配置机构骗取工伤保险基金支出的，由社会保险行政部门责令退还，处骗取金额 2 倍以上 5 倍以下的罚款；情节严重、构成犯罪的，依法追究刑事责任。

《工伤保险条例》第六十二条规定，用人单位依照本条例规定应当参加工伤保险而未参加的，由社会保险行政部门责令限期参加，补缴应当缴纳的工伤保险费，并自欠缴之日起，按日加收万分之五的滞纳金；逾期仍不缴纳的，处欠缴数额 1 倍以上 3 倍以下的罚款。

依照本条例规定应当参加工伤保险而未参加工伤保险的用人单位职工发生工伤的，由该用人单位按照本条例规定的工伤保险待遇项目和标准支付费用。

1.2.4 隧道施工安全九条规定

《隧道施工安全九条规定》适用于在建铁路、公路隧道，主要针对软弱围岩及不良地质段，防止隧道掌子面及掌子面后方发生的“关门”塌方、有毒有害气体爆炸、火工品爆炸等事故或险情，保证施工人员生命安全。

第一条 必须证照齐全，严禁无资质施工、转包、违法分包和人员不经教育培训上岗作业。

第二条 必须按照标准规范和设计要求编制专项施工方案，确保按方案组织实施，严禁擅自改变施工方法。

第三条 必须强化施工工序和现场管理，确保支（防）护到位，严禁支护滞后和安全步距超标。

第四条 必须落实超前水文地质探测预报各项规定，监控量（探）测数据超标立即停工撤人，严禁冒险施工作业。

第五条 必须对有毒有害气体进行监测监控，加强通风管理，严禁浓度超标施工作业。

第六条 必须严格控制现场作业人数，掘进作业面应实施机械化作业，严禁超员组织施工作业。

第七条 必须按照规定设置逃生通道，严禁在安全设施不到位的情况下施工作业。

第八条 必须按照规定严格民用爆炸物品管理，严禁在施工现场违规运输、存放和使用民用爆炸物品。

第九条 必须按照规定制订应急预案、配备救援装备，严禁事故发生后违章指挥、冒险施救。

1.2.5 关于进一步加强隧道工程安全管理的指导意见

当前我国隧道（洞）建设规模巨大，但工程本质安全水平不高，坍塌、火灾等事故时有发生，安全生产形势严峻。为深入贯彻落实习近平总书记关于安全生产的重要论述精神，深刻吸取近年来隧道施工安全事故教训，全面加强隧道工程安全管理，有效防控重大安全风险，国务院安委会办公室、住房和城乡建设部、交通运输部、水利部、国务院国资委、国家铁路局、中国民用航空局、中国国家铁路集团有限公司八部委联合提出以下意见。

1. 总体要求

以习近平新时代中国特色社会主义思想为指导，全面贯彻党的二十大精神，坚持以人民为中心的发展思想，统筹发展和安全，贯彻“安全第一、预防为主、综合治理”的方针，坚持超前预控、全过程动态管理理念，进一步压实安全生产责任，健全制度体系，强化重大风险管控，夯实安全生产基础，有效防范隧道施工安全事故发生，更好保障重大项目高质量建设，助力经济高质量发展，切实保障人民群众生命财产安全。

2. 压实安全生产责任

（1）严格落实建设单位首要责任。各地各有关部门要研究制定建设单位安全生产首要责任的具体规定，督促建设单位加强事前预防管控，牵头组织各参建单位建立全过程风险管控制度，健全参建单位考核检查管理制度，强化对勘察、设计、施工、监理、监测、检测单位的安全生产履约管理。建设单位不具备项目管理条件的，应当委托专业机构和人员进行管理和服务。政府投资项目建设单位应当将履行基本建设程序、质量安全风险管控、合理工期、造价等事项纳入“三重一大”集体决策范围，强化监督检查和责任追究。

（2）严格落实参建企业主体责任。施工总承包单位依法对施工现场安全生产负总责，建立健全项目管理机构和现场安全生产管理体系，落实全员安全生产责任制，完善安全生产条件，组织开展施工现场风险管控和隐患排查治理。隧道项目负责人必须在岗履职，按要求带班作业，危大工程等关键节点施工时必须指派专职安全生产管理人员到场指挥监督。总承包单位要与分包单位签订安全生产管理协议，强化管理措施并承担连带责任，不得转包或违法分包。鼓励施工企业和项目配备安全总监，并赋予相应职权。严格落实勘察设计单位安全责任，依据相关标准规范，在设计阶段采取合理措施降低隧道安全风险，在施工图中提出应对风险的工程措施和施工安全注意事项，在施工过程中做好设计安全交底、施工配合和设计巡查等工作。严格落实监理单位安全责任，认真审查专项施工方案，督促施工单位落实法律法规、规范标准和设计有关要求，加强日常安全检查。

（3）强化属地和部门监管责任。各地各有关部门要进一步提高思想认识，将隧道施工安全工作放在重要位置来抓，定期组织分析研判安全风险，组织有关部门按照职责分工，对本行政区域内容易发生重大生产安全事故的单位进行严格检查，及时采取针对性措施强化隧道施工安全。住房和城乡建设、交通运输、水利、铁路、民航等行业主管部门要按照“三个必须”的要求，依法加强本行业领域隧道施工安全生产监管，建立与公安、国资委、市场监管等部门协同联动机制，强化联合检查，严格执法处罚，定期公布典型执法案例，依法落实失信行为认定记录公布等信用监管制度，实现精准监管和有效监管。各级安委会要把隧道施工安全纳入对地方政府和有关部门安全生产考核巡查的重要内容，按照规定对隧道施工安全事故进行挂牌督办，对事故有关责任企业和部门进行约谈通报。

3. 健全制度体系

（1）完善法规标准。各地各有关部门要推动地方性法规、规章制修订工作，明确EPC、BOT、PPP、代建及其他模式下各参建单位安全管理职责，构建以建设单位为主导、以施工单位为主体、以施工现场为核心的安全生产管理体系，加大对违法违规行为的处罚力度。研究制定隧道工程项目管理人员的配备规定和从业规范，提高现场安全管理能力。加强软岩大变形、复合地层、高地应力、高地温、富水、高瓦斯、高寒高海拔、穿越超大城市中心城区等复杂地质环境条件公路、铁路等隧道安全标准制修订。加快制定完善隧道施工风险清单和重大事故隐患判定标准。

（2）建立合理工期和造价保障机制。指导建设单位依法改进评标方法，严格限定最低投标价法的适用范围，合理界定成本价格，解决低质低价中标带来的安全生产投入不足的问题。对技术风险高、施工难度大的隧道工程项目，应提高安全生产费用提取标准。要从保证工程安全和质量的角度，科学确定合理工期及每个阶段所需的合理时间，及时协调解决影响工程进度的各类问题。严格执行建设工期，不得随意压缩合理工期。确需调整工期的，必须经过充分论证，并采取相应措施，优化施工组织，确保工程安全质量。

（3）完善现场安全管理制度。督促施工现场建立隧道关键工序或工序调整施工前核查验收制度，落实关键工序施工前的参建各方审查责任。建立健全施工方案落实监督和纠正机制，强化施工单位项目管理班子对作业班组的穿透式管理，严格施工现场监理监督检查，防止施工方案和现场施工“两张皮”。依法制定风险分级管控和隐患排查治理、项目安全风险管理、重大生产安全事故隐患报告以及安全教育培训等制度，规范管控行为。严格控制进洞人员数量和洞内高危点位人员数量，严防人员聚集增大事故风险。

（4）优化分包安全管理手段。鼓励施工总承包单位建立分包单位“红名单”“黑名单”，加强对进场施工分包单位和从业人员的资质资格审核，杜绝无资质队伍和无上岗能力的人员进场施工。将专业分包单位和劳务分包队伍纳入总承包单位安全生产管理体系统一管理，严格执行施工人员实名制管理。分包单位应严格落实施工专业技术人员配备标准。对于特长隧道、特大断面隧道以及地质条件复杂隧道工程，总承包单位必须采取更加严格措施强化分包单位选择和现场作业管理。

4. 提升重大风险防范化解能力

（1）加强勘察设计源头风险防范。严格按照法律法规和强制性标准进行勘察和设计，确保地质、水文等勘察成果真实准确，隧道断面、支护措施和设计概算等科学合理，从勘察设计源头防范化解安全风险，防止因勘察工作错误或设计不合理造成生产安全事故。高风险隧道应开展专项安全设计和综合风险评估，确定合理工期指标、设计充分辅助措施、科学制定施工工期，实施过程中做好超前地质预报，突水突泥等风险区段应严格落实有疑必探、先探后挖、不探不挖。加强施工现场勘察、设计单位配合，强化动态设计，关键节点施工前参与检查和验收，并做好工程施工过程的后评估，对揭示地质条件与勘察设计不符的，动态调整开挖方案、支护参数、辅助设施、施工资源等综合风险应对措施。

（2）严格施工现场重大风险管控。严格安全风险评估制度，建立风险工点管理清单。组织制定专项施工方案，落实方案审批及专家论证流程，规范施工工序管理，按照方案开展交底、施工和验收工作，落实锚喷支护施作的质量和及时性、控制施工步距和开挖循环进尺、强化监控量测反馈预警等措施规定。严格落实方案变更论证审查程序，严防通过“设计优化”“工艺变更”“材料替代”等形式降低标准，增大安全风险。强化进洞施工人员管控和安全技术交底，加强对作业人员岗位安全生产和应急避险知识的培训教育，以及典型事故案例警示教育，对超前处理、钻孔、爆破、找顶、支护、衬砌、动火、铺轨等关键作业工序，监理人员应加强监督，项目部管理人员必须进行旁站监督。对于按照规定需要进行第三方监测的危大工程，建设单位应当委托独立的第三方单位进行监测。

（3）深化事故隐患排查治理。按照隐患动态“清零”的原则，督促加强施工现场“日检、周检、月检”等常态化排查治理，开展季节性、节假日、重大活动等专项排查，及时制止和纠正违章指挥、强令冒险作业、违反操作规程的行为。建立重大隐患举报奖励和挂牌督办制度，充分运用信息化手段，实施问题隐患清单化管理和闭环管理。

（4）提高应急处置水平。针对地区环境、隧道类型、地质水文条件和风险类别等特点，指导参建单位制定综合应急预案、专项应急预案和现场处置方案。加强应急演练，制定演练计划，每半年至少组织一次应急预案演练，使所有参建人员熟悉应急处置和逃生方式。与邻近救援力量签订救助协议，按规定配备应急物资、装备，定期进行检测维护，使其处于适用状态。与当地气象、水利、自然资源、地震等部门建立联动工作机制，开展项目营地、场站、临时作业场所环境风险评估，遇重大事故或自然灾害前兆，及时发布预警，采取停止作业、撤离人员等方式，严禁冒险作业。事故发生后，有关地区应当充分发挥多部门协同作用，做好应急处置和事故调查工作。

5. 夯实安全生产基础

（1）加快培养隧道施工安全管理人才。加快培养隧道工程技术、施工生产、安全管理人员，培育成熟、稳定、专业的人才队伍。加强常态化技能培训，采取绩效和奖励挂钩机制，鼓励一线管理人员考取相应职业资格，提升安全管理知识和技能。大力推进校企合作，鼓励企业根据隧道施工实际需求，采取订单式培养方式，培养隧道施工专业人才。

（2）推进核心技术工人队伍建设。鼓励施工企业通过培育自有建筑工人、吸纳高技能技术工人和职业院校毕业生等方式，建立相对稳定的核心技术工人队伍。鼓励发包人在同等条件下优先选择自有建筑工人占比大的施工企业。建立健全建筑工人终身职业技能培训和考核评价体系，建立企业间培训教育互认平台，避免重复无效培训。营造职业技能等级与劳动报酬挂钩的市场环境，增强工人接受安全培训教育的积极性。

（3）加大先进工艺技术推广应用。大力实施“科技兴安”，推进“机械化换人、自动化减人”，加大机械化、信息化及先进技术推广应用，鼓励采用 TBM、盾构、矿山法全工序机械化配套等施工工艺工法，加快推进先进施工装备、智能设备的研发、制造和应用，提高机械化施工程度。推动提升隧道工程项目信息化、智能化和精细化管理水平。加快淘汰严重危及安全的施工工艺、设备和材料。

6. 强化支撑保障

（1）注重示范引导。各地各有关部门要及时总结和推广典型经验和做法，加强隧道施工企业、隧道建设项目安全生产示范创建工作，推动新技术、新装备、新工艺、新管理模式的应用，形成一批可复制、可推广的创新成果。对安全管理规范、三年内未发生生产安全事故和涉险事件的参建企业，可给予提高安全生产措施费拨付比例、依法适当减少执法检查频次、支持申请政策性资金和各类评优评先等激励措施。有关中央企业要强化示范引领，带动全行业安全管理水平提升。

（2）充分发挥市场机制作用。依法推行安全生产责任险，切实发挥保险机构参与风险评估和事故预防作用。培育壮大安全咨询行业，鼓励建设单位、施工企业聘用第三方专业服务机构参与安全管理，破解部分企业自身安全管理能力不足的难题。鼓励各行业主管部门通过政府购买服务等方式，弥补监管人员力量不足的短板，强化隧道施工安全监管专业能力。

课后习题

一、判断题

1. 隧道施工应按照规定严格民用爆炸物品管理，严禁在施工现场违规运输、存放和使用民用爆炸物品。（　）

2. 不具备安全生产条件的，不得从事生产经营活动。（　）

3. 为了加强安全管理，政府要求施工单位缴纳工伤保险，且施工单位与劳动者各缴纳一半。（　）

二、单选题

1.依据《安全生产法》的规定，从业人员有权对本单位安全生产工作中存在的问题提出（　）。

A. 异议、检举、控告　　B. 批评、告发、控告

C. 批评、检举、复议　　D. 批评、检举、控告

2. 依据《安全生产法》的规定，生产经营单位的从业人员有权对本单位的安全生产工作（　）。

A. 进行指导　　B. 提出建议

C. 进行拒绝　　D. 提出异议

3. 从业人员有权拒绝（　　）和强令冒险作业的权利。

A. 违章指挥　　B. 人员调动

C. 带病工作　　D. 加班安排

4. 施工单位应当在施工组织设计中编制安全技术措施和施工现场临时用电方案，对下列达到一定规模的危险性较大的分部分项工程编制专项施工方案，并附具安全验算结果，经（　　）、总监理工程师签字后实施，由专职安全生产管理人员进行现场监督。

A. 企业负责人　　B. 施工单位技术负责人

C. 项目经理　　D. 工班长

5. 不能认定或视同为工伤的是（　　）。

A. 患职业病　　B. 在上下班途中，受到机动车事故伤害

C. 因工作醉酒导致伤亡　　D. 在工作时间和工作岗位，突发疾病死亡

三、多选题

1. 施工单位使用承租的机械设备和施工机具及配件的，由（　　）共同进行验收，验收合格的方可使用。

A. 建设行政主管部门　　B. 施工总承包单位

C. 分包单位　　D. 出租单位

E. 安装单位

2. 生产经营单位不得将生产经营（　　）发包或者出租给不具备安全生产条件或者相应资质的单位或者个人。

A. 项目　　B. 场所

C. 设备　　D. 工艺

E. 技术

3. 国家对在（　　）等方面取得显著成绩的单位和个人，给予奖励。

A. 补充完善安全岗位责任制　　B. 改善安全生产条件

C. 防止生产安全事故　　D. 参加抢险救护

E. 保障安全生产工作

任务 1.3 施工现场事故急救

教学目标

(1) 了解现场救护程序及原则，掌握心肺复苏方法；
(2) 掌握现场急救止血、包扎、固定、搬运的方法；
(3) 熟悉火灾、触电紧急情况响应措施，掌握火灾、触电急救基本要点。

任务描述

某建筑工地内有一条 10 kV 架空线路经东西方向穿过，高压线距地面高度约 7 m，当完成土方回填后，架空线路距地面净空只剩 5.6 m 了。在此期间，施工单位曾多次要求建设单位将其尽快迁移，但始终未得以解决，而施工单位就一直违章在高压架空线下方不采取任何措施的情况下冒险施工。事故发生当时，现场管理人员违章指挥 12 名工人将 6 m 长的钢筋笼放入桩孔，由于顶部钢筋距高压线过近而产生电弧，11 名工人被击倒在地，造成 3 人死亡、3 人受伤的重大事故。

事故主要原因：施工现场管理混乱；违章指挥；在不具备安全条件下冒险施工。

请将该项目管理中的不妥之处加以整改并确定急救措施。

任务实施

1.3.1 外伤现场急救程序及原则

现场急救，就是应用急救知识和最简单的急救技术进行现场初级救生，最大限度上稳定伤员的伤、病情，减少并发症，维持伤员最基本的生命体征。现场急救是否及时和正确，关系到伤员的生命和伤害的结果。

1. 现场急救程序

1）迅速判断事故现场的基本情况

在意外伤害、突发事件的现场，面对危重伤员，作为“第一目击者”，首先要评估现场情况，通过实地感受、眼睛观察、耳朵听声、鼻子闻味来对异常情况做出初步的快速判断。

(1) 现场巡视。

① 注意现场是否会对救护者或伤员造成伤害；

② 注意引起伤害的原因、受伤人数，判断是否仍有生命危险；

③ 注意现场可以利用的人力和物力资源及判断需要何种支援、采取何种救护行动等，现场巡视必须在数秒钟内完成。

(2) 判断病情。

现场巡视后，针对复杂现场，需首先处理威胁生命的情况，检查病人的意识、气道、呼吸、循环体征、瞳孔反应等，发现异常，须立即救护并及时呼救“120”或尽快护送到附近急救的医疗部门。

2）呼救

（1）向附近人群高声呼救。

（2）拨打“120”急救电话，并迅速上报上级有关领导和部门，以便采取更有效的救护措施。

① 电话中应说明：伤员人数、大概病情及本人的姓名、身份、联系方式；

② 告知伤员所在的确切地点，尽可能指出附近街道的显著标志；

③ 病人目前最危重的情况，如晕倒、呼吸困难、大出血等；

④ 现场已采取的救护措施，如止血、心肺复苏等。

注意：不要先放下话筒，要等救援医疗服务系统调度人员先挂断电话。急救部门根据呼救电话的内容，应迅速派出急救力量，及时赶到现场。

（3）排除事故现场潜在危险，帮助受困人员脱离险境。

（4）根据伤情采取急救措施，并持续施救到救护人员到达现场接替为止。

（5）伤情检查及伤员分类。

注意：伤情检查要有整体观，切勿被局部伤口迷惑，首先要查出危及生命和可能致残的危重伤员。

① 生命体征。

- 判断意识——呼唤伤员，轻拍其肩部，10 s 内无任何反应可视为昏迷。如出现表情淡漠、反应迟钝、不合情理的烦躁，都示为伤情严重。对意识不清者，不要随便翻动，以免加重未被发现的脊柱或四肢骨折。
- 判断脉搏——触摸颈动脉，判断心搏是否存在，是否变得快而弱（小儿触摸肱动脉）。正常脉搏应为每分钟 60～100 次，搏动清晰有力。
- 判断呼吸——观察伤员有无呼吸困难、气道阻塞及呼吸停止。正常呼吸为每分钟 16～20 次，均匀平稳。

② 出血及骨折情况。

- 伤口大量出血是伤情加重或致死的重要原因，现场应尽快发现大出血的部位。若伤员有面色苍白、脉搏快而弱、四肢冰凉等大失血的迹象，却没有明显的伤口，应警惕为内出血。
- 判断是否有骨折。
- 皮肤及软组织损伤——观察伤员皮肤表面有无出现淤血、血肿等。

③ 伤员分类。

- 濒死伤员：脑、心、肺等重要脏器严重受损，意识完全丧失，呼吸和心搏停止的伤员。
- 危重伤员：多脏器损伤，多处骨折或广泛的软组织损伤，生命体征出现紊乱者，是现场抢救运送的重点，如开放性气胸、颅脑损伤、大面积烧伤等。
- 中度伤员：损伤部位局限，生命体征平稳，但失去自救和互救能力，是仅次于红色标志需救治者，如单纯性四肢骨折。

- 轻度伤员：损伤轻微，伤口表浅，生命体征正常，具有自救和互救能力者，如软组织挫伤、擦伤等。

2. 现场急救原则

1）先抢后救

使处于危险境地的伤员尽快脱离险境，将其移至安全地带后再救治。

2）先重后轻

对大出血、呼吸异常、脉搏细弱或心搏骤停、神志不清的伤员，应立即采取急救措施，挽救生命。对于昏迷伤员，应注意维持呼吸道通畅。伤口处理时，一般应先止血，后包扎，再固定，并尽快妥善地转送至医院。

3）先救后送

现场所有的伤员须经过急救处理后，方可转送至医院。

1.3.2　心肺复苏

在施工现场，由于受到意外伤害或者个人身体原因，经常会出现心搏和呼吸骤停的现象。一般情况下，心脏停搏不超过 4 min，有可能恢复功能；若超过 4 min，易造成脑组织永久性损伤，甚至导致死亡。因此，急救必须及时和迅速。心搏、呼吸骤停的急救，简称心肺复苏（CPR），通常采用胸外心脏按压法和口对口人工呼吸法。

1. 心搏、呼吸骤停的表现

（1）患者呼吸突然丧失、抽搐或昏迷。

（2）颈动脉、股动脉无搏动、胸廓无运动。

（3）瞳孔放大，对光线刺激无反应。

2. 呼吸骤停的急救

（1）迅速解开衣服，清除口内物，有舌后坠时用钳将舌拉出。

（2）患者需仰卧位，头尽量后仰。

（3）立即进行口对口人工呼吸。

口对口人工呼吸法是：患者仰卧，护理人一只手托住患者下颌，使其头部后仰，以解除舌下坠所致的呼吸道梗阻，保持呼吸道畅通；另一只手捏紧患者鼻孔，以免吹气时气体从鼻逸出；然后护理人深吸一口气，对准患者口用力吹入（见图 1.3.1），直至胸部略有鼓起。之后，护理人头稍侧转，并立即放松捏鼻孔的手，任由患者自行呼吸，如此反复进行，成人每分钟吸气 14～16 次，吹气时间宜短，约占一次呼吸时间的 1/3。吹气若无反应，则需检查呼吸道是否畅通，吹气是否得当。如果患者牙关紧闭，护理人可改用口对鼻吹气，其方法与口对口人工呼吸法基本相同。

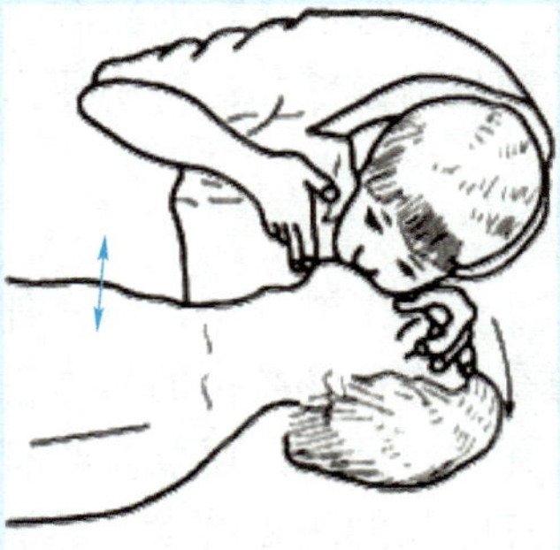

图 1.3.1　口对口人工呼吸

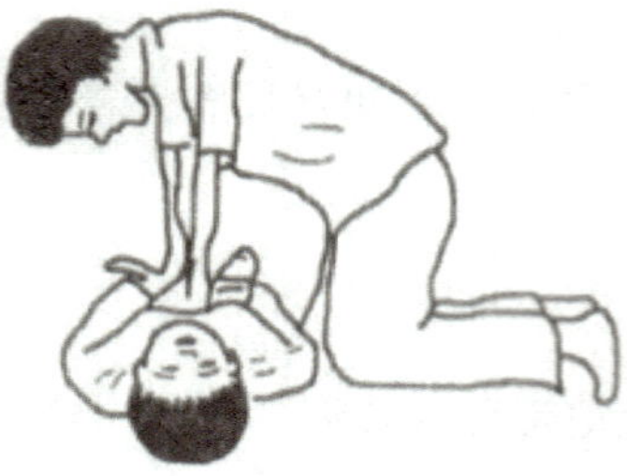
图 1.3.2　胸外心脏按压

3. 心搏骤停的急救

对心搏骤停在 1 min 左右者，可拳击其胸骨中段一次，并马上进行不间断的胸外心脏按压，具体操作方法如下：

（1）使患者仰卧在硬板之上，如系软床应加垫木板。

（2）护理人用一手掌根部放于患者胸骨下 2/3 处，另一手重叠压在上面，两臂伸直，依靠护理人身体重力向患者脊柱方向做垂直而有节律的挤压（见图 1.3.2）。挤压用力须适度，略带冲击性；使胸骨下陷不少于 5 cm 后，随即放松，使胸骨复原，以利心脏舒张。每分钟按压至少 100 次，直至心搏恢复。按压时必须用手掌根部按压于胸骨下半段，对准脊柱挤压；不应将手掌平放，不应压心前区；按压与放松时间应大致相等；心脏按压时应同时施行有效的人工呼吸。

心肺复苏的终止条件：
（1）患者自主呼吸和心搏恢复；
（2）有专业急救人员到场接替或医生到场确认患者死亡；
（3）救护人员筋疲力尽而不能继续进行心肺复苏。

4. 注意事项

（1）判断心搏、呼吸停止要迅速准确，尽早进行心肺复苏。

（2）胸外心脏按压要确保足够的频率和幅度，尽可能不中断胸外心脏按压，每次胸外心脏按压后要让胸廓充分回弹，以保证心脏得到充分的血液回流。

（3）人工呼吸每次吹气量大约 500～600 ml，吹气量过大可引起胃胀气，而吹气量过小达不到吹气目的。

（4）检查颈动脉，手法要快而准确，触摸时间不能超过 10 s。

（5）心脏按压部位准确，按压过程中手不能离开按压部位；胸外心脏按压时肩、肘、腕在一条直线上，并与患者身体长轴垂直；按压时，手掌掌根不能离开胸壁。

（6）成人胸外心脏按压频率至少为 100 次/min，按压幅度至少为 5 cm，而儿童的按压幅度至少为胸廓前后径的三分之一（婴儿大约为 4 cm，儿童大约为 5 cm）。

（7）心肺复苏过程中应密切观察患者心肺复苏的有效指征，包括面部、口唇、牙床、皮肤等色泽转为红润；散大的瞳孔缩小；有自主呼吸；意识逐渐恢复，昏迷变浅，出现反射或挣扎；有小便出现等。

1.3.3　止血

在施工过程中，常有外伤大出血的紧张场面。出血是创伤的突出表现，因此，止血是创伤现场救护的基本任务。有效止血能减少出血，保存有效血容量，防止休克甚至死亡。因此，现场及时有效地止血，是挽救生命、降低死亡率，为病人赢得进一步治疗时间的重要技术。然而，现场救护条件较差，要想做到既能有效止血，又能因地制宜就便取材，而且使用的止血方法又不会伤及肢体，平时就必须学习相关的知识和技能。

1. 外伤出血的判断

1）内出血

（1）从吐血、咳血、便血、尿中有血等症状中，可以判断胃肠、肺、肾或膀胱可能出血。

（2）根据有关症状判断，如出现面色苍白，出冷汗，四肢发冷，脉搏快而弱及胸、腹部有肿胀疼痛等，这些是常见重要脏器如肝、脾、胃等的出血体征。

2）外出血

（1）动脉出血：血液呈鲜红色，为喷射状流出，失血量多，危险性大，如不立即止血会危及生命。

（2）静脉出血：血液呈暗红色，为非喷射状流出，如不及时止血，也会危及生命。

（3）毛细血管出血：血液从伤口向外渗出，颜色从鲜红变暗红。

2. 止血方法

1）加压包扎止血法

加压包扎止血法适用于伤口较小的小动脉，中、小静脉或毛细血管出血。

（1）敷料。

敷料由纱布包裹棉花而成，是直接盖在伤口上，用于止血、包扎的无菌物品。紧急情况下，没有现成的敷料，可使用任何干净、吸水透气、无绒毛的材料作为临时敷料，如折叠手帕的里层、刚刚洗好的毛巾、折叠的纸巾等。如无敷料，直接压迫伤口周围；如伤口有异物，在伤口周围压迫，如图1.3.3所示。

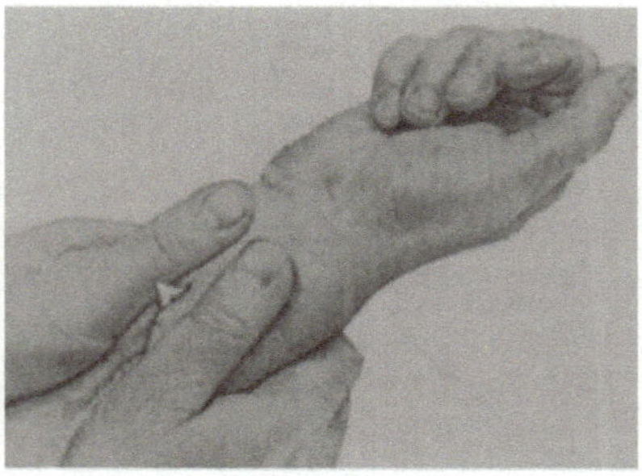

图1.3.3 伤口有异物时在伤口周围压迫

敷料的使用要求：

（1）敷料要绝对或相对的干净（包括急救者的手），尤其是盖在伤口的一面；

（2）敷料要足够大，应超出伤口3 cm；

（3）敷料要尽量地厚，盖住伤口后，最后通常要用绷带等包扎固定好。

（2）加压包扎止血法程序。

① 检查伤口：掀开衣服时动作要轻；

② 盖上敷料：覆盖面积超出伤口周边至少3 cm；

③ 压迫伤口：均匀、持续5～15 min；

④ 抬高肢体：高于伤者心脏位置；

⑤ 加压包扎：渗血多时加盖敷料；

⑥ 检查血运：观察手指、足趾和脉搏。

2）指压止血法

指压止血法适用于动脉位置表浅并且骨骼处的出血，用手指、手掌或拳头压迫伤口近心端的动脉，将动脉压向深处的骨骼上，血液流动受阻，从而起到临时止血的目的，是中等或较大动脉出血时的紧急止血法。

下面介绍适用于不同部位的指压止血法。

（1）指压颞浅动脉：适用于头顶、额部、颞部的大出血，用拇指或食指压迫出血同侧耳屏前方颧弓根部的颞浅动脉搏动点止血，同时可在伤处加敷料进行直接压迫。指压颞浅动脉如图 1.3.4 所示。

（2）指压面动脉：适用于颜面部大出血，用拇指或食指压迫出血同侧下颌骨下缘、咬肌前缘的面动脉搏动点后（下颌角前方 1.2 cm 凹陷处）止血。指压面动脉如图 1.3.5 所示。

（3）指压耳后动脉：适用于耳后动脉大出血，用拇指或食指压迫耳后乳突下凹陷处。指压耳后动脉如图 1.3.6 所示。

（4）指压枕动脉：适用于一侧头后枕骨附近大出血，用四指压耳后和枕骨粗隆间的凹陷。指压枕动脉如图 1.3.7 所示。

（5）指压肱动脉：适用于上肢前臂（肘关节以下）大出血，用拇指和其余四指压迫肱二头肌内侧沟中部的肱动脉搏动点，将动脉向外压向肱骨，同时用另一只手将患肢上举。指压肱动脉如图 1.3.8 所示。

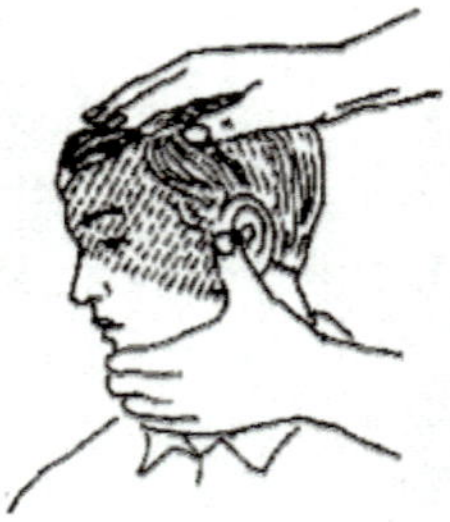

图 1.3.4　指压颞浅动脉

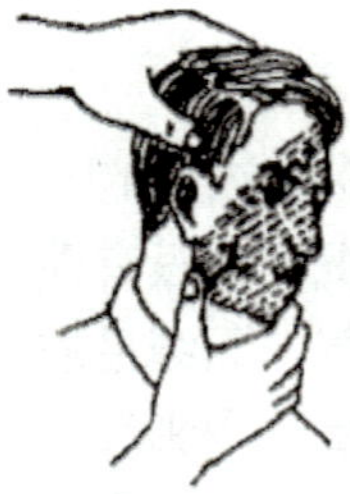

图 1.3.5　指压面动脉

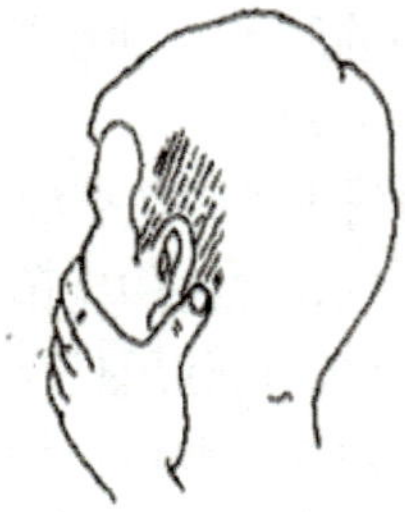

图 1.3.6　指压耳后动脉

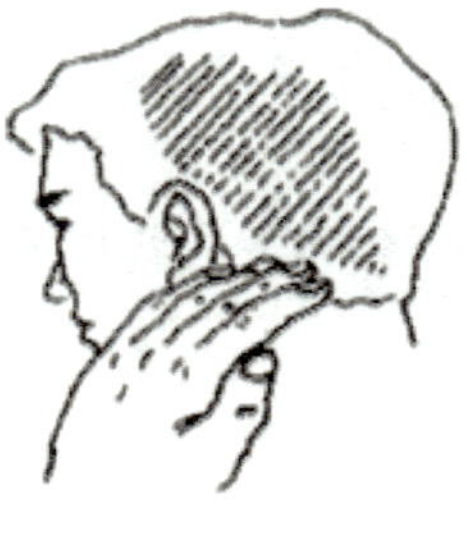

图 1.3.7　指压枕动脉

图 1.3.8　指压肱动脉

（6）指压尺桡动脉：适用于手部大出血，用双手拇指同时压迫手腕纹稍上处的内、外侧的尺桡动脉搏动点止血。亦可用握拳法，同时压迫尺桡动脉搏动点，以达到止血的目的。指压尺桡动脉如图 1.3.9 所示。

（7）指压股动脉：适用于一侧下肢大出血，先将髋关节略弯曲、外展、外旋，用双手拇指或双手掌重叠用力压迫大腿根部腹股沟韧带内侧 1/3 处点稍下的股动脉强搏动点止血。指压股动脉如图 1.3.10 所示。

（8）指压胫前后动脉：适用于足部出血者，用双手拇指或食指压迫足背中部近脚腕处的胫前动脉搏动点及足跟与内踝之间的胫后动脉搏动点止血。指压胫前后动脉如

图 1.3.11 所示。

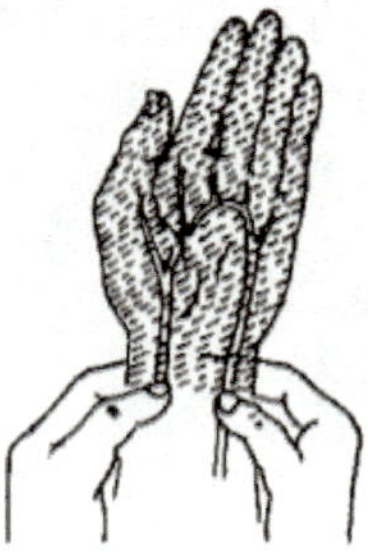

图 1.3.9 指压尺桡动脉

图 1.3.10 指压股动脉

图 1.3.11 指压胫前后动脉

3）屈肢加垫止血法

屈肢加垫止血法适用于肘、膝、关节远端肢体受伤出血，无上肢、下肢骨关节损伤，在肘窝、腘窝处垫以绷带卷、棉垫卷等，然后用力屈曲肘关节或膝关节，借衬垫物压住动脉，借助绷带等将肢体固定于屈曲位，如图 1.3.12 所示。

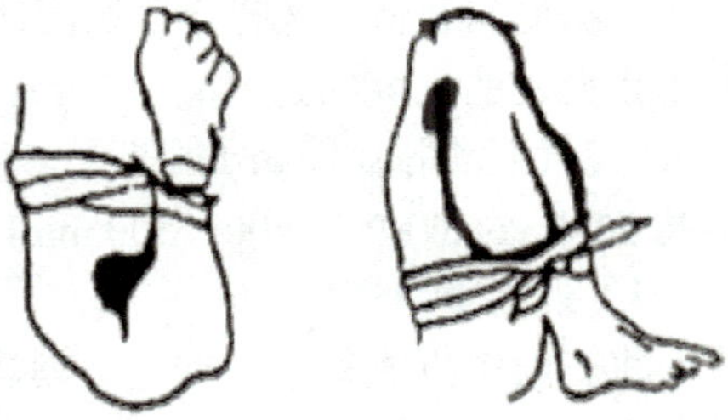

图 1.3.12 屈肢加垫止血法

4）止血带止血法

止血带止血法可作为紧急止血选用，但只能短时间使用，因为使用不当可能造成更严重的出血或肢体缺血性坏死，因此在使用时必须做到以下几点：

（1）部位要准确，止血带应扎在伤口的近心端，离出血点不能太远，尽量靠近伤口，以防发生多部位的组织缺血。上臂上止血带时，宜在 1/3 处。大腿上止血带时，宜在 2/3 处。前臂和小腿因为有两骨，且动脉常走行于两骨之间，止血带止血效果差。

（2）橡皮止血带不能直接扎在皮肤上，在止血带与皮肤之间必须加敷料或衣物作为衬垫，切忌用绳索或铁丝直接加压。

（3）压力要适当，以出血停止、远端动脉搏动消失为宜。使用充气止血带可检测到具体的加压压力。

（4）上止血带病人身上应有明显标记，可在病人胸前别上红色布条，以便优先处理和后送。在伤口处应同时做好标记并记上使用止血带时间及部位。

（5）上止血带总时间一般不宜超过 3 h，每 30 min 至 1 h 松止血带 1 次，松解时伤口处用敷料加压或指压止血，每次松解时间为 1～2 min，如松解后发现出血已停止或明显减轻，则可改用加压包扎止血法；如需重新上止血带，宜在另一稍高平面上。将松解止血带的时间记录在伤口处标记上。止血带最终松解前，必须先补充血容量，做好纠正休克和止血用器材或手术准备。

止血带有橡皮止血带和充气止血带两种。

① 橡皮止血带止血法。

将患肢抬高或置于操作者肩部，用软布料、棉花等软织物衬垫于止血部位皮肤上（伤口上部）。左手拇指、食指和中指紧捏止血带距带端 10 cm 处，手背向下，右手将止血带适当拉紧拉长，绕肢体 2～3 圈，然后将带塞入左手的食指和中指之间，食中指紧夹住止血带向下牵拉，成为一个活结。注意绕圈时使橡皮带的末端压在紧缠的橡皮带下面，如图 1.3.13 所示。

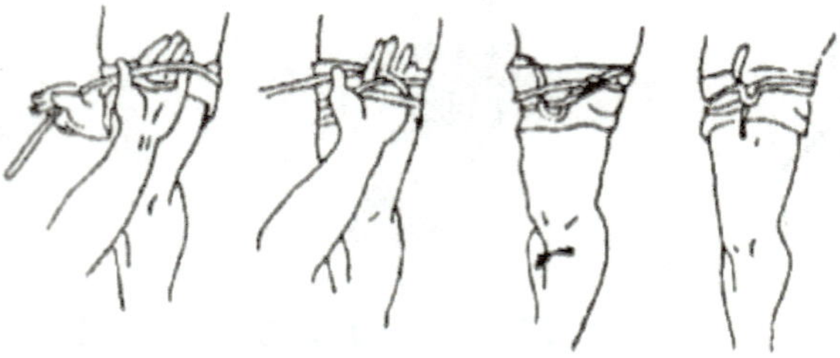

图 1.3.13　橡皮止血带止血法

② 充气止血带止血法。

根据受伤肢体，选择合适宽度的止血带。上肢专用止血带的宽度约为 5 cm，下肢专用止血带的宽度约为 10～15 cm，将充气止血带绑在止血部位皮肤上（伤口上段肢体），充气至动脉血停止出血即可。一般止血压力为上肢 33.3 kPa（250～300 mmHg），下肢 53.4～66.6 kPa（400～500 mmHg）。有时亦可使用血压计袖带进行充气止血。

5）绞紧止血法

将三角巾折成带形，打一个蝴蝶结，取一根小棒穿在带形内绞紧，绞紧后将小棒插在两头小圈内固定。绞紧止血法应注意以下几点：

（1）准——看准出血点，准确上好止血带。

（2）垫——垫上垫子，不要直接扎在皮肤上。

（3）上——扎在伤口上方（禁止扎在上臂中间）。

（4）宜——松紧适宜。

（5）标——加上红色标记，注明时间。

（6）放——每隔 1 h 放松一次止血带，每次不超过 3 min，并用指压法代替止血。

1.3.4　包扎

包扎是现场急救技术中最常用的技术之一，其目的是：止血；保护创面，防止进一步污染；起固定作用；止痛；心理保护。包扎常使用的材料是绷带、三角巾和多头带。如现场缺乏绷带、三角巾或多头带，可就地取材，用毛巾、手绢、衣服等代替。包扎时应全部覆盖伤口，尽可能采取无菌操作。

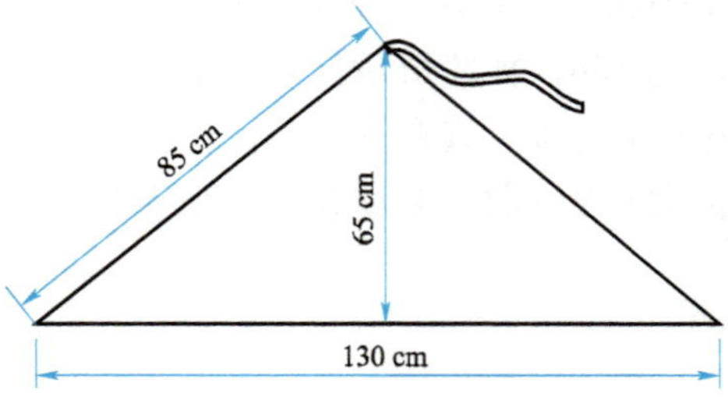

图 1.3.14　三角巾形状及尺寸

1. 三角巾包扎法

三角巾可折呈条带状、燕尾巾、连双燕尾巾等形状。该法有制作简单、使用方便、容易掌握及面积大的优点。三角巾形状及尺寸如图 1.3.14 所示。

1）三角巾头顶部包扎法

三角巾头顶部包扎法如图 1.3.15 所示。

（1）三角巾底边的正中放在眉间上部，顶角经头顶垂向枕后，两底角经两耳上缘向后拉。

（2）两底角压住顶角在枕后交叉后，再经耳上到额部拉紧、打结，最后将顶角向上反折嵌入底边或用安全针固定。

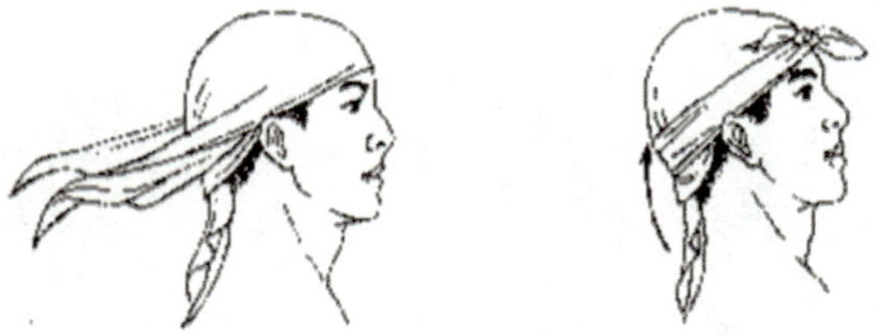

图 1.3.15　三角巾头顶部包扎法

2）三角巾头面部包扎法

三角巾头面部包扎法如图 1.3.16 所示。

（1）三角巾顶角打结，套住下颌，底边拉向头后，两底角向后上拉紧。

（2）底角左右交叉压住底边，再经两耳上方绕到前额打结，包扎完后在眼、鼻、口处提起布巾剪洞口。

3）三角巾颈部包扎法

三角巾颈部包扎法如图 1.3.17 所示。嘱咐伤员单侧手臂上举抱住头部，将三角巾折叠成带状，中段压紧覆盖的纱布，两端在健侧手臂根部打结固定。

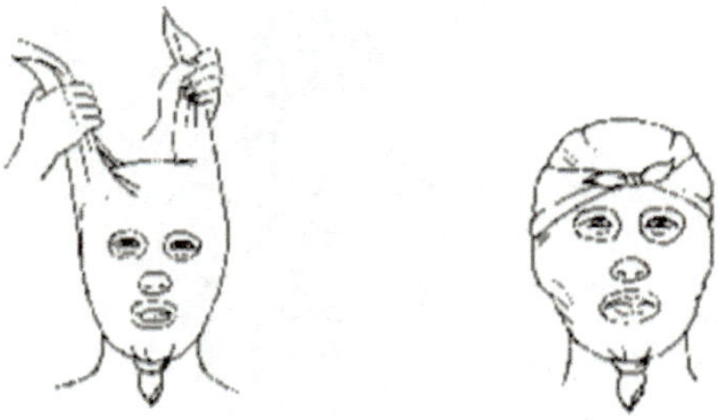

图 1.3.16　三角巾头面部包扎法

图 1.3.17　三角巾颈部包扎法

4）三角巾单肩包扎法

三角巾单肩包扎法如图 1.3.18 所示。三角巾折成燕尾，夹角朝上放在肩部，向后一角稍大于向前一角并压住向前一角，燕尾底边包绕上臂上半部打结，两燕尾分别经胸前后拉到对侧腋下打结。

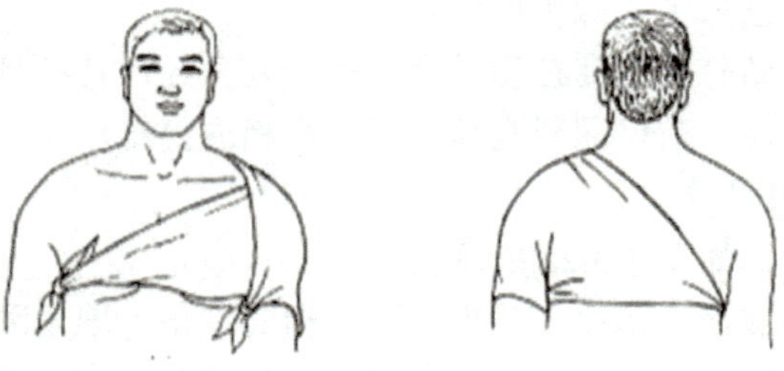

图 1.3.18　三角巾单肩包扎法

5）三角巾双肩包扎法

三角巾双肩包扎法如图 1.3.19 所示。

（1）三角巾折成燕尾，燕尾角等大，夹角朝上，对准颈后正中，披在双肩上。

（2）燕尾过肩由前往后包肩至腋下，与燕尾底边相遇打结。

图 1.3.19　三角巾双肩包扎法

6）三角巾胸部包扎法

三角巾胸部包扎法如图 1.3.20 所示。

（1）三角巾盖在伤侧，顶角绕过伤肩到背后。

（2）底边包胸到背后，两角相遇打结，再与顶角相连。

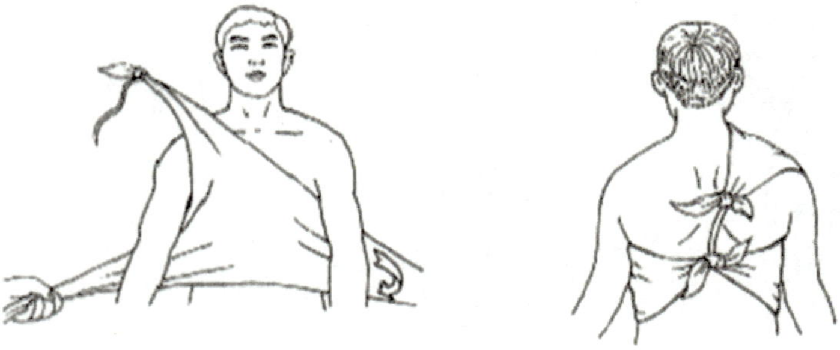

图 1.3.20　三角巾胸部包扎法

7）三角巾腹部包扎法

（1）三角巾折成燕尾，前角大于后角并压住后角，夹角朝下，底边系带围腰打结。

（2）前角经两腿之间向后拉，两角包绕大腿根部打结。

8）三角巾上肢包扎法

三角巾上肢包扎法如图 1.3.21 所示。

（1）三角巾一底角打结后套在伤手上，另一底角经后背拉到对侧肩上。

（2）顶角包绕上肢，前臂屈至胸前，两底角相遇打结。

9）三角巾手足包扎法

三角巾手足包扎法如图 1.3.22 所示。

（1）手（足）心放在三角巾上，指（趾）指向顶角，顶角翻折盖住手（足）背。

（2）两底角拉向手（足）背，左右交叉后压住顶角，绕手腕（足踝）部打结。

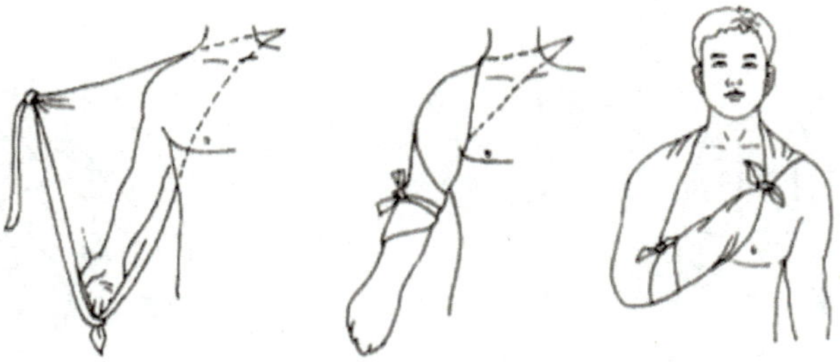

图 1.3.21 三角巾上肢包扎法

图 1.3.22 三角巾手足包扎法

2. 绷带包扎法

用绷带包扎时，应从远端缠向近端，绷带头必须压住，即在原处环绕数周，以后每缠一周要盖住前一周 1/3～1/2，常用绷带包扎法有以下几种。

1）环形绷带包扎法

环形绷带包扎法主要用于手、腕、足、颈、额部包扎，具体做法是将绷带在肢体某一部位环绕数周，每一周重叠盖住前一周。环形绷带包扎法如图 1.3.23 所示。

2）螺旋形绷带包扎法

螺旋形绷带包扎法主要用于肢体、躯干等处。包扎时，作单纯的螺旋上升，每一周压盖前一周的 1/2。螺旋形绷带包扎法如图 1.3.24 所示。

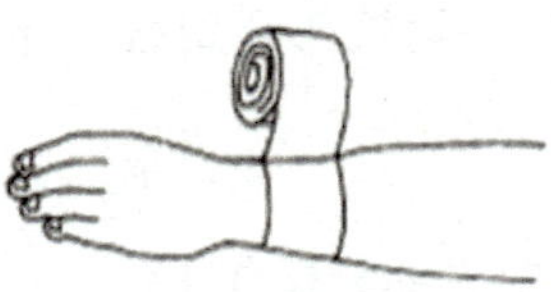

图 1.3.23 环形绷带包扎法

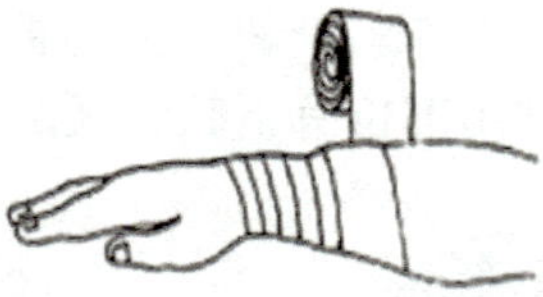

图 1.3.24 螺旋形绷带包扎法

3）“8”字形绷带包扎法

“8”字形绷带包扎法主要用于肘、踝、肩、膝等处，具体做法是一圈向上一圈向下的包扎，每一周在正面和前一周相交，并压盖前一周的 1/2。“8”字形绷带包扎法如图 1.3.25 所示。

4）螺旋反折绷带包扎法

螺旋反折绷带包扎法主要用于粗细不等部位，如小腿、前臂等处，具体做法是开始先用环形法固定一端，再按螺旋法包扎，但每周反折一次，反折时以左手拇指按住绷带上面正中处，右手将绷带向下反折，并向后绕，同时拉紧。螺旋反折绷带包扎法如图 1.3.26 所示。

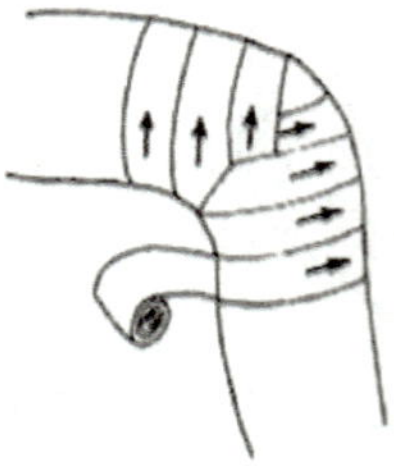

图 1.3.25 “8”字形绷带包扎法

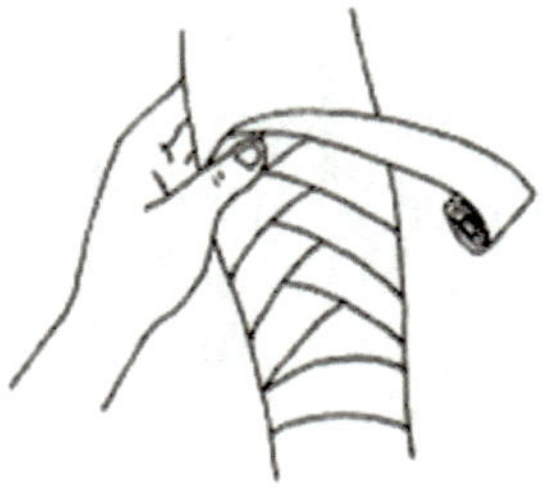

图 1.3.26 螺旋反折绷带包扎法

5）回返绷带包扎法

回返绷带包扎法主要用于头部、断肢残端包扎，具体做法是第一周常在中央开始，来回反折，直到该端全部包扎后，再做环形固定。回返绷带包扎法如图 1.3.27 所示。

图 1.3.27 回返绷带包扎法

3. 多头带包扎法

用于人体不易包扎和面积过大的部位，常用包扎法有：四头带包扎法、腹部包扎法、胸部包扎法等。

1）四头带包扎法

使用长方形布料一块，大小视需要而定。将长的两端剪开到适当部位，经消毒处理后制成。常用部位有下颌、眼部等。

（1）下颌包扎法。

做法是将四头带中央部分托住下颌，上位两端在颈后打结，下位两端在头顶部打结。

（2）眼部包扎法。

做法是将四头带中央部分盖住眼部，两端分别在颈后打结。四头带眼部包扎法如图 1.3.28 所示。

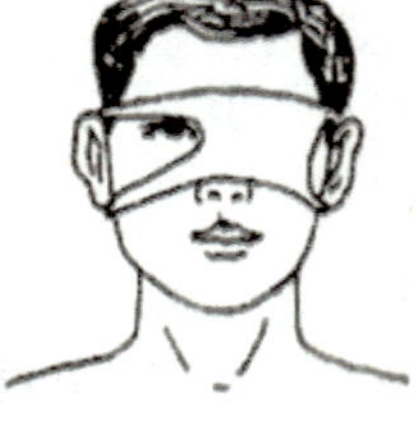

图 1.3.28 四头带眼部包扎法

2）腹部包扎法

腹带：用布料缝制腹带，大小视需要而定。中间为包腹带，两侧各有 5 条相互重叠之带脚，如图 1.3.29 所示。具体做法是：

（1）病人平卧，一人将一侧带脚卷起，从病人腰下递至对侧，另一人由对侧接过，将带脚拉直；

（2）将包腹带紧贴腹部包好，再将左右带脚依次交叉重叠包扎，创口在上腹部时，应由上而下包扎，创口在下腹部时，应由下向上包扎，最后在中腹部打结或以别针固定（见图 1.3.30）。

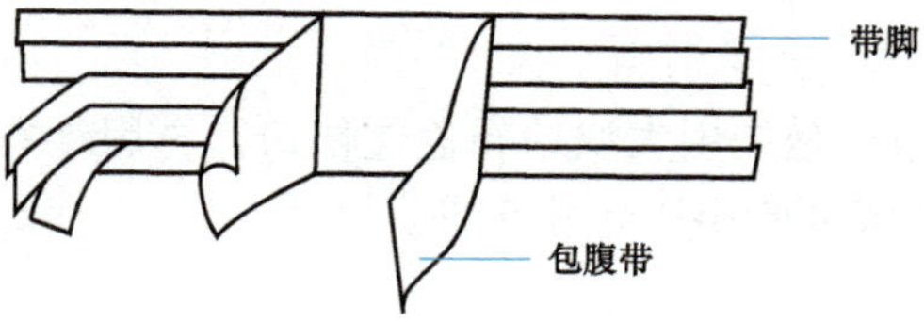

图 1.3.29 腹带

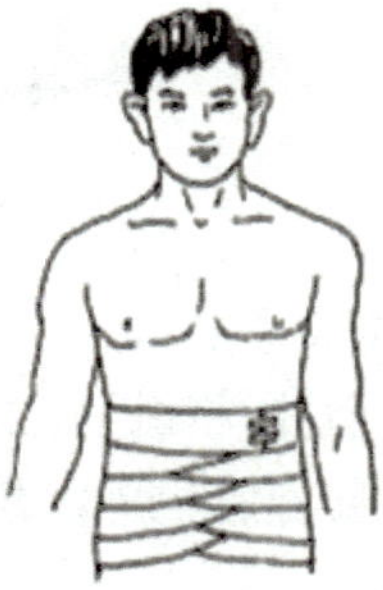

图 1.3.30 腹部包扎法

3）胸部包扎法

胸带如图 1.3.31 所示，其材料同腹带，但比腹带多两条竖带。将两竖带从颈旁两侧拉下置于胸前，再包包胸带与带脚（见图 1.3.32）。

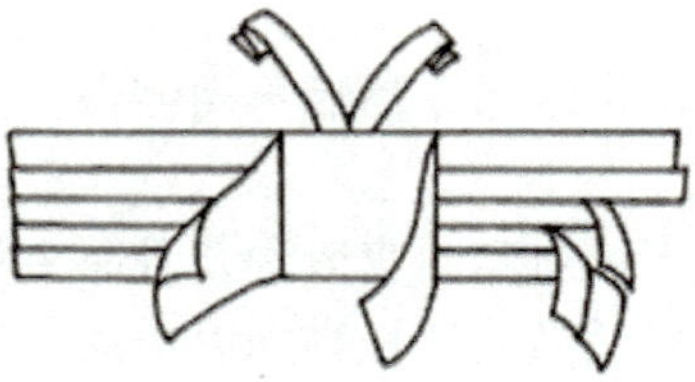

图 1.3.31 胸带

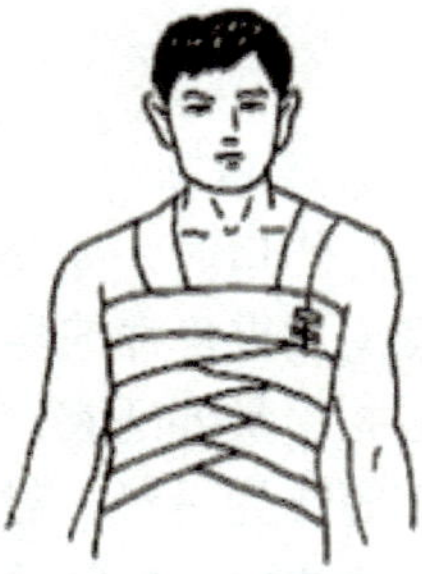

图 1.3.32 胸部包扎法

4. 几种严重损伤包扎法

1）胸部开放性气胸包扎法

胸部开放性气胸包扎法如图 1.3.33 所示，做法是用不透气材料（胶布、塑料皮）盖住伤口，再用纱布或毛巾垫盖住，最后用三角巾或绷带加压包扎。

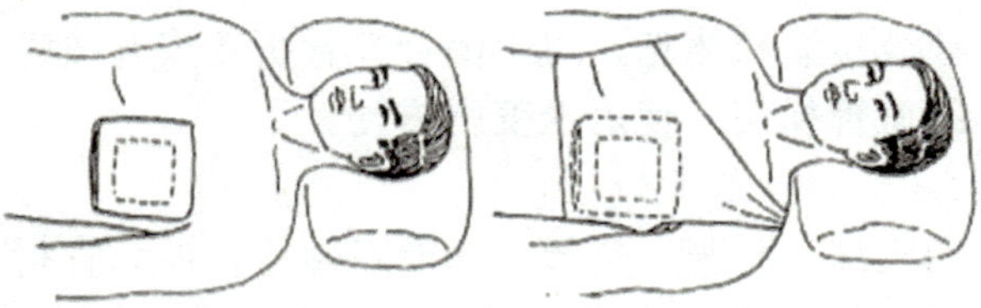

图 1.3.33 胸部开放性气胸包扎法

2）腹部内脏脱出包扎法

腹部内脏脱出包扎法如图 1.3.34 所示，做法是先用大块消毒纱布盖好腹部脱出的内脏，再用饭碗罩住或用纱布卷制成保护圈套好，最后用三角巾包扎。

图 1.3.34　腹部内脏脱出包扎法

3）脑膨出包扎法

脑膨出包扎法如图 1.3.35 所示，做法是先用大块纱布盖住伤口，再用纱布卷成保护圈，套住膨出脑组织，最后用三角巾或绷带小心包扎头部。

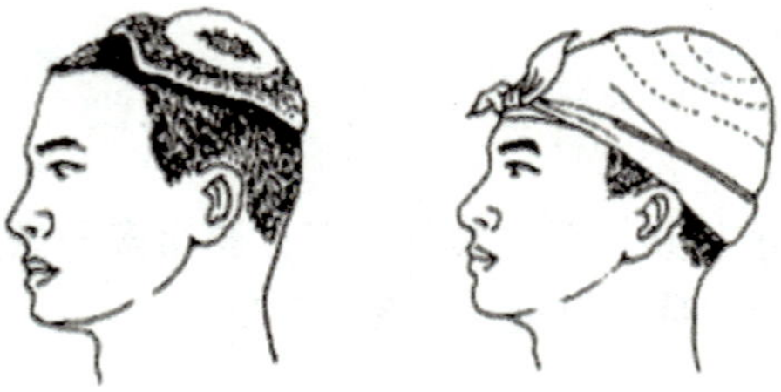

图 1.3.35　脑膨出包扎法

5. 包扎注意事项

（1）包扎伤口时，要简单清理创口并盖上消毒纱布，然后再用绷带、三角巾等。操作时应避免加重疼痛或导致伤口出血及污染。

（2）包扎松紧要适宜，在皮肤褶皱处如腋下、肘窝、腹股沟及骨骼突处等，需用棉垫或纱布等作为衬垫，对于受伤的肢体应予以适当的扶托物加以抬高。包扎时必须保持肢体功能位置，如肘关节包扎时应保持屈肘 90°。

（3）包扎时为了帮助静脉血液回流，应注意绷带缠绕的方向为自下而上、由左向右，自远心端向近心端包扎，绷带及三角巾的结应打在肢体外面，注意不要打在伤口上、骨隆突处或易于受压的部位。

1.3.5　固定

骨头受到外力打击，发生完全或不完全断裂时，称骨折。固定可减少受伤部位的疼痛和便于搬运；减少疼痛和休克，防止闭合性骨折变成开放性骨折；避免因骨折断端移动引起的神经血管损伤；使运送变得方便。

1. 骨折的判断

如果出现疼痛和压痛、肿胀、畸形、功能障碍等，视为骨折。根据骨折端是否与外界相通分为：闭合性骨折（骨折端没刺出皮肤）和开放性骨折（骨折端刺出皮肤）。

2. 骨折固定材料

常用的骨折固定材料有木制、铁制、塑料制夹板。临时夹板有木板、木棒、树枝、竹竿等。如无临时夹板，可固定于伤员躯干或健肢上。

3. 常见骨折固定方法

1）锁骨骨折固定

可以用三角巾固定法，这种方法是将两条四指宽的带状三角巾分别环绕两个肩关节，于背部打结，再分别将三角巾的底角拉紧，在两肩过度后张的情况下，在背部将底角拉紧打结，固定方法如图 1.3.36 所示。

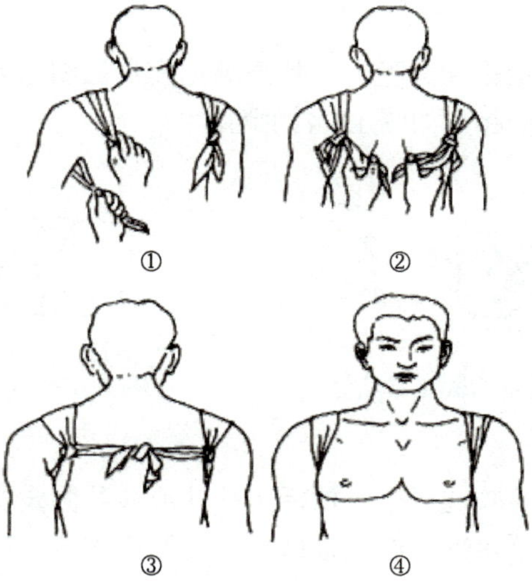

图 1.3.36　三角巾锁骨骨折固定

2）前臂骨折固定

先将夹板放置骨折前臂外侧，骨折突出部分要加垫，然后固定腕、肘两关节（腕部“8”字形固定），用三角巾将前臂悬挂于胸前，最后再用三角巾将伤肢固定于胸廓，固定方法如图 1.3.37 所示。

3）上臂骨折固定

用两块相应大小的夹板置于上臂内外侧，绑扎固定，然后用三角巾将前臂悬吊于胸前，固定方法如图 1.3.38 所示。

图 1.3.37　前臂骨折固定

图 1.3.38　上臂骨折固定

4）大腿骨折固定

将一块从足跟到腋下的长夹板置于伤肢外侧，将另一块从大腿根部到膝下的夹板置于伤肢内侧。骨折的突出部分要加垫。然后固定伤口上、下两端，固定踝、膝关节，最后固定腰、髋、腋部，固定方法如图 1.3.39 所示。

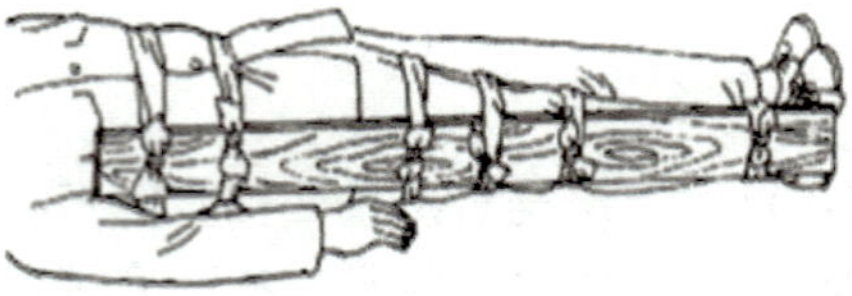

图 1.3.39　大腿骨折固定

5）小腿骨折固定

用两块等长夹板从足跟到大腿内、外侧绑扎固定如图 1.3.40 所示。现场无夹板亦可将伤肢同健肢绑扎在一起，如图 1.3.41 所示。

图 1.3.40　小腿骨折固定方法一

图 1.3.41　小腿骨折固定方法二

6）颈椎骨折固定

先于枕部轻轻放置薄软枕一个，然后用软枕或沙袋固定头两侧。头部再用布带与担架固定。有条件时用钢丝夹板固定颈部，或用颈托固定，可使搬运更加安全，固定方法如图 1.3.42 所示。

图 1.3.42　颈椎骨折固定

7）胸腰椎骨折固定

将伤肢平卧于软枕的板床上。腰部骨折时在腰部垫软枕。若需长距离运送，最好先以石膏固定，且忌头颈部垫高枕，固定方法如图 1.3.43 所示。

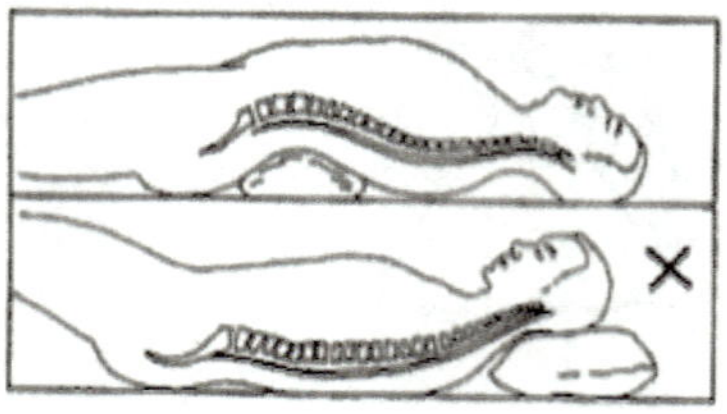

图 1.3.43　胸腰椎骨折固定

4. 固定注意事项

（1）闭合性骨折在固定前，若发现伤肢有严重畸形，骨折端顶压皮肤，远端有血运障碍，应先牵引肢体以解除压迫或尖端刺破的危险，然后再予以固定。开放性骨折先止血包扎，后固定，若骨折端突出伤口外，清创前不能纳入伤口内。

（2）四肢固定时应包括伤口上下方关节，以达到稳定骨折的目的。应指、趾外露，观察血运。

（3）夹板固定后，还应检查是否牢固，松紧是否适度，远端动脉搏动是否能摸到，指（趾）端血运是否良好等。过紧会影响到肢体远端血运，过松则达不到固定效果。

（4）对脊柱骨折应按特殊要求固定，不恰当的固定和搬运会使伤情加重，甚至危及生命。

1.3.6 搬运

伤病员在现场进行初步急救处理后和在随后送往医院的过程中，必须经过搬运这一重要环节。规范、科学的搬运技术对伤病员的抢救、治疗和预后都是至关重要的。从整个急救过程看，搬运是急救医疗不可分割的重要组成部分，仅仅将搬运视作简单的体力劳动是一种错误的观念。

1. 搬运方法

现场急救搬运方法有徒手搬运和器械（工具）搬运两种方法。

1）徒手搬运

徒手搬运是指在搬运伤员过程中凭人力和技巧，不使用任何器具的一种搬运方法。该方法常适用于狭窄的阁楼和通道等担架或其他简易搬运工具无法通过的地方。此法虽实用，但因其对搬运者来说比较劳累，有时容易给伤病员带来不利影响。

（1）搀扶。

由一位或两位救护人员托住伤病员的腋下，也可将伤病员一手搭在救护人员肩上，救护人员用一手拉住，另一手扶伤病员的腰部，然后与伤病员一起缓慢移步（见图 1.3.44）。搀扶适用于病情较轻、能够站立行走的伤病员，作用是不仅给伤病员一些支持，更主要能体现对伤病员的关心。

（2）背驮。

救护人员先蹲下，将伤病员上肢拉向自己胸前，使伤病员前胸紧贴自己后背，然后用双手翻伤病员的大腿中部，使其大腿向前弯曲，最后救护人员站立后上身略向前倾斜行走（见图 1.3.45）。呼吸困难的伤病员，如心脏病、哮喘、急性呼吸窘迫综合征等患者，以及胸部创伤者不宜用此法。

图 1.3.44　搀扶

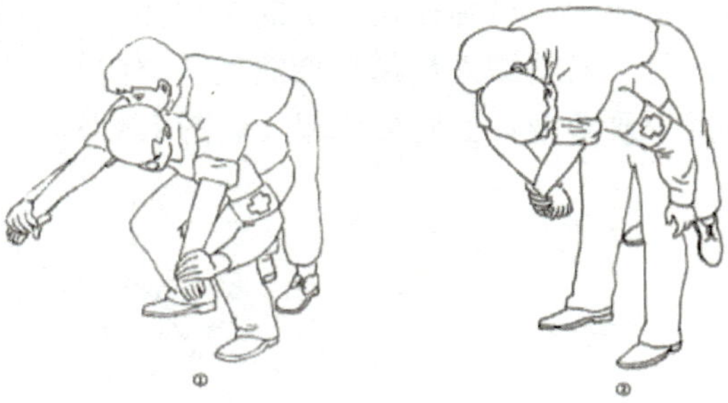

图 1.3.45　背驮

（3）手托肩掮。

有两种方法：①将伤病员的一上肢搭在自己肩上，然后一手抱住伤病员的腰，另一手起大腿，手掌托其臀部；②将伤病员掮上，伤病员的躯干绕颈背部，其上肢垂于胸前，搬运者一手压其上肢，另一手托其臀部（见图 1.3.46）。

图 1.3.46　手托肩掮

（4）双人搭椅。

由两个救护人员对立于伤病员两侧，然后两人弯腰，各以一手伸入伤病员大腿下方而相互十字交叉紧握，另一手彼此交替支持伤病员背部；或者救护人员右手紧握自己的左手手腕，左手紧握另一救护人员的右手手腕，以形成口字形。这两种不同的握手方法，都形成类似于椅状而命名。

此法要点是两人的手必须握紧，移动步子必须协调一致，且伤病员的双臂都必须搭在两个救护人员的肩上（见图 1.3.47）。

图 1.3.47　双人搭椅

（5）拉车式。

由一名救护人员站在伤病员的头部侧，两手从伤病员腋下抬起，将其头部抱在自己怀内，另一名救护人员蹲在伤病员两腿中间，同时夹住伤病员的两腿面向前，然后两人步调一致慢慢将伤病员抬起（见图 1.3.48）。

①　　②

图 1.3.48　拉车式

2）器械（工具）搬运

器械（工具）搬运是指用担架（包括软担架、移动床轮式担架）等现代搬运器械或者因陋就简利用床单、被褥、竹木椅、木板等作为搬运器械（工具）的一种搬运方法。

（1）担架搬运。

担架搬运是院前急救最常用的方法。目前最常使用的担架有普通担架和轮式担架等。我国目前大多数住宅的楼道狭窄，高层建筑虽有电梯，但难以容纳平放的普通担架或轮式担架，给搬运伤病员带来了困难。

用担架搬运伤病员必须注意：

① 对不同病（伤）情的伤员要求有不同的体位；

② 伤病员抬上担架后必须扣好安全带，以防止翻落（或跌落）；

③ 伤病员上下楼梯时应保持头高位，尽量保持水平状态；

④ 担架上车后应予以固定，伤病员保持头朝前脚向后的体位。

（2）床单、被褥搬运。

在遇有窄梯、狭道，担架或其他搬运工具难以搬运，且天气严寒，徒手搬运会使伤病员受凉的情况下，采用此种搬运方法。搬运步骤为：取一条牢固的被单（被褥、毛毯也可）平铺在床上，将伤病员轻轻地搬到被单上，然后将半条被单盖在伤病员身上，露出其头部（俗称半垫半盖），搬运者面对面紧抓着被单两角，脚前头后（上楼则相反）缓慢移动，搬运时有人托腰则更好。这种搬运方式易造成伤病员肢体弯曲，故胸部创伤、四肢骨折、脊柱损伤及呼吸困难等伤病员不宜用此法。应该强调的是，在目前软担架已逐渐被院前急救机构使用的情况下，提倡专业急救机构应该用软担架搬运替代这一搬运方法。

（3）椅子搬运。

楼梯比较狭窄和陡直时，可用牢固的竹木椅作为工具搬运伤病员。伤病员采用坐位，并用宽带将其固定在椅背和凳上。两名救护人员一人抓住椅背，另一人紧握椅脚，然后以45°角向椅背方向倾斜，缓慢地移动脚步。一般来说，失去知觉的伤病员不宜用此法。

2. 危重伤病员的搬运

1）脊柱、脊髓损伤

遇有脊柱、脊髓损伤或疑似损伤的伤病员，不可任意搬运或扭曲其脊柱部。在确定性诊断治疗前，按脊柱损伤原则处理。搬运时，顺应伤病员脊柱或躯干轴线，将其滚身移至硬担架上，一般为仰卧位，有铲式担架搬运则更为理想（见图1.3.49）。

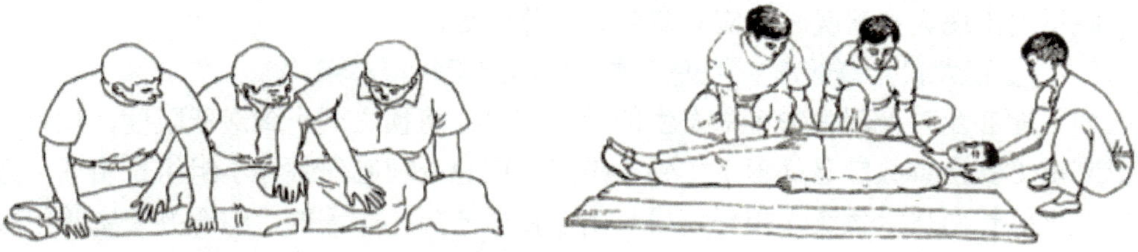

图1.3.49 脊柱骨折——推滚式搬运法

搬运时，原则上应有2～4人同时进行，动作一致。切忌采用一人抱胸另一人搬腿双人拉车式的搬运法，因为它会造成脊柱的前屈，使脊椎骨进一步压缩而加重损伤。遇有颈椎受伤的伤病员，首先应注意不轻易改变其原有体位，如坐不行，马上让其躺下，应用颈托固定其颈部。如无颈托，则头部的左右两侧可用软枕衣服等物固定，然后一人托住其头部，其余人协调一致用力将伤病员平直地抬到担架上。搬运时注重用力一致，以防止因头部扭动和前屈而加重伤情。

2）颅脑损伤

颅脑损伤者常有脑组织暴露和呼吸道不畅等表现。搬运时应使伤病员取半仰卧位或侧卧位，易于保持呼吸道通畅；脑组织暴露者，应保护好其脑组织，并用衣物、枕头等将伤病员头部垫好，以减轻震动，注意颅脑损伤常合并颈椎损伤。

3）胸部伤

胸部受伤者常伴有开放性血气胸，需包扎。搬运已封闭的气胸伤病员时，以座椅式搬运为宜，伤病员取坐位或半卧位。有条件时最好使用坐式担架、折叠椅或担架调整至靠背状。

4）腹部伤

伤病员取仰卧位，屈曲下肢，防止腹腔脏器受压而脱出。注意脱出的肠段要包扎，不要回纳，此类伤病员宜用担架或木板搬运。

5）休克病人

病人取平卧位，不用枕头，或脚高头低位，搬运时用普通担架即可。

6）呼吸困难病人

病人取坐位，不能背驮，用软担架（床单、被褥）搬运时注意不能使病人躯干屈曲。如有条件，最好用折叠担架（或椅）搬运。

7）昏迷病人

昏迷病人咽喉部肌肉松弛，仰卧位易引起呼吸道阻塞。此类病人宜采用平卧头转向一侧或侧卧位，搬运时用普通担架或活动床。

1.3.7 施工现场火灾急救

为了认真贯彻落实《建筑工程安全生产管理条例》《中华人民共和国消防法》《国务院关于特大安全事故行政责任追究的规定》，减少发生火灾安全事故时人民生命和国家财产的损失，根据《重大事故应急处理预案》及项目部的具体情况，需要制定火灾急救应急预案。

1. 紧急情况响应措施

隧道内出现火灾情况时，应立即启动应急预案。

2. 成立重大安全事故应急处理工作领导小组及执行小组

为了能够及时处理火灾事故发生的紧急情况，将损失减小到最低限度，项目经理部成立重大安全事故应急处理工作领导小组。应急处理工作领导小组组长由项目经理担任，副组长由技术负责人担任，成员由项目质安部、工程部、综合办公室等组成。执行小组设在项目质安部。

3. 部门职责范围及分工

1）质安部职责

（1）在公司应急处理工作领导小组的领导下，开展组织相关部门对火灾事故应急处理预案进行策划、指导、监督和检查。

（2）负责项目经理部火灾事故应急处理预案的制定。

2）工程部职责

（1）负责项目经理部对火灾事故应急预案的实施；

（2）负责针对安全事故发生现场协调和管理的工作规范。

3）综合办公室职责

（1）负责项目部范围内火灾事故应急预案的具体实施工作；

（2）负责项目部应急演练计划、组织及实施。

4. 事故现场的应急措施

1）呼救

当工地发生火灾事件时，最先发现情况的人员应大声呼叫，呼叫内容要明确，并将信息准确传出。

听到呼叫的任何人，均有责任将信息报告给最近的项目经理部管理人员、执行小组成员，使消息迅速报告到项目经理。

项目经理负责现场的组织工作。

2）报警

应急报警员负责拨打消防报警电话“119”，并将工程所在位置、工程名称、联系人、火灾种类等报告明确，如有人员伤害情况等，应立即拨打“120”急救电话。如遇特殊情况，应拨打“110”通知警方前来协助抢救伤员。报警时应报告发生火灾伤害的地点、伤害类型（失火地点、火势、失火材料），同时必须告知工地附近醒目标志建筑物，以利于救援人员迅速判断方位。

安全员负责将伤亡伤害情况及时报告公司安全部门。

3）接车

接车员迅速赶到路口接车，带领急救车从具备驶入条件的道路迅速到达现场。

4）火灾急救基本要点

（1）施工现场发生火灾、火灾事故时，应立即了解起火部位、燃烧的物质等基本情况，及时进行事故报告，同时组织撤离和扑救。

（2）对易燃易爆物质采取有效的隔离。如切断电源、撤离火场内的人员和周围易燃易爆物及一切贵重物品，根据火场情况，机动灵活地选择灭火器具。

（3）救护人员注意自我保护，使用灭火器材救火时应站在上风位置，以防因烈火、浓烟熏烤而受到伤害。

（4）必须穿越浓烟逃走时，应尽量用浸湿的衣物披裹身体，用湿毛巾或湿布捂住口鼻，或贴近地面爬行。身上着火时，可就地打滚，或用厚重衣物覆盖压灭火苗。

（5）在扑救的同时要注意周围情况，防止中毒、坍塌、坠落、触电、物体打击等第二次事故的发生。

（6）烧伤人员现场的救治。

① 当伤员身上燃烧着的衣物一时难以脱下时，可让伤员躺在地上滚动，或用水洒扑灭火焰。如附近有河沟或水池，可让伤员跳入水中。如为肢体烧伤，则可将肢体直接浸入冷水中灭火和降温，以保护身体组织免受灼烧的伤害。

② 用清洁包布覆盖烧创面做简单包扎，避免创口污染。

③ 伤员口渴时可适量饮水或含盐饮料。

④ 经现场处理后的伤员要迅速转送到医院救治，转送过程中应注意观察呼吸、脉搏、血压等的变化。

（7）正确使用灭火器材。

① 泡沫灭火器：倒过来稍加摇动或打开开关，药剂喷出，适合扑救油类的火灾。

② 二氧化碳灭火器：二氧化碳灭火器适用于扑救贵重仪器及设备的火灾，不能扑救金属钾、钠、镁、铝等物质的火灾，使用时一只手拿好喇叭筒对准火源，另一只手打开开关即可。

③ 干粉灭火器：干粉灭火器适用于扑救石油产品、有机溶剂和电气设备的火灾，打开保险销，将喷管口对准火源拉出拉环，即可喷出。

5. 保护现场

项目经理在组织自救的同时，应派人保护现场，防止事情扩大，为今后的事故调查提供真实依据。

项目部及施工管理人员应立即在现场维持秩序，在现场周围设置警戒范围，劝阻无关人员离开现场，防止其他相关事件的发生。

在医护人员来到后，项目施工管理人员和班组长应协助救治伤员并派专人随救护车前往医院（提供受困人员方位、协助抢救），项目经理及其他施工管理人员应保护好现场。因抢救人员、防止事故扩大及疏散等原因需要移动现场物件的，应当由专人负责，做出标志，绘出现场简图并写出书面记录，妥善保存现场重要痕迹、物证，并按规定移交有关人员处理。

在现场抢救与项目经理报警的同时，应将事故情况立即向公司部门领导报告，并写出事故报告。

6. 事故报告

（1）根据国家《特别重大事故调查程序暂行规定》的要求，事故发生后，一旦接到基层单位事故报告，公司重大安全事故应急处理工作领导小组就应立即赶赴现场，了解情况后立即将所发生重大安全事故的情况，报告建设管理部门和所在地人民政府。

（2）在 24 h 内写出事故报告并上报建设主管部门，报告应包括以下关键点：

① 事故发生的时间、地点、单位；

② 事故的简要经过、伤亡人数，以及直接经济损失的初步估计；

③ 事故发生原因的初步判断；

④ 事故发生后采取的措施及事故控制情况；

⑤ 事故报告单位。

7. 事故善后及处理

（1）公司重大安全事故应急处理工作领导小组到现场后应根据现场情况，由应急处理工作领导小组组长组织，专人分工负责抢救工作，统一调派所需的车辆、人员、物资，派人协助指挥交通、疏散人群，努力将事故造成的人民群众生命和国家财产的损失减少到最低限度。

（2）派专人协助调查组进行事故调查。

（3）派专人进行事故善后处理事宜。

（4）根据事故调查组认定的事故原因的分析，采取积极、有效的措施防止类似事故的发生；根据事故责任分析对有关责任人员进行处理，触犯法律的将依法移交司法机关处理。

1.3.8 施工现场触电急救

隧道施工现场流动性大，交叉作业多，临时用电危险性较大，为了认真贯彻落实《建设工程安全生产管理条例》《安全生产法》《国务院关于特大安全事故行政责任追究的规定》，减少发生触电事故时人民群众生命和国家财产的损失，防止事态扩大，需要制定触电急救应急预案。

1. 紧急情况响应措施

隧道内出现火灾情况时，应立即启动应急预案。

2. 成立重大安全事故应急处理工作领导小组及执行小组

为了能够及时处理触电事故发生的紧急情况，将损失减少到最低限度，项目经理部成立重大安全事故应急处理工作领导小组。应急处理工作领导小组组长由项目经理担任，副组长由技术负责人担任，成员由项目质安部、工程部、综合办公室等组成。执行小组设在项目质安部。

3. 各部门职责范围及分工

1）质安部职责

（1）在应急处理工作领导小组的领导下，组织相关部门对项目经理部的触电事故应急处理预案进行策划、指导、监督和检查。

（2）负责项目经理部触电事故应急处理预案的制定和执行。

2）工程部职责

（1）负责项目经理部对触电事故应急预案的实施；

（2）负责对发生安全事故现场的协调和管理。

4. 事故现场的应急措施

1）呼救

当工地发生伤害事件，最先发现情况的人员应大声呼叫，呼叫内容要明确，并将信息准确传出。

听到呼叫的任何人，均有责任将信息报告给最近的项目经理部管理人员、抢救小组成员，使消息迅速报告到项目经理。

项目经理负责现场的组织工作。

2）报警

应急报警员负责拨打急救电话“120”，并将工程所在位置、工程名称、联系人、事故种类、伤害情况等通知医务人员前来救护。如遇特殊情况，应拨打“110”通知警方前来协助抢救伤员。报警时，应报告发生伤亡伤害的地点、伤害类型，同时必须告知工程附近醒目标志建筑物，以利于救援人员迅速判断方位。

安全员负责将伤亡伤害情况及时报告公司安全部门。

3）接车

接车员迅速赶到路口接车，引领急救车从具备驶入条件的道路迅速到达现场。

4）触电自救

（1）立即切断电源。这是最简单、安全、有效的方法，同时用干燥的木棒、竹竿等绝缘工具将电线挑开。应妥当放置挑开的电线，以防再次触电。

（2）假如触电者伤势不重，神志清醒，但有些内心惊慌，四肢发麻，全身无力，或触电者在触电过程中曾一度昏迷，但已清醒过来，则应保持空气流通和注意保暖，此时触电者应安静休息，严密观察。

（3）假如触电者伤势较重，已失去知觉，但心搏和呼吸还存在，应使触电者舒适、安静地平卧；使空气流通；解开其衣服以利呼吸，如天气寒冷，要注意保暖。

（4）如果触电者身受外伤，可先用无菌生理盐水和温开水洗伤，再用干净绷带包扎。如伤口出血，则应设法止血。

（5）假如触电者伤势严重，呼吸停止或心搏停止，或二者都已停止，仍不可以认为已经死亡，应立即施行人工呼吸或胸外心脏按压。

（6）因触电的不良影响难以表现出来，因此，即使触电者自我感觉良好，也不得继续工作，应使其平躺，保持安静，同时保证周围空气流通，由医生来决定是否需要进一步治疗。

5. 保护现场

项目经理在组织自救的同时，应派人保护现场，防止事情扩大，为今后的事故调查提供真实依据。

项目经理部及施工管理人员应立即在现场维持秩序，在现场周围设置警戒范围，劝阻无关人员离开现场，防止其他相关事件的发生。

在医护人员来到后，项目施工管理人员和班组长应协助救治伤员并派专人随救护车前往医院协助抢救，项目经理及其他施工管理人员应保护好现场。因抢救人员、防止事故扩大及疏散等原因需要移动现场物件的，应当由专人负责，做出标志，绘出现场简图并写出书面记录，妥善保存现场重要痕迹、物证，并按规定移交有关人员处理。

在现场抢救和项目经理报警的同时，应将事故情况立即向公司部门领导报告，并写出事故报告。

6. 事故报告

（1）根据国家《特别重大事故调查程序暂行规定》的要求，事故发生后，一旦接到基层单位事故报告，公司重大安全事故应急处理工作领导小组就应立即赶赴现场，了解情况后立即将所发生重大安全事故的情况，报告建设管理部门和所在地人民政府。

（2）在 24 h 内写出事故报告并上报市建设主管部门，报告应包括以下关键点：

① 事故发生的时间、地点、单位；

② 事故的简要经过、伤亡人数，以及直接经济损失的初步估计；

③ 事故发生原因的初步判断；

④ 事故发生后采取的措施及事故控制情况；

⑤ 事故报告单位。

7. 事故善后及处理

（1）公司重大安全事故应急处理工作领导小组到现场后应根据现场情况，由应急处理工作领导小组组长组织，专人分工负责组织抢救工作，统一调派所需的车辆、人员、物资，派人协助指挥交通、疏散人群，努力将事故造成的人民群众生命和国家财产的损失减少到最低限度。

（2）派专人协助调查组进行事故调查。

（3）派专人进行事故善后处理事宜。

（4）根据事故调查组认定的事故原因的分析，采取积极、有效措施防止类似事故的发生；根据事故责任分析对有关责任人员进行处理，触犯法律的将依法移交司法机关处理。

课后习题

一、判断题

1. 遇有触电致伤者，急救时首先要用绝缘体切断电源，也可用手直接拉开触电者。（　　）

2. 人工呼吸每次吹气量大约为 500～600 ml。（　　）

3. 如现场缺乏绷带、三角巾或多头带，可就地取材，用毛巾、手绢、衣服等代替。（　　）

4. 施工现场火灾发生后在 24 h 内写出事故报告并上报建设主管部门。（　　）

二、单选题

1. 采用胸外心脏按压抢救伤员时，按压速率为每分钟约（　　）次。

A. 60　　B. 80

C. 100　　D. 120

2. 对（　　）损伤的伤员，不能用一人抬头、一人抱腿或人背的方法搬运。

A. 面部　　B. 脊柱

C. 头部　　D. 腿部

3. 现场急救原则有（　　）。

A. 先抢后救　　B. 先重后轻

C. 先救后送　　D. 以上均是

三、多选题

1. 心搏、呼吸骤停的表现有（　　）。

A. 患者呼吸突然丧失、抽搐　　B. 患者昏迷

C. 颈动脉、股动脉无搏动　　D. 胸廓无运动

E. 瞳孔放大，对光线刺激无反应

2. 触电自救的措施有（　　）。

A. 立即切断电源

B. 神志清醒，保持空气流通和注意保暖

C. 外伤可先用无菌生理盐水和温开水洗伤

D. 呼吸停止或心搏停止，应立即施行人工呼吸或胸外心脏按压

E. 即使触电者自我感觉良好，也不得继续工作，应使其平躺

3. 如果出现（　　）等，视为骨折。

A. 疼痛

B. 压痛

C. 肿胀

D. 畸形

E. 功能障碍

项目 2　安全生产体系组成

任务 2.1　安全保证体系和安全管理体系认知

教学目标

（1）了解安全保证体系和安全管理体系概念；

（2）熟悉安全保证体系和安全管理体系内容；

（3）能根据建设项目情况和特点，编制各参建单位的安全保证体系及制定相关的安全生产管理制度。

任务描述

2014 年 9 月 28 日上午 10 时 30 分左右，江苏省盐城市城南新区某建设工地发生一起深基坑边坡坍塌事故，造成 2 人死亡、3 人受伤，直接经济损失约 260 万元。

事故发生时，工地工人正根据项目经理部安排对集水井附近深基坑底部进行场地平整和集水井土方开挖。由于操作人员操作不当，在基坑北侧挖了一个约 70 cm 长的缺口，项目负责人、施工技术人员和总监理工程师看到后，察觉到集水井施工有危险，但存在侥幸心理，未明确提出有效防范措施，导致深基坑北侧局部边坡突然坍塌，造成 5 名工人被埋。

请思考：事故发生的原因是什么？各参建单位是否遵循“安全第一、预防为主、综合治理”的安全方针？是否建立安全保证体系和安全管理体系？

任务实施

2.1.1　安全保证体系

地下工程施工由于施工环境和作业条件较差，施工周期长，涉及面广，工程多样化，且施工作业人员的操作不稳定，不安全因素较多，历来属于事故多发的高危行业之一。

《建筑法》《安全生产法》《建设工程安全生产管理条例》中都规定了建设工程安全生产管理的方针，2011 年 11 月印发的《国务院关于坚持科学发展安全发展促进安全生产形势持续稳定好转的意见》（国发〔2011〕40 号）进一步明确，自觉坚持“安全第一、预防为主、综合治理”安全方针。

工程建设各单位应贯彻落实国家、建设部及地方相关安全生产和劳动保护法律、法规，建立健全安全保证体系，定期召开安全生产会议，研究项目安全生产工作，发现问题及时处理解决。企业应落实安全生产责任制和“一岗双责”制，从项目经理到生产工人的安全管理系统，必须做到纵向到底，一环不漏；各职能部门和人员的安全生产责任制横向到边，人人有责。逐级签订安全责任书，使各级明确自己的安全目标，制定各自的安全规划，达到全员参与安全管理的目的，充分体现“安全生产，人人有责”。

企业应按照“安全生产，预防为主”的原则组织施工生产，做到消除事故隐患，实现安全生产的目标。同时项目管理组在工程开工前应建立安全保证体系，如图 2.1.1 所示。建设、勘察、设计、施工、监理等各参建单位按照思想保证、组织保证、制度保证、技术保证、经济保证等五方面建立完善的安全保证体系，且应具有针对性和时效性。

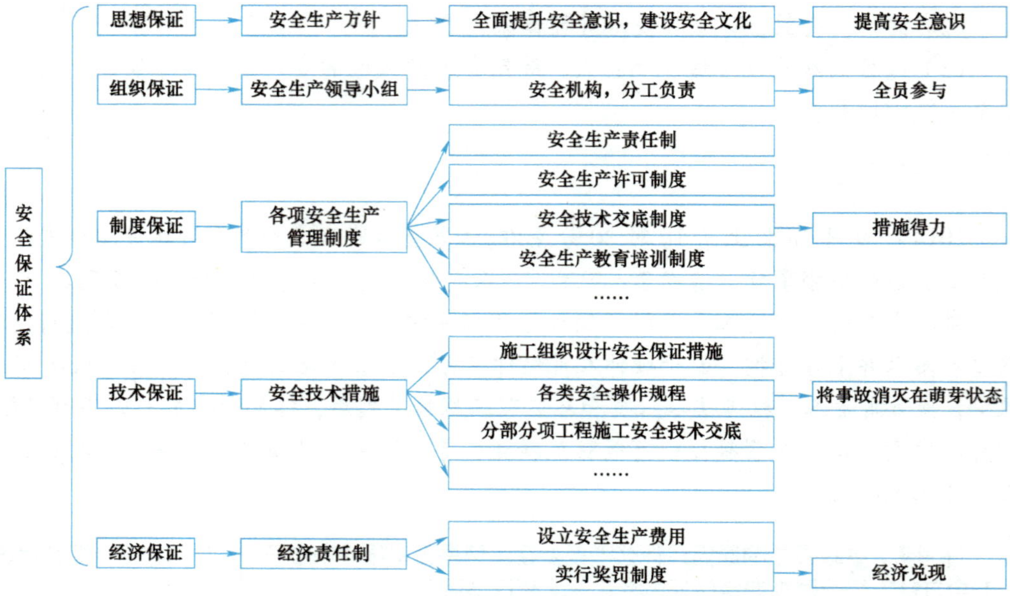

图 2.1.1　安全保证体系框图

1. 思想保证

目前我国的安全生产方针是“安全第一、预防为主、综合治理”。

“安全第一”是原则和目标，即在地下工程施工过程中将安全放在第一重要的位置，贯彻以人为本的科学发展观，切实保护劳动者的生命安全和身体健康。

“预防为主”是手段和途径，将地下工程施工安全生产工作的关口前移，建立预教、预警、预防的施工事故隐患预防体系，改善施工安全生产状况，预防施工安全事故。

“综合治理”是基石，是安全生产工作的重心所在，事故源于隐患，防范事故的有效办法是主动排查、综合治理各类隐患，将事故消灭在萌芽状态。故综合治理就是要自觉遵循施工安全生产规律，把握施工安全生产工作中的主要矛盾和关键环节，综合运用经济、法律、行政等手段，人管、法治、技防多管齐下，并充分发挥社会、职工、舆论的监督作用，有效解决建设工程施工安全生产的问题。

“安全第一、预防为主、综合治理”方针是一个有机整体，坚持近期与长远、治标与治本、预防与查处相结合。如果没有安全第一的指导思想，预防为主就失去了思想支撑，综合治理将失去整治依据；预防为主是实现安全第一的根本途径，只有将施工安全生产的重点放在建立和落实事故隐患预防体系上，才能有效减少施工伤亡事故的发生；综合治理则是落实安全第一、预防为主的手段和方法。

“安全第一、预防为主、综合治理”方针体现了国家在建设工程安全生产过程中“以人为本”、保护劳动者权利、保护社会生产力、促进社会全面进步的指导思想，是建设工程安全生产管理的基本方针。

综上所述，地下工程建设要安全施工，首先所有参建人员要有安全思想、安全态度，然后通过采取多种多样形式的安全教育活动，最终促使参建人员重视和真正实现安全生产。因此安全方针是建设工程安全生产的思想保证，全员都应重视安全生产工作，全面提升安全意识，建设安全文化。

2. 组织保证

地下工程生产中，为保证安全生产，各参建单位应当组建安全生产领导小组。

工程实行施工总承包的，安全生产领导小组由总承包企业、专业承包企业和劳务分包企业项目经理、技术负责人和专职安全生产管理人员组成。

《建设工程安全生产管理条例》第三十六条规定，施工单位的主要负责人、项目负责人、专职安全生产管理人员应当经建设行政主管部门或其他部门考核合格后方可任职。

施工单位应当对管理人员和作业人员每年至少进行一次安全生产教育培训，其教育培训情况记入个人工作档案。安全生产教育培训考核不合格的人员，不得上岗。

《安全生产法》第二十六条规定，生产经营单位的安全生产管理机构及安全生产管理人员应当恪尽职守，依法履行职责。

生产经营单位作出涉及安全生产的经营决策，应当听取安全生产管理机构及安全生产管理人员的意见。

生产经营单位不得因安全生产管理人员依法履行职责而降低其工资、福利等待遇或者解除与其订立的劳动合同。

危险物品的生产、储存单位及矿山、金属冶炼单位的安全生产管理人员的任免，应当告知主管的负有安全生产监督管理职责的部门。

3. 制度保证

由于地下工程周期长、参与人数多、环境复杂多变，安全生产的难度很大。因此，建立各项制度，规范建设工程生产行为，对提高地下工程安全生产水平是非常重要的。

目前实施的《建筑法》《安全生产法》《安全生产许可证条例》《建设工程安全生产管理条例》《生产安全事故报告和调查处理条例》《建筑施工企业安全生产许可证管理规定》等与建设工程相关的法律法规和部门规章对政府部门、有关企业及相关人员的建设工程安全生产和管理行为进行了全面规范，确立了一系列建设工程安全生产管理制度。

现阶段主要安全生产管理制度包括：安全生产责任制；安全生产许可制度；政府安全生产监督检查制度；安全生产教育培训制度；安全措施计划制度；特种作业人员持证上岗制度；专项施工方案专家论证制度；危及施工安全工艺、设备、材料淘汰制度；施工起重机械使用登记制度；安全检查制度；生产安全事故报告和调查处理制度；

“三同时”制度；安全预评价制度；意外伤害保险制度等。

《建设工程安全生产管理条例》第二十一条规定，施工单位主要负责人依法对本单位的安全生产工作全面负责。施工单位应当建立健全安全生产责任制度和安全生产教育培训制度，制定安全生产规章制度和操作规程，保证本单位安全生产条件所需资金的投入，对所承担的建设工程进行定期和专项安全检查，并做好安全检查记录。

上述的建设工程相关法律法规、部门规章及实施的安全生产管理制度等均是安全生产的制度保证。

4. 技术保证

为减少和消除生产过程中的事故，保证人员健康安全和财产免受损失，应在开工前编制全面、具体、可靠的各种工程施工安全技术措施为安全施工提供技术保证，工程中常用的施工安全技术措施包括各类安全操作规程、施工组织设计安全保证措施、风险评价、重大危险源应急避险安全技术措施、分部分项工程施工安全技术交底等。

《建设工程安全生产管理条例》第二十七规定，建设工程施工前，施工单位负责项目管理的技术人员应当对有关安全施工的技术要求向施工作业班组、作业人员作出详细说明，并由双方签字确定。

施工前对有关安全施工的技术作出详细说明，即进行安全技术交底，有助于作业班组和作业人员尽快了解工程概况、施工方法、安全技术措施等情况，掌握操作方法和注意事项，按操作规程施工，将事故消灭在萌芽状态，以保护作业人员的人身安全。

5. 经济保证

施工单位按照规定标准提取在成本中列支，专门用于完善和改进企业或者施工项目安全生产条件的资金即为安全生产费用。安全生产费用按照“企业提取、政府监管、确保需要、规范使用”的原则进行管理。

《安全生产法》第二十三条规定，生产经营单位应当具备的安全生产条件所必需的资金投入，由生产经营单位的决策机构、主要负责人或者个人经营的投资人予以保证，并对由于安全生产所必需的资金投入不足导致的后果承担责任。有关生产经营单位应当按照规定提取和使用安全生产费用，专门用于改善安全生产条件。安全生产费用在成本中据实列支。

《建设工程安全生产管理条例》第二十二条规定，施工单位对列入建设工程概算的安全作业环境及安全施工措施所需费用，应当用于施工安全防护用具及设施的采购和更新、安全施工措施的落实、安全生产条件的改善，不得挪作他用。

安全生产费用投入是安全生产保证体系的根本。安全生产费用投入主要包括：项目安全生产管理部门的办公、差旅等项目管理费用，专职安全管理人员的工资、奖金、福利等，个人安全防护用品、用具，临边、洞口安全防护设施，临时用电安全防护，脚手架安全防护，机械设备安全防护设施，消防设施器材，施工现场文明施工措施费，安全标志、标语及安全操作规程牌等购置、制作及安装费用，应急器材及药品、季节性安全费用等。

同时，为了更好地贯彻安全生产方针、政策、法规，落实安全生产的各项规章制度，根据国家相关法律规定，强化安全管理，充分调动职工安全生产的主动性和积极性，杜绝违章违纪现象，减少工伤事故的发生，实现安全目标、落实安全生产责任制、及时治理安全隐患，消除员工不安全行为，做到奖罚分明，企业应针对公司所有生产人员、管理人员、各部门的负责人及其职工制定相应的奖罚制度。

首先，对于违章指挥或强令职工冒险作业、违章违纪、破坏或伪造事故现场及其他各种违反安全生产规章制度的，根据“谁主管，谁负责；谁出问题，谁承担责任”的原则，对相关部门领导和责任者进行处罚。处罚方式可以根据违章情节的轻重程度，及时采取批评教育、书面检查、通报全厂、停工学习、经济处罚、行政处罚等办法予以处罚。

其次，对于认真贯彻公司的安全生产方针、规章、制度，遵章守纪、模范执行安全操作规程、及时发现或消除重大事故隐患，在预防事故、安全生产过程中做出显著成绩，避免重大事故发生等情况的员工，应设立奖励。奖励实行精神奖励和物质奖励相结合的原则。物质奖励可发给一次性奖金、奖品或晋级，精神奖励包括记功、授予荣誉称号等。

总之，项目的安全生产离不开安全生产费用投入，并且为更好地贯彻安全生产方针、政策、法规，落实安全生产的各项规章制度，应制定安全生产奖罚制度。奖罚既是一种制约，又是一种激励，做到安全生产过程中奖罚分明，经济兑现。

2.1.2　安全管理体系

国务院 2004 年 1 月 9 日印发了《国务院关于进一步加强安全生产工作的决定》(国发〔2004〕2 号)。该决定中指出，要构建全社会齐抓共管的安全生产工作格局，努力构建“政府统一领导、部门依法监管、企业全面负责、群众参与监督、全社会广泛支持”的安全生产工作格局。

“政府统一领导”是指国务院及县级以上地方人民政府有关部门对建设工程安全生产进行的综合和专业管理。主要是监督有关国家法律、法规和方针政策的执行情况，预防和纠正违反法律、法规和方针政策的行为。

“部门依法监管”是指各级建设行政主管部门和相关部门组织贯彻国家的法律、法规和方针政策，依法制定建设行业的规章制度和规范标准，对建设行业的安全生产工作进行计划、组织、监督检查和考核评价，指导企业搞好安全生产。

“企业全面负责”，对于建筑行业，既是指施工单位主要负责人依法对本单位的安全生产工作全面负责，同时也包括建设单位、勘察单位、设计单位、监理单位及其他与建设工程安全生产有关的单位必须遵守安全生产法律、法规的规定，保证建设工程安全生产，依法承担建设工程安全生产责任。所有有关单位都必须坚决贯彻执行国家的法律、法规和方针政策，建立和保持安全管理体系。

“群众参与监督”是指群众组织和劳动者个人对于建设工程安全生产应负的责任。工会是代表群众的主要组织，工会有权对危害职工健康安全的现象提出意见、进行抵制，也有权越级控告，工会也担负着教育劳动者遵章守纪的责任。群众监督是与行业管理、国家监察相辅相成的一种自下而上的监督。群众监督有助于建立企业的安全文化，形成安全生产人人有责的局面，它是专业管理以外的一支不可忽视的安全管理力量。

“全社会广泛支持”是指提高全社会的安全意识，形成全社会广泛“关注安全，关爱生命”的良好氛围。建设工程安全生产管理状况的改变，必须有政府与社会各界的广泛参与，必须有政策、法律、环境等多个方面的支持，就是要通过全社会的共同努力，提高安全意识，增强防范能力，大幅度地减少事故，为我国经济社会的全面、协调、可持续发展奠定坚实的基础。

1. 安全管理体系基本概念

安全管理体系是指基于安全管理的一整套体系，主要包括软件和硬件两方面。软件方面涉及思想、制度、教育、组织、管理；硬件包括安全投入、设备、设备技术、运行维护等。构建安全管理体系的最终目的就是实现企业安全、高效运行。

对于建设工程而言，项目的安全管理体系可理解为保障项目施工过程中安全的管理程序，一般包括四个方面：一是管理的方针、政策、目标、承诺等；二是各方面的管理文件，如安全责任制度、安全奖惩制度、消防安全管理、人员培训管理等程序；三是安全作业的规范与指导、要求等；四是在安全活动中执行的各种表单、记录文件等。

总之，安全管理体系是一个与时俱进的安全管理方法的总称。对于同一个企业，在不同时期应有不同的安全管理体系，如企业的技术、设备的先进性发生了改变，则安全管理体系也应随之发生改变，否则，管理就要落后。因此，安全管理体系应当是多样化的，而且是动态的、不断更新的。

2. 安全管理体系内容

地下工程施工现场工作面小，作业班组多，大型机械设备多，不可预测的危险因素随之增多，这也极大地增加了安全管理工作的难度，因此要建立一个安全管理体系，进行系统化管理，确保现场施工安全。安全管理体系的主要内容包括安全组织机构保证体系、安全生产管理制度体系、安全生产资金保证体系、过程安全控制保证体系和应急救援保证体系等。

1）安全组织机构保证体系

《安全生产法》第二十一条和《建设工程安全生产管理条例》第二十三条规定，施工单位应设立安全生产管理机构，配备专职安全生产管理人员。企业应根据《安全生产法》及相关法律法规建立企业安全组织机构保证体系，体系分为企业、项目及班组三个层级的保证体系，三个层级的保证体系互相联系，互相影响，并由此构成企业统一的安全保障体系。

（1）企业级安全组织机构保证体系。

企业级安全组织机构保证体系主要为安全生产委员会或安全生产领导小组。安全生产委员会或安全生产领导小组是企业安全生产最高权力机构。大型集团公司往往在集团公司层面设立安全生产委员会，在分（子）公司设立安全生产领导小组。

（2）项目级安全组织机构保证体系。

项目级安全组织机构保证体系受公司安全保障组织的领导，同时在项目层面建立完善的安全组织机构保证体系，其中项目经理是本项目安全生产第一责任者，负责整个项目的安全生产工作；总工程师对项目安全生产工作负技术管理责任；安全总监对项目安全生产监督管理工作负直接领导责任；专职安全员负责现场日常安全检查；施工员确保各项技术工作的安全可靠性；施工各班组长做好班组安全生产管理；施工作业人员遵守安全技术规程和操作规程，做好自我防护。

（3）班组级安全组织机构保证体系。

班组长作为班组安全工作的第一责任人，在对本班组的生产工作负责的同时，还应对本班组的安全工作负全面责任。班组设一名兼职或专职安全员，主要是协助班组长全面开展班组的安全管理工作。班组长不在时，安全员有权安排班组成员解决与安全工作有关的事宜。班组应设一名兼职的群众安全监督员，其业务受分管安全管理人员领导，主要职责是监督班组长和班组安全员是否按上级要求认真开展班组的安全管理工作，是否遵章守纪，是否按要求开展安全生产。当群众安全监督员发现班组的安全管理工作存在问题时，应通过有效途径及时向上级反馈。

2）安全生产管理制度体系

安全生产管理制度就是施工中的规矩，项目部必须制定切实可行的安全生产管理制度体系，确保项目安全工作顺利开展。安全生产规章制度体系分四大类，分别是综合安全管理制度、人员安全管理制度、设备设施安全管理制度和环境安全管理制度。

（1）综合安全管理制度。

综合安全管理制度主要包括安全生产管理目标、指标和总体原则，安全生产责任制度，安全管理定期例行工作制度，承包与发包工程安全管理制度，安全措施和费用管理制度，重大危险源管理制度，危险物品使用管理制度，消防安全管理制度，临时用电安全管理制度，脚手架安全管理制度，隐患排查和治理制度，交通安全管理制度，防灾减灾管理制度，事故调查报告处理制度，应急管理制度，安全奖惩制度等。

（2）人员安全管理制度。

人员安全管理制度主要包括安全教育培训制度，劳动防护用品使用和管理制度，安全工器具的使用管理制度，特种作业及特殊作业管理制度，岗位安全规范、职业健康检查制度，现场作业安全管理制度等。

（3）设备设施安全管理制度。

设备设施安全管理制度主要包括定期维护检修制度、定期巡视检查制度、定期检测检验制度、安全操作规程等。

（4）环境安全管理制度。

环境安全管理制度主要包括安全标志管理制度、作业环境管理制度、工业卫生管理制度等。

表 2.1.1 为监理和施工单位安全生产管理制度。

表 2.1.1　监理和施工单位安全生产管理制度

序号	制度名称	监理单位	施工单位
1	安全生产责任制度	√	√
2	安全教育培训制度	√	√
3	安全检查制度	√	√
4	危险性较大工程专项施工方案审查审批制度	√	√
5	安全技术交底制度		√

续表

序号	制度名称	监理单位	施工单位
6	危险源告知制度		√
7	安全例会制度	√	√
8	安全生产费用管理制度	√	√
9	特种设备及特种作业人员管理制度	√	√
10	劳务用工管理制度	√	√
11	消防安全管理制度	√	√
12	安全事故报告调查处理制度	√	√
13	安全生产考核制度	√	√
14	民用爆物品管理制度		√
15	施工现场临时用电管理制度		√
16	职业安全卫生制度	√	√
17	劳动防护用品使用和管理制度		√
18	危险源及安全隐患排查治理制度	√	√
19	设备进场验收登记制度		√
20	施工现场安全监理制度	√	
21	其他保障安全生产的制度	√	√

备注：打“√”的必须建立。

3）安全生产资金保证体系

企业及项目部必须制定安全生产资金保证体系，制定安全生产费用制度，编制安全生产资金投入计划，必须提前落实安全投入资金情况，专款专用，严禁私自挪用。企业及项目每月必须填写本月安全生产费用投入统计台账并附有各种单据。安全生产费用投入主要包含以下几个方面。

（1）安全防护用品、用具：安全帽、安全带、安全网、防护面罩、工作服、反光背心等。

（2）现场安全防护设施：临边、洞口安全防护设施，临时用电安全防护，脚手架安全防护，机具设备安全防护设施，消防器材设施等。

（3）现场安全文明施工设施、措施：现场围挡、场地硬化、现场洒水降尘措施、垃圾清运等。

（4）安全培训、宣传、应急用品：安全教育培训设备设施、各种安全活动宣传、订阅安全杂志、制作安全展板、配备急救器材及药品等。

（5）人工费：现场安全防护的搭拆维护、安全文明人工清理维护、现场安全隐患整改等有关的支出等。

（6）季节性安全生产费用：夏季防暑降温、冬季施工、雨季施工等安全费用。

（7）其他费用：危险性较大的分部分项工程专家论证费用、安全新科技应用费用及安全评优费用等。

4）过程安全控制保证体系

通过全员安全教育培训，提高全员安全意识，普及全员安全知识，同时结合安全检查验收及危险源控制，形成有效的过程安全控制保证体系。

（1）安全教育及学习培训。

《安全生产法》第二十五条规定，生产经营单位应当对从业人员进行安全生产教育和培训，保证从业人员具备必要的安全生产知识，熟悉有关的安全生产规章制度和安全操作规程，掌握本岗位的安全操作技能，了解事故应急处理措施，知悉自身在安全生产方面的权利和义务。未经安全生产教育和培训合格的从业人员，不得上岗作业。安全生产教育与培训的主要内容应包括安全思想教育、安全知识教育和安全技能教育等。

① 安全思想教育，包括安全生产方针政策培训教育、安全生产法制培训教育和劳动纪律教育三方面内容。

② 安全知识教育，包括工程概况，施工工艺流程，施工方法，施工作业的危险区域、危险部位，各种不安全因素及安全防护的基本知识及各种安全技术规范。

③ 安全技能教育，就是要结合本专业、本工种和本岗位的特点，熟练掌握操作规程、安全防护等基本知识，掌握安全生产所必需的基本操作技能。

除以上三个方面的教育外，还要充分利用已发生或未遂安全事故典型案例，对职工进行不定期的安全教育，分析事故原因，探讨预防对策；还可利用本单位职工在施工中出现的违章作业或施工生产中的不良行为，及时对职工进行教育，使职工头脑中经常绷紧安全生产这根弦，在施工生产中时时刻刻注意安全生产，预防事故的发生。

（2）安全检查验收及危险源控制。

安全检查是对施工项目贯彻安全生产法律法规的情况、安全生产状况、劳动条件、事故隐患等所进行的检查，其主要内容包括查思想、查制度、查机械设备、查安全卫生设施、查安全教育及培训、查生产人员行为、查防护用品使用、查伤亡事故处理等。

控制危险源主要通过工程技术手段来实现。危险源控制技术包括防止事故发生的安全技术和减少或避免事故损失的安全技术。

5）应急救援保证体系

企业整体及具体项目部必须根据各自实际情况建立应急救援保证体系，编制应急救援预案，成立应急救援小组。应急预案必须明确应急救援小组人员职责分工、应急物资的准备及各类事故的原因和可能造成的后果、相关基本救治方法、事故的报告处理程序、事故的调查处理等。项目部根据现场实际，定期组织应急救援演练，并将演练记录存档保存。现场一旦发生事故，必须立即启动应急救援预案，组织救援，保护现场，及时报告事故和配合事故的调查处理。

课后习题

一、单选题

1.《国务院关于进一步加强安全生产工作的决定》（国发〔2004〕2 号）中指出，

要努力构建（　　）的安全生产工作格局。

A.“政府统一领导、部门依法监管、企业全面负责、群众参与监督、全社会广泛支持”

B.“政府统一领导、部门全面负责、企业依法监管、群众参与监督、全社会广泛支持”

C.“政府依法监管、部门统一领导、企业全面负责、群众参与监督、全社会广泛支持”

D.“政府全面负责、部门统一领导、企业依法监管、群众参与监督、全社会广泛支持”

2. 我国目前的安全生产方针是（　　）。

A. 安全第一、预防为主　　B. 安全第一、预防为主、综合治理

C. 预防为主　　D. 安全第一

二、判断题

1. 安全生产责任制是一项最基本的安全生产管理制度，是所有安全生产管理制度的核心。（　　）

2. 任何单位或个人对事故隐患或者安全生产违法行为，有权向负有安全生产监督管理职责的部门报告或举报。（　　）

3. 为了进行系统化的安全管理，需要建立一个安全管理体系。（　　）

4. 企业可以使用安全生产专项费用作为招待费。（　　）

任务 2.2　安全生产管理机构认知

教学目标

（1）理解安全生产管理机构的组成；

（2）熟悉各参建单位的安全生产职责；

（3）能结合建设项目，建立各参建单位的安全生产管理机构并明确各自的安全生产职责。

任务描述

任务 2.1 中江苏省盐城市“9・28”深基坑边坡坍塌事故案例经调查，发现：

（1）施工承包单位现场安全管理、技术管理混乱。公司安全生产责任制度不落实，公司分管安全管理、技术管理负责人和项目部经理、施工技术人员实际配备不到位，均为挂名；深基坑专项施工方案存在缺陷，未制定电梯井和集水井安全防护措施；工程项目未取得建设工程施工许可证就擅自建设，未执行建设主管部门的整改指令；发现施工现场重大事故隐患后，未立即暂时停止施工和撤出作业人员。

（2）监理公司现场监理工作严重不力。工程项目监理部未认真履行监理工作职责，对施工单位项目部经理、施工技术人员实际配备不到位，建设单位未落实基坑施工过程周边环境监测工作，未能督促整改；未执行建设主管部门的整改指令；该施工单位的深基坑专项施工方案在未经审查批准的情况下即进行施工，发现施工现场重大事故隐患后，未要求施工单位暂时停止施工，未及时向建设主管部门报告。

（3）建设单位安全管理不力。公司安全生产责任制度不落实，未依法履行工程招标程序和取得建设工程施工许可证，擅自向施工单位发出“工程开工令”，未执行建设主管部门的整改指令，未落实有资质的单位进行深基坑施工过程中周边环境监测作业。

（4）城南新区建设一局、建设二局监管工作、执法工作不到位。

请思考：建筑工程项目中安全生产管理机构由哪些部分组成？各参建单位的安全生产职责分别是什么？上述案例中各参建单位是否履行了各自的安全生产职责？

任务实施

2.2.1　安全生产管理机构组成

1. 安全生产管理机构的主要责任

安全生产管理机构是指建筑施工企业及其在建设工程项目中设置的负责安全生产管理工作的独立职能部门。安全生产管理就是针对人们在安全生产过程中的安全问题，运用有效的资源，发挥人们的智慧，通过人们的努力，进行有关决策、计划、组织和控制等活动，实现生产过程中人与机器设备、物料、环境的和谐，达到安全生产的目标。

安全生产管理机构的主要责任是确定安全生产责任制、安全生产管理规章制度、安全生产策划、安全生产培训教育、安全生产档案等。安全生产管理机构的设置和管理人员的配置是施工企业安全生产管理工作的重要内容。企业安全生产管理队伍是一切安全管理工作得到贯彻落实的重要基础。

> 《安全生产法》第二十四条规定，矿山、金属冶炼、建筑施工、运输单位和危险物品的生产、经营、储存、装卸单位，应当设置安全生产管理机构或者配备专职安全生产管理人员。
>
> 前款规定以外的其他生产经营单位，从业人员超过一百人的，应当设置安全生产管理机构或者配备专职安全生产管理人员；从业人员在一百人以下的，应当配备专职或者兼职的安全生产管理人员。

2. 安全生产管理机构的组成

安全生产管理机构是安全生产责任制度的组织落实体系。从建设单位、监理单位、各施工单位、各施工队和班组，都要层层建立安全生产组织机构，将安全生产管理责任落实到人。各单位一把手是安全生产第一责任人，建设单位主要负责人是安全生产的第一责任人，监理单位总监理工程师是安全生产监督管理的第一责任人，施工单位项目经理是安全生产的第一责任人。

1）建设单位安全生产管理机构组成

建设单位主要负责人是安全生产的第一责任人，建设单位应成立工程建设安全生产领导小组，负责本项目安全生产管理。

工程管理处是建设单位安全生产管理的职能部门，负责日常安全生产管理，承担建设单位职责的具体实施。其主要安全职责包括：① 检查、指导各监理单位、施工单位的安全生产管理工作；② 对施工现场进行安全巡查，对违反安全生产管理规定或可能出现安全隐患的行为进行及时处理；③ 组织全线的安全检查，提出奖励与处罚建议；④ 受理安全事故举报，组织调查，提出处理意见。

图 2.2.1 为某建设单位安全生产管理机构图。

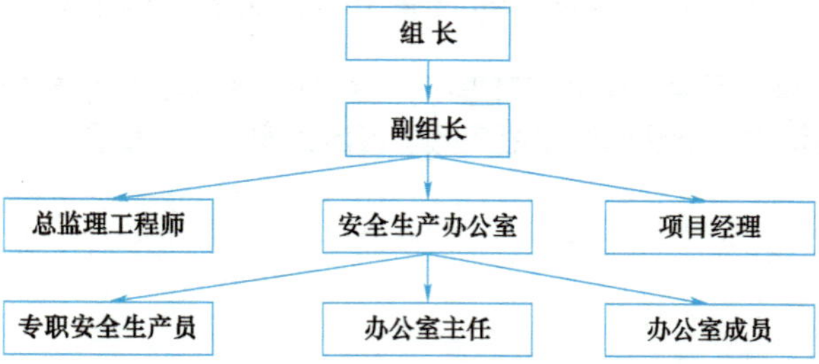

图 2.2.1　某建设单位安全生产管理机构图

2）监理单位安全生产管理机构组成

各监理单位成立安全生产领导小组，负责对所管辖合同段安全生产的监督管理和安全生产技术指导，由总监理工程师担任组长，为安全生产第一负责人，并指定一名专业监理工程师为专职安全监理，负责日常安全生产的监督管理工作。

3）施工单位安全生产管理机构组成

施工单位项目经理是安全生产的第一责任人，施工单位的项目经理部应成立安全生产领导小组，负责其合同段的安全生产管理，由项目经理任组长，按照规定数量设置专职安全员，项目经理和分管安全生产的副经理为第一和主要负责人。

施工现场应设置安全生产管理人员和安全技术人员。施工单位所辖工区（队）应有专职安全员。现场施工员要分管安全，工区（队）负责人是本工区（队）安全生产第一负责人，分管安全的副职领导是主要负责人。

施工单位应建立保卫组织机构，设专人负责保卫工作，负责施工驻地和施工现场的治安工作，保证施工的正常进行。

图 2.2.2 为某施工单位项目部安全生产管理机构图。

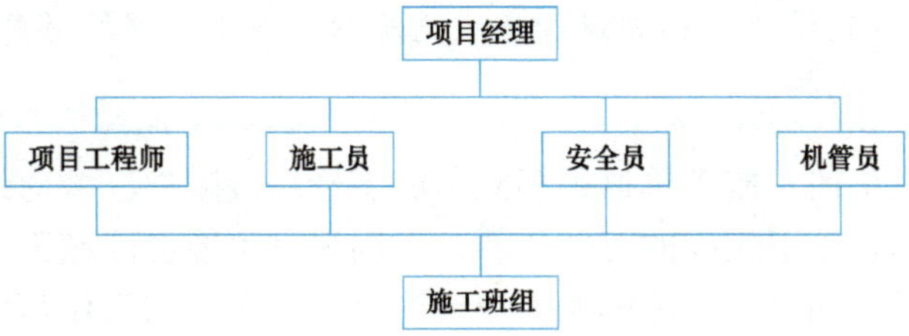

图 2.2.2　某施工单位项目部安全生产管理机构图

2.2.2　各参建单位的安全生产职责

> 《建设工程安全生产管理条例》第四条规定，建设单位、勘察单位、设计单位、施工单位、工程监理单位及其他与建设工程安全生产有关的单位，必须遵守安全生产法律、法规的规定，保证建设工程安全生产，依法承担建设工程安全生产责任。

建设工程安全生产的重点是施工现场，其主要责任单位是施工单位，但与施工活动密切相关单位的活动也都影响着施工安全。因此，有必要对所有与建设工程施工活动有关的单位的安全责任作出明确规定。

1. 建设单位安全生产职责

建设单位是建设工程项目的投资主体或管理主体，在整个工程建设中居于主导地位。为此，《建设工程安全生产管理条例》中明确规定，建设单位必须遵守安全生产法律、法规的规定，保证建设工程安全生产，依法承担建设工程安全生产责任。建设单位应承担的安全生产职责如下：

1）依法办理有关批准手续

> 《建筑法》第四十二条规定，有下列情形之一的，建设单位应当按照国家有关规定办理申请批准手续：
>
> （1）需要临时占用规划批准范围以外场地；
>
> （2）可能损坏道路、管线、电力、邮电通信等公共设施；
>
> （3）需要临时停水、停电、中断道路交通；
>
> （4）需要进行爆破作业；
>
> （5）法律、法规规定需要办理报批手续的其他情形。

因为上述活动不仅涉及工程建设的顺利进行和施工现场作业人员的安全，也影响到周边区域人们的安全或是正常的工作生活，需要有关方面给予支持和配合。为此，建设单位应当依法向有关部门申请办理批准手续。

2）向施工单位提供真实、准确和完整的有关资料

《建筑法》第四十条规定，建设单位应当向建筑施工企业提供与施工现场相关的地下管线资料，建筑施工企业应当采取措施加以保护。

《建设工程安全生产管理条例》第六条规定，建设单位应当向施工单位提供施工现场及毗邻区域内供水、排水、供电、供气、供热、通信、广播电视等地下管线资料，气象和水文观测资料，相邻建筑物和构筑物、地下工程的有关资料，并保证资料的真实、准确、完整。

在建设工程施工前，施工单位须搞清楚施工现场及毗邻区域内地下管线，以及相邻建筑物、构筑物和地下工程的有关资料，否则很有可能会因施工而造成破坏，不仅导致人员伤亡和经济损失，还将影响周边地区单位和居民的工作与生活。同时，建设工程的施工周期往往比较长，又多是露天作业，受气候条件的影响较大，建设单位还应当提供有关气象和水文观测资料。建设单位须保证所提供资料的真实、准确，并能满足施工安全作业的需要。

3）不得提出违法要求和随意压缩合同工期，依法履行合同

《建设工程安全生产管理条例》第七条规定，建设单位不得对勘察、设计、施工、工程监理等单位提出不符合建设工程安全生产法律、法规和强制性标准规定的要求，不得压缩合同约定的工期。

任何违背科学和客观规律的行为，都是施工生产安全事故隐患，都有可能导致施工生产安全事故的发生。因此，建设单位首先必须依法规范自身的行为。如果在符合有关法律、法规和强制性标准的规定，并编制了赶工技术措施等前提下，建设单位与施工单位就提前工期的技术措施费和提前工期奖励等协商一致后，可以对合同工期进行适当调整。

4）提供安全生产费用

《建设工程安全生产管理条例》第八条规定，建设单位在编制工程概算时，应当确定建设工程安全作业环境及安全施工措施所需费用。

实践表明，要保障施工安全生产，必须有合理的安全投入。因此，建设单位在编制工程概算时，应当合理确定保障建设工程施工安全所需的费用，并依法足额向施工单位提供。

5）不得要求购买、租赁和使用不符合安全施工要求的用具设备等

《建设工程安全生产管理条例》第九条规定，建设单位不得明示或者暗示施工单位购买、租赁、使用不符合安全施工要求的安全防护用具、机械设备、施工机具及配件、消防设施和器材。

由于建设工程的投资额、投资效益及工程质量等，其后果最终都是由建设单位承担，建设单位势必对工程建设的各个环节都非常关心，包括材料设备的采购、租赁等。这就要求建设单位与施工单位应当在合同中约定双方的权利义务，包括采用哪种供货方式等。无论施工单位购买、租赁或是使用有关安全防护用具、机械设备等，建设单位都不得采用明示或者暗示的方式，违法向施工单位提出不符合安全施工的要求。

6）申领施工许可证，提供有关安全施工措施的资料

按照《建筑法》的规定，申请领取施工许可证应当具备的条件之一，就是“有保证工程质量和安全的具体措施”。

《建设工程安全生产管理条例》第十条规定，建设单位在领取施工许可证时，应当提供建设工程有关安全施工措施的资料。

依法批准开工报告的建设工程，建设单位应当自开工报告批准之日起 15 日内，将保证安全施工的措施报送建设工程所在地的县级以上地方人民政府建设行政主管部门或者其他有关部门备案。

7）对装修工程和拆除工程进行审查、备案

《建筑法》第四十九条规定，涉及建筑主体和承重结构变动的装修工程，建设单位应当在施工前委托原设计单位或者具有相应资质条件的设计单位提出设计方案；没有设计方案的，不得施工。

《建设工程安全生产管理条例》第十一条规定，建设单位应当将拆除工程发包给具有相应资质等级的施工单位。建设单位应当在拆除工程施工 15 日前，将下列资料报送建设工程所在地的县级以上地方人民政府建设行政主管部门或者其他有关部门备案：

（1）施工单位资质等级证明；

（2）拟拆除建筑物、构筑物及可能危及毗邻建筑的说明；

（3）拆除施工组织方案；

（4）堆放、清除废弃物的措施。

实施爆破作业，应当遵守国家有关民用爆炸物品管理的规定。

2. 勘察单位安全生产职责

建设工程安全生产是一个大的系统工程，工程勘察是工程建设的先行官。工程勘察成果是建设工程项目规划、选址、设计的重要依据，也是保证施工安全的重要因素和前提条件。

《建设工程安全生产管理条例》第十二条规定，勘察单位应当按照法律、法规和工程建设强制性标准进行勘察，提供的勘察文件应当真实、准确，满足建设工程安全生产的需要。

勘察单位在勘察作业时，应当严格执行操作规程，采取措施保证各类管线、设施和周边建筑物、构筑物的安全。

3. 设计单位安全生产职责

工程设计是工程建设的灵魂。在建设工程项目确定后，工程设计便成为工程建设中最重要、最关键的环节，对安全施工有着重要影响。设计单位安全生产职责如下：

1）按照法律、法规和工程建设强制性标准进行设计

> 《建设工程安全生产管理条例》第十三条规定，设计单位应当按照法律、法规和工程建设强制性标准进行设计，防止因设计不合理导致生产安全事故的发生。

工程建设强制性标准是工程建设技术和经验的总结与积累，对保证建设工程质量和施工安全起着至关重要的作用。总结分析一些生产安全事故的原因，涉及设计单位责任的，主要是没有按照强制性标准进行设计，由于设计不合理导致施工过程中发生了安全事故。因此，设计单位在设计过程中必须考虑施工生产安全，严格执行强制性标准。

2）提出防范生产安全事故的指导意见和措施建议

> 《建设工程安全生产管理条例》第十三条规定，设计单位应当考虑施工安全操作和防护的需要，对涉及施工安全的重点部位和环节在设计文件中注明，并对防范生产安全事故提出指导意见。
>
> 采用新结构、新材料、新工艺的建设工程和特殊结构的建设工程，设计单位应当在设计中提出保障施工作业人员安全和预防生产安全事故的措施建议。

设计单位的工程设计文件对保证建设工程结构安全至关重要。同时，设计单位在编制设计文件时，还应当结合建设工程的具体特点和实际情况，考虑施工安全作业和安全防护的需要，为施工单位制定安全防护措施提供技术保障。特别是对采用新结构、新材料、新工艺的建设工程和特殊结构的建设工程，设计单位应当在设计中提出保障施工作业人员安全和预防生产安全事故的措施建议。

在施工单位作业前，设计单位还应当将设计意图、设计文件向施工单位做出说明和技术交底，并对防范生产安全事故提出指导意见。

3）对设计成果承担责任

> 《建设工程安全生产管理条例》第十三条规定，设计单位和注册建筑师等注册执业人员应当对其设计负责。

“谁设计，谁负责”，这是国际通行做法。如果由于设计责任造成事故，设计单位就要承担法律责任，还应当对造成的损失进行赔偿。建筑师、结构工程师等注册执业人员应当在设计文件上签字盖章，对设计文件负责，并承担相应的法律责任。

4. 工程监理单位安全生产职责

工程监理是监理单位受建设单位的委托，依照法律、法规和建设工程监理规范的规定，对工程建设实施的监督管理。所以监理单位不但要注重施工质量、进度和投资的监控，还应该重视对施工安全的监督管理，才能保证施工安全有效控制措施。工程监理单位安全生产职责如下：

1）对安全技术措施或专项施工方案进行审查

《建设工程安全生产管理条例》第十四条规定，工程监理单位应当审查施工组织设计中的安全技术措施或者专项施工方案是否符合工程建设强制性标准。

施工组织设计中应当包括安全技术措施和施工现场临时用电方案，对基坑支护与降水工程，土方开挖工程，模板工程，起重吊装工程，脚手架工程，拆除、爆破工程等达到一定规模的危险性较大的部分项工程，还应当编制专项施工方案。

工程监理单位要对这些安全技术措施和专项施工方案进行审查，重点审查是否符合工程建设强制性标准；对于达不到强制性标准的，应当要求施工单位进行补充和完善。

2）依法对施工安全事故隐患进行处理

《建设工程安全生产管理条例》第十四条规定，工程监理单位在实施监理过程中，发现存在安全事故隐患的，应当要求施工单位整改；情况严重的，应当要求施工单位暂时停止施工，并及时报告建设单位。施工单位拒不整改或者不停止施工的，工程监理单位应当及时向有关主管部门报告。

工程监理单位受建设单位的委托，有权要求施工单位对存在的安全事故隐患进行整改，有权要求施工单位暂时停止施工，并依法向建设单位和有关主管部门报告。

3）承担建设工程安全生产的监理责任

《建设工程安全生产管理条例》第十四条规定，工程监理单位和监理工程师应当按照法律、法规和工程建设强制性标准实施监理，并对建设工程安全生产承担监理责任。

监理单位安全生产的监理责任主要有：

（1）对施工单位的安全施工进行监控管理；

（2）建立内部安全生产管理体系并确保责任落实到人；

（3）制定本项目的安全生产监理计划和实施细则；

（4）督促检查施工单位建立健全安全生产管理体系和落实安全生产管理制度；

（5）审查施工单位制定的重点部位、关键性设备和工序的安全操作规程；

（6）参与、协助上级部门和建设单位对所监理标段内发生的安全事故的调查处理工作；

（7）积极参加建设单位组织的安全活动；

（8）履行法律、规章、监理合同规定的其他安全生产职责等。

5. 施工单位安全生产职责

施工单位是建设工程施工活动的主体，必须加强对施工安全生产的管理，落实施工安全生产的主体责任。《建筑法》《建设工程安全生产管理条例》均对施工单位的建设工程安全生产责任有明确的规定，主要规定如下：

1）施工单位应具备安全生产资质

施工单位从事建设工程的新建、扩建、改建和拆除等活动，应当具备国家规定的注册资本、专业技术人员、技术装备和安全生产等条件，依法取得相应等级的资质证书，并在其资质等级许可的范围内承揽工程。

2）建立本单位安全生产管理保证体系和相关安全生产制度

施工单位主要负责人依法对本单位的安全生产工作全面负责。施工单位应当建立健全安全生产责任制度和安全生产教育培训制度，制定安全生产规章制度和操作规程，保证本单位安全生产条件所需资金的投入，对所承担的建设工程进行定期和专项安全检查，并做好安全检查记录。

施工单位的项目负责人应当由取得相应执业资格的人员担任，对建设工程项目的安全施工负责，落实安全生产责任制度、安全生产规章制度和操作规程，确保安全生产费用的有效使用，并根据工程的特点组织制定安全施工措施，消除安全事故隐患，及时、如实报告生产安全事故。

3）合理利用安全生产费用

施工单位对列入建设工程概算的安全作业环境及安全施工措施所需费用，应当用于施工安全防护用具及设施的采购和更新、安全施工措施的落实、安全生产条件的改善，不得挪作他用。

4）设立安全生产管理机构，配备专职安全生产管理人员

施工单位应当设立安全生产管理机构，配备专职安全生产管理人员。

专职安全生产管理人员负责对安全生产进行现场监督检查。发现安全事故隐患，应当及时向项目负责人和安全生产管理机构报告；对于违章指挥、违章操作的，应当立即制止。

专职安全生产管理人员的配备办法由国务院建设行政主管部门会同国务院其他有关部门制定。

建设工程实行施工总承包的，由总承包单位对施工现场的安全生产负总责。

总承包单位应当自行完成建设工程主体结构的施工。

总承包单位依法将建设工程分包给其他单位，分包合同中应当明确各自的安全生产方面的权利、义务。总承包单位和分包单位对分包工程的安全生产承担连带责任。

分包单位应当服从总承包单位的安全生产管理，分包单位不服从管理导致生产安全事故的，由分包单位承担主要责任。

5）严格执行特种作业人员持证上岗

垂直运输机械作业人员、安装拆卸工、爆破作业人员、起重信号工、登高架设作业人员等特种作业人员，必须按照国家有关规定经过专门的安全作业培训，并取得特种作业操作资格证书后，方可上岗作业。

6）制定并落实各危险工种、工序安全生产技术交底制度

建设工程施工前，施工单位负责项目管理的技术人员应当对有关安全施工的技术要求向施工作业班组、作业人员作出详细说明，并由双方签字确认。

7）编制施工组织设计及危险性较大专项施工方案

施工单位应当在施工组织设计中编制安全技术措施和施工现场临时用电方案，并针对危险性较大的工程如地下暗挖、隧道、顶管施工及水下作业工程编制专项施工方案，并附具安全验算结果，经施工单位技术负责人、总监理工程师签字后实施，由专

职安全生产管理人员进行现场监督。

8）建立消防安全责任制度

施工单位应当在施工现场建立消防安全责任制度，确定消防安全责任人，制定用火、用电、使用易燃易爆材料等各项消防安全管理制度和操作规程，设置消防通道、消防水源，配备消防设施和灭火器材，并在施工现场入口处设置明显标志。

9）制定并落实现场文明施工的各项制度

施工单位应当在施工现场入口处、施工起重机械、临时用电设施、脚手架、出入通道口、楼梯口、电梯井口、孔洞口、桥梁口、隧道口、基坑边沿、爆破物及有害危险气体和液体存放处等危险部位，设置明显的安全警示标志。安全警示标志必须符合国家标准。

施工单位应当根据不同施工阶段和周围环境及季节、气候的变化，在施工现场采取相应的安全施工措施。施工现场暂时停止施工的，施工单位应当做好现场防护，所需费用由责任方承担，或者按照合同约定执行。

施工单位应当将施工现场的办公、生活区与作业区分开设置，并保持安全距离；办公、生活区的选址应当符合安全性要求。职工的膳食、饮水、休息场所等应当符合卫生标准。施工单位不得在尚未竣工的建筑物内设置员工集体宿舍。

施工现场临时搭建的建筑物应当符合安全使用要求。施工现场使用的装配式活动房屋应当具有产品合格证。

施工单位对因建设工程施工可能造成损害的毗邻建筑物、构筑物和地下管线等，应当采取专项防护措施。

施工单位应当遵守有关环境保护法律、法规的规定，在施工现场采取措施，防止或者减少粉尘、废气、废水、固体废物、噪声、振动和施工照明对人和环境的危害和污染。

在城市市区内的建设工程，施工单位应当对施工现场实行封闭围挡。

10）执行安全生产教育培训制度

施工单位的主要负责人、项目负责人、专职安全生产管理人员应当经建设行政主管部门或者其他有关部门考核合格后方可任职。

施工单位应当对管理人员和作业人员每年至少进行一次安全生产教育培训，其教育培训情况记入个人工作档案。安全生产教育培训考核不合格的人员，不得上岗。

作业人员进入新的岗位或者新的施工现场前，应当接受安全生产教育培训。未经教育培训或者教育培训考核不合格的人员，不得上岗作业。

施工单位在采用新技术、新工艺、新设备、新材料时，应当对作业人员进行相应的安全生产教育培训。

11）执行生产安全事故报告和调查处理制度

施工单位发生生产安全事故，应当按照国家有关伤亡事故报告和调查处理的规定，及时、如实地向负责安全生产监督管理的部门、建设行政主管部门或者其他有关部门报告；特种设备发生事故的，还应当同时向特种设备安全监督管理部门报告。接到报告的部门应当按照国家有关规定，如实上报。

实行施工总承包的建设工程，由总承包单位负责上报事故。

发生生产安全事故后，施工单位应当采取措施防止事故扩大，保护事故现场。需要移动现场物品时，应当做出标记和书面记录，妥善保管有关证物。

6. 其他单位安全生产职责

为建设工程提供机械设备和配件的单位，应当按照安全施工的要求配备齐全有效的保险、限位等安全设施和装置。所出租的机械设备和施工机具及配件，应当具有生产（制造）许可证、产品合格证。

出租单位应当对出租的机械设备和施工机具及配件的安全性能进行检测，在签订租赁协议时，应当出具检测合格证明。禁止出租检测不合格的机械设备和施工机具及配件。

在施工现场安装、拆卸施工起重机械和整体提升脚手架、模板等自升式架设设施，必须由具有相应资质的单位承担。安装、拆卸施工起重机械和整体提升脚手架、模板等自升式架设设施，应当编制拆装方案，制定安全施工措施，并由专业技术人员现场监督。

施工起重机械和整体提升脚手架、模板等自升式架设设施安装完毕后，安装单位应当自检，出具自检合格证明，并向施工单位进行安全使用说明，办理验收手续并签字。

课后习题

一、单选题

1. 在建筑工程中，工程勘察、设计、施工的标准、规范、规程中，以黑体字示出的条文都属于（　　）性标准，此规定在工程建设中不得违反。

A. 行政　　B. 强制　　C. 推荐　　D. 严格

2. 三级动火作业由所在（　　）填写动火申请表，经工地负责人及主管人员审查批准后，方可动火。

A. 负责人　　B. 班组　　C. 作业人员　　D. 安全员

3. 国家对严重危及生产安全的工艺、设备实行（　　）。

A. 改进制度　　B. 淘汰制度　　C. 翻新制度　　D. 统一调换

4. 生产经营单位进行爆破、吊装等危险作业，应当安排（　　）进行现场安全管理，确保操作规程的遵守和安全措施的落实。

A. 专门人员　　B. 领导　　C. 技术工人　　D. 负责人

5. 生产经营单位必须为从业人员提供符合国家标准或者行业标准的（　　），并监督、教育从业人员按照使用规则佩戴、使用。

A. 劳动工具　　B. 劳动防护用品　　C. 劳动保护　　D. 劳动设备

6. 生产经营单位不得将生产经营项目、场所、设备发包或者出租给不具备安全生产条件或者相应资质的（　　）。

A. 公司　　B. 政府　　C. 军队　　D. 单位或者个人

7. 从业人员在作业过程中，应当严格遵守本单位的安全生产规章制度和操作规程，服从管理，正确佩戴和使用（　　）。

A. 劳动生产用品　　B. 劳动防护用品　　C. 劳动标识　　D. 劳动工具

8. 下列不是施工单位安全生产职责的是（　　）。

A. 编制施工组织设计及危险性较大专项施工方案
B. 对安全技术措施或专项施工方案进行审查
C. 建立消防安全责任制度
D. 制定并落实现场文明施工的各项制度

二、判断题

1. 任何单位和个人不得伪造、转让、冒用建筑施工企业管理人员安全生产考核合格证书。（　）

2. 从业人员发现危及人身安全的紧急情况时，应立即向安全生产管理人员报告，并经同意后停止作业。（　）

3. 设计单位应当按照法律、法规和工程建设强制性标准进行设计，并采取措施保证各类管线设施和周边建筑物、构筑物的安全。（　）

4. 检验检测机构对检测合格的施工起重机械和整体提升脚手架、模板等自升式架设设施，应当出具安全合格证明文件，并对检测结果负责。（　）

5. 施工单位应当根据建设工程施工的特点、范围，对施工现场易发生重大事故的部位、环节进行监控，制定施工现场生产安全事故应急预案。（　）

6. 作业人员不服从管理，违反规章制度和操作规程冒险作业造成重大伤亡事故或其他严重后果，构成犯罪的，依照刑法有关规定追究刑事责任。（　）

7. 施工单位可以在尚未竣工的建筑物内设置员工集体宿舍。（　）

8. 安全技术措施，是指为防止工伤事故和职业病的危害而从技术上采取的措施。（　）

9. 施工单位主要负责人依法对本单位的安全生产工作全面负责。（　）

10. 建设工程实行施工总承包的，由总承包单位对施工现场的安全生产负总责。（　）

11. 采用新结构、新材料、新工艺的建设工程和特殊结构的建设工程，设计单位不必在设计中提出保障施工作业人员安全和预防生产安全事故的措施建议。（　）

12. 为规范安全生产文明施工，保证职工身体健康，施工区域和生活区域应有明确划分，并建立相应责任制，责任落实到人。（　）

任务 2.3　安全生产管理制度

教学目标

（1）了解各种安全生产管理制度；

（2）熟悉综合安全管理制度、人员安全管理制度、设备设施安全管理制度、环境安全管理制度等相关制度内容；

（3）培养学生严格遵守规章制度的习惯、树立牢固的安全意识。

任务描述

2012 年 10 月 10 日 5 时许，陕西省周至县黄草坡引汉济渭工程六号洞某施工工地，一幢工人住宿的活动板房起火燃烧，并迅速坍塌。事故造成 12 人死亡，1 人失踪，24 人受伤。起火建筑为一幢 3 层彩钢板结构活动板房，属于临时建筑，总建筑面积约为 1 400 m^2，主要用于施工人员住宿，有 173 张床位。经核查，该建筑无论是每层的建筑面积、材料防火性能、安全疏散通道设置，还是灭火器材配置、临时消防设施设置等诸多方面，都严重违反了《建设工程施工现场消防安全技术规范》（GB 50720—2011）的规定。根据事故调查组对施工现场查看了解的情况，该施工单位安全管理混乱，施工现场未成立任何安全管理组织，防火安全制度形同虚设。现场搭建的办公、住宿等临时用房耐火等级低；现场电线私接乱拉，宿舍内使用大功率电器和灯具；无任何防火安全措施，施工现场未设置消防设施、无临时消防水池，发生火灾后，无法有效组织扑救；安全宣传培训不落实，施工单位未开展过灭火应急演练，施工人员防火安全意识差，不熟悉基本的防火安全常识，不掌握基本的自救逃生方法，致使许多人员无法逃生而遇难。

请将该项目管理中的不妥之处加以整改。

任务实施

2.3.1　综合安全管理制度

1. 安全生产责任制度

安全生产责任制度是根据我国“安全第一、预防为主、综合治理”的安全生产方针和安全生产法规建立的各级领导、职能部门、工程技术人员、岗位操作人员在劳动生产过程中对安全生产层层负责的制度，是对各级负责人、各职能部门及各类施工人员在施工和管理过程中应当承担的责任作出的明确规定。

建立健全各级安全责任制，明确各类岗位人员的安全生产责任；施工企业和企业内部职能部门、施工企业和项目经理部、总承包单位和分包单位、项目部和班组之间均应签订安全生产目标责任书；施工企业、项目经理部、施工班组应根据安全生产目标责任制，实行安全生产目标管理，建立健全安全生产责任考核制度；项目经理部、专业项目队、作业班组、操作工人及各级职能部门严格执行安全生产管理责任制度，项目经理部设质量安全部（安检工程师），专业项目队设专职安检员，工班设兼职安全员，形成安全生产网络，做到领导到位，工作到位，分工明确，责任到人。

2. 安全检查制度

安全检查是建立良好的安全生产环境和安全生产秩序，做好安全工作的重要手段之一，是及时发现、消除事故隐患和不安全因素的重要措施。进行安全检查要坚持领导与群众相结合、普遍检查与专业检查相结合、检查与整改相结合的原则，做到制度化、经常化。

各级单位须建立安全检查制度，施工企业对项目经理部每月检查不少于一次，工程项目部对施工现场的工作环境及施工环节进行自查，每周不少于一次，企业负责人、项目负责人要组织好相关人员定期带班检查，专职安全生产管理人员应每天巡查，发现问题及时处理并将处理意见填入检查记录中。对重大问题填发安全隐患通知书，并制定对策措施，限期整改，安排专人复查。

3. 消防安全责任制度

1）消防安全责任制度的建立

（1）根据《消防法》，加强消防安全管理，预防和减少火灾危害，保护公私财产和人民生命安全，建立健全消防安全责任制度。消防安全责任制度实行“预防为主，防消结合”的方针，坚持“谁主管，谁负责”“谁在岗，谁负责”的原则。

（2）消防安全管理机构是消防安全生产工作组织落实的重要体系，各参建单位都要层层建立消防安全管理机构，成立消防安全生产工作领导小组，将消防安全生产工作责任落实到人，单位负责人是消防安全生产工作第一责任人，并设置专职消防安全工作负责人。

（3）建立动用明火审批制度，按规定划分级别，审批手续完善，并有监护措施。

2）消防器材的配备

（1）临时搭设的建筑物区域内，每 100 m^2 配备 2 只 10 L 灭火器。

（2）若大型临时设施总面积超过 1 200 m^2，应备有专供消防用的积水桶（池）、黄砂池等设施，上述设施周围不得堆放物品。

（3）临时木工间、油漆间和木、机具间等每 25 m^2 配备 1 只种类合适的灭火器，油库、危险品仓库应配备足够数量、种类合适的灭火器。

（4）4 m 高度以上高层建筑施工现场，应设置具有足够扬程的高压水泵或其他防火设备和设施。

3）施工现场的防火要求

（1）各单位在编制施工组织设计时，施工总平面图、施工方法和施工技术均要符合消防安全要求。

（2）施工现场应明确划分用火作业、易燃可燃材料堆场、仓库、易燃废品集中站和生活区等区域。

（3）施工现场夜间应有照明设备，保持消防车通道畅通无阻，并要安排力量加强值班巡逻。

（4）施工作业期间需搭设临时性建筑时，必须经施工企业技术负责人批准，施工结束应及时拆除。不得在高压架下面搭设临时性建筑物或堆放可燃物品。

（5）施工现场应配备足够多的消防器材，指定专人维护、管理、定期更新，保证完整好用。

（6）在土建施工时，应先将消防器材和设施配备好，有条件的，应敷设好室外消防水管和消火栓。

（7）焊、割作业点与氧气瓶、电石桶和乙炔发生器等危险物品的距离不得少于10 m，与易燃易爆物品的距离不得少于30 m；如达不到上述要求的，应执行动火审批制度，并采取有效的安全隔离措施。

（8）乙炔发生器和氧气瓶存放之间的距离不得小于2 m，使用时二者的距离不得小于5 m。

（9）氧气瓶、乙炔发生器等焊割设备上的安全附件应完整有效，否则不准使用。

（10）施工现场的焊、割作用，必须符合防火要求，严格执行“十不烧”规定。

（11）冬期施工采用保温加热措施时，应符合以下要求：

① 采用电热器加温，应设电压调整器控制电压，导线应绝缘良好，连接牢固，并在现场设置多处测量点；

② 采用锯末生石灰蓄热，应选择安全配方比，并经工程技术人员同意后方可使用；

③ 采用保温或加热措施前，应进行安全教育，施工过程中应安排专人巡逻检查，发现隐患及时处理。

（12）施工现场的动火作业，必须执行审批制度：

① 一级动火作业由所在单位行政负责人填写动火申请表，编制安全技术措施方案，报公司保卫部门及消防部门审查批准后，方可动火；

② 二级动火作业由所在工地、车间的负责人填写动火申请表，编制安全技术措施方案，报本单位主管部门审查批准后，方可动火；

③ 三级动火作业由所在班组填写动火申请表，经工地、车间负责人及主管人员审查批准后，方可动火；

④ 古建筑和重要文物单位等场所动火作业，按一级动火手续上报审批。

4. 安全隐患排查治理制度

1）安全生产事故隐患

安全生产事故隐患（以下简称事故隐患），是指违反安全生产法律、法规、规章、标准、规程和安全生产管理制度的规定，或者因其他因素在生产经营活动中存在可能导致事故发生的物的危险状态、人的不安全行为和管理上的缺陷。

2）事故隐患的分类

事故隐患分为一般事故隐患、重大事故隐患。

（1）一般事故隐患。指危害和整改难度较小，发现后能够立即整改排除的隐患。

（2）重大事故隐患。指危害和整改难度较大，应当全部或者局部停产停业，并经过一定时间整改治理方能排除的隐患，或者因外部因素影响致使生产经营单位自身难以排除的隐患。

3）安全隐患排查治理制度

（1）公司成立安全隐患排查领导小组，负责活动开展的日常管理工作。各部门也应成立相应的领导小组，由部门第一责任人任组长。

（2）隐患的排查按照“谁主管，谁负责”的原则，应对各自管辖区域内按照公司安全检查制度中规定的时间、内容和频次对隐患进行排查，及时收集、查找并上报发现的事故隐患，积极采取措施对隐患进行整改。

（3）隐患的报告一般采用逐级报告的方法，对各类隐患进行登记分类。一般采用书面形式，特殊情况可采用口头报告。报告人要将隐患地点、事故隐患内容、拟采取措施建议、报告人姓名、报告接受人姓名、报告时间等写清楚。专业安全检查和日常安全检查中发现的事故隐患应同时进行登记备案，建立事故隐患信息档案。

（4）发现或接到员工事故隐患报告后，应立即按照隐患排查领导小组的职责分工组织本单位专业人员对隐患进行核实，并在 24 h 内作出书面整改意见。不能自行整改的，应根据隐患的种类由各职能部门负责进行整改并且对隐患的整改进行全程跟踪监控。对于重大事故隐患，由单位主要负责人组织制定并实施事故隐患治理方案。在事故隐患治理过程中，事故隐患部门应当采取相应的安全防范措施，防止事故发生。安全管理部门应进行监控。

（5）根据隐患的大小及其危害程度，对隐患发现者进行奖励，对上报的事故隐患，不整改或不上报的，一旦发现，按情节轻重对部门和相关责任人进行处罚。

5. 事故调查报告处理制度

> 《建设工程安全生产管理条例》第五十条规定，施工单位发生生产安全事故，应当按照国家有关伤亡事故报告和调查处理的规定，及时、如实地向负责安全生产监督管理的部门、建设行政主管部门或者其他有关部门报告；特种设备发生事故的，还应当同时向特种设备安全监督管理部门报告。接到报告的部门应当按照国家有关规定，如实上报。

我国《安全生产法》《建筑法》等对安全生产事故报告作了相应的规定。《安全生产法》第七十条规定：“生产经营单位发生生产安全事故后，事故现场有关人员应当立即报告本单位负责人。”“单位负责人接到事故报告后，应当迅速采取有效措施，组织抢救，防止事故扩大，减少人员伤亡和财产损失，并按照国家有关规定立即如实报告当地负有安全生产监督管理职责的部门，不得隐瞒不报、谎报或者拖延不报，不得故意破坏事故现场、毁灭有关证据。”《建筑法》第五十一条规定：“施工中发生事故时，建筑施工企业应当采取紧急措施减少人员伤亡和事故损失，并按照国家有关规定及时向有关部门报告。”2007 年 6 月 1 日起施行的《生产安全事故报告和调查处理条例》对安全事故的报告和调查处理也进行了明确的规定。

1）生产安全事故报告

（1）事故发生后，事故现场有关人员应当立即向本单位负责人报告；单位负责人接到报告后，应当于 1 h 内向事故发生地县级以上人民政府安全生产监督管理部门和负有安全生产监督管理职责的有关部门报告。

（2）情况紧急时，事故现场有关人员可以直接向事故发生地县级以上人民政府安全生产监督管理部门和负有安全生产监督管理职责的有关部门报告。

（3）安全生产监督管理部门和负有安全生产监督管理职责的有关部门接到事故报告后，应当依照下列规定上报事故情况，并通知公安机关、劳动保障行政部门、工会和人民检察院：

特别重大事故、重大事故逐级上报至国务院安全生产监督管理部门和负有安全生产监督管理职责的有关部门；

较大事故逐级上报至省、自治区、直辖市人民政府安全生产监督管理部门和负有安全生产监督管理职责的有关部门；

一般事故上报至设区的市级人民政府安全生产监督管理部门和负有安全生产监督管理职责的有关部门。

（4）安全生产监督管理部门和负有安全生产监督管理职责的有关部门应当依照规定上报事故情况，并同时报告本级人民政府。国务院安全生产监督管理部门和负有安全生产监督管理职责的有关部门及省级人民政府接到发生特别重大事故、重大事故的报告后，应当立即报告国务院。必要时，安全生产监督管理部门和负有安全生产监督管理职责的有关部门可以越级上报事故情况。

（5）安全生产监督管理部门和负有安全生产监督管理职责的有关部门逐级上报事故情况，每级上报的时间不得超过 2 h。

（6）报告事故应当包括下列内容：事故发生单位概况；事故发生的时间、地点及事故现场情况；事故的简要经过；事故已经造成或者可能造成的伤亡人数（包括下落不明的人数）和初步估计的直接经济损失；已经采取的措施；其他应当报告的情况等。事故报告后出现新情况的，应当及时补报。

（7）自事故发生之日起 30 日内，事故造成的伤亡人数发生变化的，应当及时补报。道路交通事故、火灾事故自发生之日起 7 日内，事故造成的伤亡人数发生变化的，应当及时补报。

（8）事故发生单位负责人接到事故报告后，应当立即启动事故相应应急预案，或者采取有效措施，组织抢救，防止事故扩大，减少人员伤亡和财产损失。

（9）事故发生地有关地方人民政府、安全生产监督管理部门和负有安全生产监督管理职责的有关部门接到事故报告后，其负责人应当立即赶赴事故现场组织事故救援。

（10）事故发生后，有关单位和人员应当妥善保护事故现场及相关证据，任何单位和个人不得破坏事故现场、毁灭相关证据。因抢救人员、防止事故扩大及疏通交通等原因，需要移动事故现场物件的，应当做出标志，绘制现场简图并做出书面记录，妥善保存现场重要痕迹、物证。

2）事故调查

（1）轻伤、重伤事故，由企业负责人或其指定人员组成生产、技术、安全等有关人员及工会成员参加的事故调查组，进行调查。

（2）死亡事故，由企业主管部门会同企业所在地区的市劳动部门、公安部门、工会组成事故调查组，进行调查。

（3）重大死亡事故，按照企业的隶属关系由省、自治区、直辖市企业主管部门或者国务院有关主管部门会同同级劳动部门、公安部门、监察部门、工会组成事故调查组，进行调查。

3）严格事故报告和奖罚制度

（1）对在建筑施工过程中保证施工安全作出贡献的人员和单位，给予表彰和奖励。

（2）严格执行《建筑工程事故处理规则》，发生施工安全事故和工伤事故必须按系统逐级上报，不得隐瞒。

（3）发生事故，按照“四不放过”原则进行联合调查，认真分析，查明原因，对事故责任者严肃处理，追究其经济、行政、法律责任。

2.3.2　人员安全管理制度

1. 安全教育培训制度

1）基本要求

（1）加强安全宣传教育，不仅能提高各级领导和员工对安全生产方针的认识，增强安全生产的责任感和法律意识，提高贯彻执行安全法律、法规及各项规章制度的自觉性，而且能使广大参建人员掌握从业所需的安全生产科学知识，提高安全操作技能和事故预防、应急能力，从而有效地防止事故的发生，为确保安全生产创造条件。

（2）建立健全安全教育培训制度，制定具体安全教育培训计划，并报监理审批，发包人备案。安全教育培训计划应结合项目生产经营状况、项目建设人员的安全意识、安全教育培训实际状况、安全教育培训的需求等情况综合兼顾。在制定计划时，要保证特种作业人员、新员工、四新（新材料、新设备、新工艺、新技术）教育、转岗换岗教育等重点人员或岗位优先进行安全教育培训，同时兼顾全员教育，保证项目所有人员都能及时受到最新的安全教育培训。

（3）安全教育的内容包括安全生产法律法规、安全思想意识教育、安全操作规程、安全技术及安全技能教育、安全防护知识、应急救援及处置等。

（4）对新进场的务工人员、待岗、转岗及其他作业人员等，必须经过安全生产培训教育并经考核合格后方可上岗，施工单位的特种作业人员必须经过专门安全技术培训，取得劳动行政部门颁发的“特种作业人员操作证”，并接受行业安全管理部门的安全培训方可上岗作业。安全教育要有记录。

2）三级安全教育

三级安全教育为公司（企业）、项目（或者工程处、施工处、工区）和班组这三级教育。三级安全教育是每个刚进企业的新工人必须接受的首次安全生产方面的基本教育。对调换新工种，采取新技术、新工艺、新设备、新材料的工人，必须进行新岗位、新操作方法的安全卫生教育。受教育者经考试合格后方可上岗操作。

3）专项安全教育和常规安全教育

对于危险性较大、易发生安全事故的分部分项工程，如达到一定规模的基坑支护与降水工程，土方开挖工程，模板工程，起重吊装工程，脚手架工程，拆除、爆破工程等，施工前应进行专项安全教育。专项安全教育一般可以安全技术交底的方式进行，其重点是危险性较大的分部分项工程的专项施工方案、重大风险的应急预案、安全岗位专业人员如安全员及特种作业人员的继续教育、按政府相关规定参加建设行政主管部门组织的安全生产继续教育培训的“三类人员”的教育培训等。

常规安全教育即指项目部对全体施工人员进行的经常性的、“月月讲、天天讲”式的教育。项目安全负责人要有一张“婆婆嘴”，随时利用各种机会讲安全。常规安全教育的形式包括工地的夜校系统教育、每天上午开工前的安全讲话等。

4）安全教育培训情况检查考核

对安全教育培训情况的检查考核主要包括以下几个方面：

（1）检查施工单位的安全教育制度；

（2）检查新入厂工人是否进行三级安全教育；

（3）检查安全教育的内容；

（4）检查变换工种时是否进行安全教育；

（5）检查工人对本工种安全技术操作规程的熟悉程度；

（6）检查施工管理人员的年度培训；

（7）检查专职安全员的年度培训考核情况。

2. 劳动防护用品发放使用和管理制度

劳动防护用品是保护劳动者安全健康所必需的预防性辅助用品。根据安全生产、防止工伤、职业病伤害的需要，按照不同工种、不同劳动条件发给员工个人的劳动防护用品，主要包括防护手套、防尘口罩、安全帽、安全带、绝缘鞋、电气焊用防护镜、防护面罩和防护服、耳塞等。

（1）发放劳动防护用品的范围：

① 电工作业；

② 金属焊接切割作业；

③ 粉尘作业；

④ 有可能存在物体打击的作业。

（2）劳动防护用品的品种、规格和式样，应当以符合工种安全要求为主，做到适用、美观、大方。

（3）禁止将劳动防护用品折合现金发给个人，发放的劳动防护用品不准转卖。

（4）劳动防护用品的发放应建立管理台账，详细记录劳动防护用品的领取和发放，确保劳动防护用品分发到每一名岗位工人。

（5）对不按规定发放劳动防护用品的给予通报处理，对由此而造成员工伤亡事故的，要追究有关领导和责任人的责任。

（6）劳动防护用品的管理：

① 新员工必须经过三级安全教育，考试合格，分配上岗后，按规定到仓库领取劳动防护用品；

② 从事“一工多技”人员必须经安全领导小组认可，按其主要工种发给劳动防护用品，如确实需要，经报生产技术部批准，按规定增发部分劳动防护用品；

③ 员工因缺勤（包括事假、病假、产假、工伤假等）或借外单位工作人员在3个月以上者，其劳动防护用品顺延使用期。

3. 特种作业人员管理制度

1）特种作业与特种作业人员

特种作业是指容易发生人员伤亡事故，对操作者本人、他人及周围设施的安全有重大危害的作业。特种作业工种包括电工作业、金属与切割作业、起重机械（含电梯）作业、企业内机动车辆驾驶、锅炉、压力容器和压力管道作业、压力管道运行操作作业、制冷作业、爆破作业、矿山通风作业（含瓦斯检验）、矿山排水作业（含尾矿坝作业）、经应急管理部会同国务院有关部门确定的其他作业。

特种作业人员是指从事国家规定的特种作业的人员。

2）特种作业人员具备的条件

（1）年龄满 18 周岁。

（2）身体健康、无妨碍从事相应工种作业的疾病和生理缺陷。

（3）初中以上文化程度，具备相应工程的安全技术知识，参加国家规定的安全技术理论和实际操作考核并成绩合格，取得相应的操作证书。

（4）符合相应工种作业特点需要的其他条件。

3）培训、考核、发证

（1）特种作业人员在独立上岗作业前，必须按照国家有关规定，进行与本工种相适应的、专门的安全技术理论学习和实际操作训练，并取得特种作业操作资格证书后，方可上岗作业。

（2）考核分为安全技术理论和实际操作技能两方面。

（3）特种作业操作证，每 2 年复审一次。

（4）离开特种作业岗位达 6 个月以上的特种作业人员，应当重新进行实际操作考核，经确认合格后方可上岗作业。

4. 职业健康安全管理制度

1）职业健康安全管理制度的定义

职业健康安全管理制度是为了预防、控制和消除职业病危害，预防职业病、保护劳动者健康及相关权益，根据《职业病防治法》制定并实施的制度。

2）职业病

职业病指劳动者在职业活动中，因接触粉尘、放射性物质和其他有毒、有害物质等因素而引起的疾病。项目建设的主要职业病有：生产性粉尘与尘肺、物理性职业危害因素及所致职业病、噪声及噪声聋、震动及震动病、异常气象条件及有关职业病等。

3）项目参建单位在职业病防治方面的职责

各级参建单位应当为劳动者创造符合国家职业卫生标准和卫生要求的工作环境和条件，并采取措施保障劳动者得到职业卫生保护。建立健全职业病防治责任制，加强对职业病防治的管理，提高职业病防治水平，对本单位产生的职业病危害承担责任。

4）职业病的防护与管理

（1）设置或指定职业卫生管理机构。

（2）配备专职或者兼职的职业卫生专业人员，负责本单位的职业病防治工作。

（3）将预防职业病和卫生方面所需的投资纳入资金使用计划。

（4）加强防尘措施，石方爆破施工尽量采用湿式凿岩放炮后喷雾降尘，运输过程湿式作业。

（5）根据工作场所中职业危害因素及其危害程度和《劳动防护用品配备标准》的规定，为作业人员免费提供符合国家规定的劳动防护用品。

（6）职工的健康检查每年进行一次，要按照国家卫生健康委规定的职业病范围和诊断标准，定期对职工进行职业病鉴定和复查，并建立职工健康档案。

（7）加强对女职工的特殊劳动保护和职业卫生管理，提供必要的卫生条件。

5）职业病人的保障

（1）职业病人依法享受国家规定的职业病待遇。

（2）应按国家规定安排职业病人进行治疗、康复和定期检查。

（3）对不适宜继续从事原工作的职业病人，应调离原岗位并妥善安置，已确诊为尘肺病者，两个月内应将其调离接尘岗位，另行安排工作。

（4）对从事接触职业病危害的职工，应当适当给予岗位津贴。

6）监督和检查

建设单位将根据相关规定，检查各参建单位的职业卫生制度执行情况，各监理单位对所辖标段负有监督职责，各施工单位应对本标段全体务工人员进行职业卫生培训和教育，并建立职业卫生工作档案。

2.3.3　设备设施安全管理制度

1.“三同时”制度

凡新建、改建、扩建的建设项目，从可行性研究至竣工验收、投入生产和使用，都必须严格按照建设项目安全生产设施与主体工程同时设计、同时施工、同时投入生产和使用的要求进行建设与管理。

（1）需要新建、改建、扩建的建设项目，由主要负责人提出项目建议书，并委托有资质研究院对建设项目的可行性进行研究。

（2）需要新建、改建、扩建的建设项目，主要负责人应委托有资质的设计单位对建设项目进行设计，设计单位应严格依据可行性研究和安全评价的要求进行安全设施设计，安全设施设计应报区安全生产监督管理部门审查，经审查合格后方可进行施工。

（3）新建、改建、扩建的建设项目施工前，主要负责人应报相关政府部门立项审批，取得施工许可证后方可施工，施工时主要负责人应聘请具有资质的施工单位施工，并聘请有资质的监理单位对施工过程进行监督，施工单位和监理单位不能是同一家单位。

（4）建设项目验收前，主要负责人应委托安全评价中介机构进行安全验收评价，并将安全验收评价交安全生产监督管理部门申请安全设施单项验收；经安全生产监督管理部门单项验收合格后，方能申请对建设项目总体竣工验收。

（5）建设项目必须通过安全设施单项验收合格和建设项目总体竣工验收合格后，方可投入使用。

2. 定期维护检修制度

（1）具体内容：按照标准和周期，对规定的设备部位进行定期检查，确保设备正常运行。

（2）检查范围：整个生产系统。

（3）检修内容。

① 各种紧固螺丝。

② 各设备的油质、油位。

③ 各种机电保护。

④ 各种设备磨损情况。

⑤ 各类管线、阀件。

⑥ 各种机电事故隐患。

（4）检查的方式和周期。

岗位维修人员进行日常检查，每日进行。专业维护人员进行定期检查，每10日一次。专业技术人员进行精密检查，每30日一次。

（5）检查记录要求。

按照检查周期建立检查记录，包括设备、部件运行状况，维护保养情况，故障及处理结果，缺陷和隐患情况等。

（6）专业维护人员的责任。

① 根据检查内容标准，对运行设备进行定期检查，掌握设备运行状况。

② 按设备维护、保养流程图及润滑图表，检查生产班组对设备维护、保养执行情况。

③ 做好检查记录，根据检查记录制定设备检修计划和配件需求计划。

④ 提交检查报告，总结设备检查情况，评价设备状态和维护保养水平，提出检修、维修、保养重点和检查重点。

⑤ 组织设备检修、备件配件会，总结、分析工作得失，安排下一步工作。

⑥ 设备检修应遵循“应修必修，修必修好，备要良备”，以预防检修为主，维护保养和计划检修并重的指导原则。

⑦ 各生产车间应建立完备的设备台账、设备检修台账。

⑧ 检修车间检修人员进行设备检修作业时，要求做到现场安全文明施工，做到工完、料净、场地清。

3. 特种设备管理制度

1）特种设备的管理

（1）施工单位应根据《安全生产法》《特种设备安全法》《特种设备安全监察条例》《建设工程安全生产管理条例》等法律法规的规定，规范机械设备的采购、租赁、安装、使用、拆卸等工作，防范施工过程中机械伤害等安全事故。

（2）施工单位应提前编制特种设备使用进场计划，建立进场设备管理台账，并按照要求对特种设备进行报检、备案等手续。

2）安装、拆除工作

（1）特种设备的安装，应编制安装方案，由有资质的单位负责进行，报经监理审查同意后实施。施工单位应与安装单位签订合同协议书，明确现场具体负责人员；自行安装的，应组建专业队伍，报经特种设备监督管理部门同意后实施，加强安全管理。

（2）特种设备拆除时，施工单位应编制拆除方案，明确现场负责人和拆除相关工作要求，报经监理工程师批准后方可实施。

（3）设备安装、拆除时，应填写“设备安装（拆除）登记表”，记录设备所有单位、使用工程地点、设备生产厂家、规格型号、出厂时间、设备状况、拆装过程中的异常及处理情况、拆装人员资格等相关信息。

（4）拆装过程中，机械工程师、工程技术人员应跟踪检查，专职安全员、监理应现场监督检查。

（5）特种设备重新安装的，应当在投入使用前或者投入使用后30日内，申请变更登记；移装地跨原登记部门行政区域的，使用单位还应当到原登记部门办理注销手续。

3）设备使用及维修保养管理

（1）施工单位应设置专门的设备管理部门或人员，负责本单位的设备使用及维修保养管理工作，及时对设备使用情况、操作人员、维修保养人员、设备运转状况及相关工作信息进行登记，督促相关人员按规定及时进行设备的检查、维修保养。

（2）特种设备使用前，必须取得检验合格报告，在醒目的位置设置设备操作规程、责任牌、安全警示标志，悬挂该设备的登记标志。

（3）施工单位应建立健全特种设备安全生产教育培训制度，对涉及大型施工机械操作岗位职工进行有针对性的安全教育培训；从事特种设备的操作人员，必须持证上岗。

（4）施工单位应建立健全特种设备安全技术交底制度并逐级交底至作业层，交底内容为特种设备安全操作规程、注意事项、应急处置等，并做好相关记录。

（5）设备使用前，应进行起重试吊等试运转检查验收，制定专门表格登记试吊及验收等情况，参与验收人员签字确认。

（6）使用过程中，机械工程师、工程技术人员应加强设备使用情况的检查；每次作业前、中、后，操作人员或维修保养人员应加强日常检查，做好检查记录；专职安全员应进行现场监督检查，监理工程师应加强巡视检查。

（7）特种设备在交接班时必须履行严格的交接班签认，对设备存在的问题做好记录，及时安排故障处理，确保正常使用。

4）设备档案管理

（1）特种设备使用单位应按“一机、一档、一盒”建立特种设备安全技术档案，建立设备资料管理台账。特种设备安全技术档案应当包括：特种设备的设计文件、制造单位、产品质量合格证书、使用维护说明等文件及安装技术文件和资料；定期检验和定期自行检查记录；日常使用状况记录；特种设备及其安全附件、安全保护装置、测量调控装置及有关附属仪器仪表的日常维护保养记录；运行故障和事故记录等。

（2）设备档案应由施工单位设备管理部门归口管理，专人负责，动态更新。

2.3.4 环境安全管理制度

1. 安全标志管理制度

1）安全色与安全标志

安全色：表达安全信息含义的颜色，表示禁止、警告、指令、提示等。目的是使人们能够发现或分辨安全标志和提醒人们注意，以防发生事故。根据《安全色》（GB 2893—2008）规定，安全色有红、黄、蓝、绿四种，分别表示禁止、警告、指令和提示。黑、白两种颜色一般作为安全色的对比色，用于上述各种安全色的背景色，如安全标志牌的底色一般采用白色或黑色。

安全标志：由安全色、几何图形和图形符号构成，用以表达特定的安全信息，对提醒人们注意不安全的因素，防止事故的发生起到保障安全的作用。根据《安全标志及其使用导则》（GB 2894—2008），安全标志分为禁止标志、警告标志、指令标志、提示标志四大类。禁止标志是禁止人们不安全行为的图形标志，基本形式是带斜杠的圆边框；警告标志是提醒人们对周围环境引起注意，以避免可能发生危险的图形标志，基本形式为正三角形边；指令标志是强制人们必须做出某种动作或采用防范措施的图形标志，基本形式为圆形边框；提示标志是向人们提供某种信息（如标明安全设施或场所等）的图形标志，基本形式为正方形边框。

2）安全标志的设置与悬挂

《建筑施工安全检查标准》（JGJ 59—2011）对施工现场安全标志设置提出了以下要求：为引起人们对不安全因素的注意，预防发生事故，建筑施工企业在施工组织设计、施工组织安全方案或其他相关的规划、方案中，必须绘制安全标志平面图。项目部必须按批准的安全标志平面图，设置安全标志，坚决杜绝不按规定规范设置或不设置安全标志的行为。施工现场入口处、施工起重机械、临时用电设施、脚手架、安全通道、楼梯口、电梯井口、孔洞口、桥梁口、隧道口、基坑边沿、爆破物及有害危险气体和液体存放处等属于危险部位，应当设置明显的安全标志，并根据危险部位的性质不同，设置不同的安全标志。安全标志设置后应当进行统计记录，并填写施工现场安全标志登记表。图 2.3.1 为安全标志示例。

图 2.3.1　安全标志示例

2. 作业环境管理制度

（1）施工区、办公区、生活区应有明确划分，并应划分卫生责任区域，落实相应负责人，设置标志牌，标志牌上应注明卫生责任人、管理范围和职责等。

（2）施工现场每天要安排人员进行打扫，保持现场整洁卫生，材料堆放整齐有序，场地干净平整，通道畅通，道路无积水无余泥，特别应注意清理砂浆和混凝土等运输、搅拌、浇筑处的地面。

（3）施工现场的道路和场地每天应定时适量洒水降尘，发现土块、杂物等必须立即清理，土方、建筑垃圾等外运时必须有专人在运输线路上进行检查，发现运输车辆有遗撒情况必须及时清理。

（4）木工操作面要及时清理木屑、锯末，保持作业面清洁；钢筋棚内，加工成形的钢筋要码放整齐，钢筋头放在指定地点，钢筋屑当天清理。

（5）施工过程中要做到完工场清，施工区域内的零散材料和垃圾随着区域施工的进展及时清理、集中堆放、及时外运，并且必须采用相应的容器或管道运输，严禁高空抛掷，能回收利用的材料应回收，垃圾临时存放不得超过 3 天，垃圾存量较大时应每天清理外运，不得在现场焚烧垃圾。

（6）施工现场和办公区均应根据人员数量设置一定数量的厕所，男女厕所必须分设，宜采用水冲式厕所，应有符合抗渗要求的带盖化粪池，厕所污水应经化粪池接入市政污水管网，应设专人负责定期保洁，严禁随地大小便。

（7）食堂应有食品管理制度，有卫生许可证，内外整洁，炊具干净卫生，无腐烂变质的食品，生、熟食品分开操作和保管，有防蝇间和防蝇罩，禁止使用非食用塑料制品作熟食容器，厨师及食堂工作人员必须有健康证明。

（8）办公区和生活区应经常通风，保持空气流通，并定期进行消毒；定期组织员工进行体检，发现患病特别是患传染病的人员，应及时送其就医。

课后习题

一、单选题

1. 安全生产管理的核心内容是（　　）。

A. 制定安全技术方案　　B. 建立和维持安全控制系统

C. 增加安全投入　　D. 加强内部沟通

2. 生产经营单位必须为从业人员提供符合国家标准或者行业标准的（　　），并监督、教育从业人员按照使用规则佩戴、使用。

A. 劳动工具　　B. 劳动防护用品　　C. 劳动保护　　D. 劳动设备

3. 三级安全教育是指哪三级？（　　）

A. 企业法定代表人、项目负责人、班组长

B. 公司、项目、班组

C. 总包单位、分包单位、工程项目

D. 分包单位、工程项目、班组

4. 根据《安全色》规定，安全色分为红、黄、蓝、绿四种颜色，分别表示（　　）。

A. 禁止、指令、警告和提示　　B. 指令、禁止、警告和提示

C. 禁止、警告、指令和提示　　D. 提示、禁止、警告和指令

二、判断题

1. 施工单位可以在尚未竣工的建筑物内设置员工集体宿舍。（　　）

2. 实行施工总承包的建设工程发生伤亡事故，由总承包单位和分包单位分别上报事故。（　　）

项目 3　安全文明施工

任务 3.1　施工现场场容管理

教学目标

（1）掌握文明施工的主要内容；
（2）熟悉施工现场场容管理的内容和要求；
（3）熟悉施工现场临时设施和料具管理的有关要求。

任务描述

2020 年 11 月 26 日，被告人王某朋（架子工组长）组织工人将 3 号商务办公楼卸料平台从 9 层升至 10 层。卸料平台安装完成后，被告人马某（安全监理）、王某（总承包单位安全员）先后对卸料平台进行验收，但马某（安全监理）认为平台安装有问题，未在验收表上签字，该未完成验收卸料平台未按照要求设置禁用标志。2020 年 11 月 27 日，劳务分包单位开会通知次日塔吊顶升作业，卸料平台暂停使用，被告人向某武（木工组长）参加会议。次日 12 时许，向某武（木工组长）在明知卸料平台不能使用的情况下，未向工人告知该情况，指挥工人在 3 号商务办公楼 10 层进行脚手管拆卸作业，木工将拆下的脚手管码放在卸料平台上。13 时许，卸料平台与墙体连接的吊环螺杆突然断裂，平台侧翻，在该平台上码放脚手管的工人杨某、陈某、孙某从高处坠落，当场死亡。经鉴定，三人均符合高坠致重度颅脑损伤导致失血性休克死亡。

请指出该项目管理中的不妥之处，并加以整改。

任务实施

3.1.1　文明施工

文明施工是指在工程建设实施阶段，有序、规范、标准、整洁、科学的建设施工生产活动。

实现文明施工主要包括以下几个方面的工作：规范施工现场的场容，保持作业环境的整洁卫生；科学组织施工，使生产有序进行；减少施工对周围居民和环境的影响；保证职工的安全和身体健康；做好现场材料、机械、安全、技术、保卫、消防和生活卫生等方面的管理工作。

1. 文明施工的意义

文明施工的意义主要体现在以下几个方面：

（1）文明施工能促进施工企业综合管理水平的提高。保持良好的作业环境和秩序，对促进安全生产、加快施工进度、保证工程质量、降低工程成本、提高经济和社会效益有较大作用。文明施工涉及人、财、物各个方面，贯穿于施工全过程之中，一个工地的文明施工水平是该工地乃至所在施工企业在工程项目施工现场的综合管理水平的体现。

（2）文明施工是适应现代化施工的客观要求。现代化施工需要采用先进的技术、工艺、材料、设备和科学的施工方案，需要严密组织、严格要求、标准化管理和高素质的施工队伍。文明施工能适应现代化施工的要求，是实现优质、高效、低耗、安全、清洁、卫生的有效手段。

（3）文明施工有利于员工的身心健康，有利于培养和提高施工队伍的整体素质。文明施工可提高施工队伍的文化、技术和思想素质，培养尊重科学、遵守纪律、团结协作的大生产意识，促进施工企业精神文明建设，从而可以促进施工队伍整体素质的提高。

（4）文明施工代表施工企业的形象。良好的施工环境与施工秩序，可以得到社会的支持和信赖，提高施工企业的知名度和市场竞争力。

2. 文明施工专项方案

工程开工前，施工单位须将文明施工纳入施工组织设计，编制文明施工专项方案，制定相应的文明施工措施，并确保文明施工措施费的投入。

文明施工专项方案应由工程项目技术负责人组织人员编制，送施工单位技术部门的专业技术人员审核，报施工单位技术负责人审批，经项目总监理工程师（建设单位项目负责人）审查同意后执行。文明施工专项方案一般包括以下内容：

（1）施工现场平面布置图：包括临时设施、现场交通、现场作业区、施工设备机具、安全通道、消防设施及通道的布置、成品、半成品、原材料的堆放等。

（2）施工现场围挡的设计。

（3）临时建筑物、构筑物、道路场地硬地化等单体的设计。

（4）现场污水排放、现场给水（含消防用水）系统设计。

（5）粉尘、噪声控制措施。

（6）现场卫生及安全保卫措施。

（7）施工区域内及周边地上建筑物、构筑物及地下管网的保护措施。

（8）制定并实施防高处坠落、物体打击、机械伤害、坍塌、触电、中毒、防台风、防雷、防汛、防火灾等应急救援预案（包括应急网络）。

3. 文明施工的组织和制度管理

1）组织管理

文明施工是施工企业、建设单位、监理单位、材料供应单位等参建各方的共同目标和共同责任，施工企业是文明施工的主体，也是主要责任者。

施工现场应成立以项目经理为第一责任人的文明施工管理组织。分包单位应服从总承包单位的文明施工管理组织的统一管理，并接受监督检查。

2）制度管理

各项施工现场管理制度应有文明施工的规定，包括个人岗位责任制、经济责任制、安全检查制度、持证上岗制度、奖惩制度、竞赛制度和各项专业管理制度等。

加强和落实现场文明检查、考核及奖惩管理，以促进施工文明管理工作的提高。检查范围和内容应全面周到，包括生产区、生活区、场容场貌、环境文明及制度落实等内容。检查发现的问题应采取整改措施。

4. 文明施工的基本要求

（1）施工现场主出入口必须醒目，并在明显的位置设“五牌一图”（工程概况牌、消防保卫牌、安全生产牌、文明施工牌、管理人员名单及监督电话牌、施工现场（总）平面图，见图3.1.1）。工程概况牌要标明工程规模、性质、用途、发包人、设计人、承包人、监理单位名称和开竣工日期、施工许可证批准文号等。

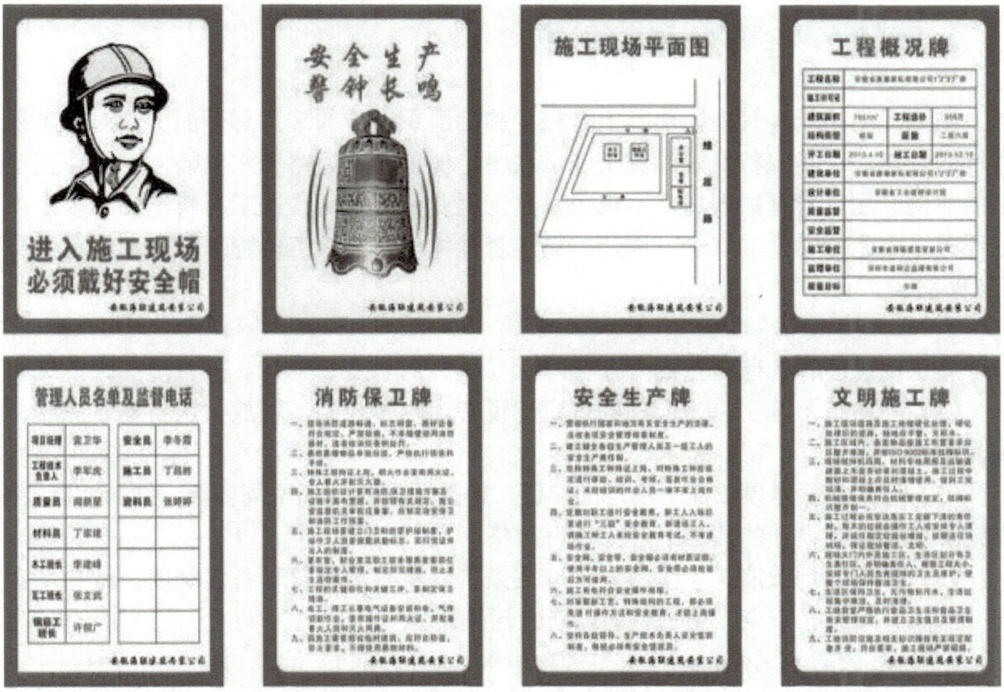

图3.1.1　施工现场“五牌一图”

（2）工地内要设立“两栏一报”（宣传栏、读报栏、黑板报），针对施工现场情况，并适当更换内容，确实起到鼓舞士气、表扬先进的作用。

（3）建立文明施工责任制，划分区域，明确管理负责人，实行挂牌制，施工现场的管理人员在施工现场应当佩戴证明其身份的证卡。

（4）应当做好施工现场安全保卫工作，采取必要的防盗措施，在现场周边设立围护设施。

（5）施工现场场地平整，道路坚实畅通，有排水措施，在适当位置设置花草等绿化植物，美化环境；基础、地下管道施工完后要及时回填平整、清除积土。

（6）施工区域与宿舍区域严格分隔，并有门卫值班；场容场貌整齐、有序，材料区域堆放整齐，在施工区域和危险区域设置醒目安全警示标志。

（7）施工现场的临时设施，包括生产、生活、办公用房、仓库、料具场、管道及照明、动力线路，要严格按照施工组织设计确定的施工平面图布置、搭设或埋设整齐，并符合卫生、通风、照明等要求。职工的膳食、饮水供应等应符合卫生要求。

（8）施工现场的各种安全设施和劳动保护器具，必须定期进行检查和维护，及时消除隐患，保证其安全有效。有严格的成品保护措施，严禁损坏污染成品。

（9）应严格依照《消防法》的规定，在施工现场建立和执行防火管理制度，设置符合消防要求的消防设施，并保持完好的备用状态。在容易发生火灾的地区施工，或者储存、使用易燃易爆器材时，应采取特殊的消防安全措施。

（10）严格遵守各地政府及有关部门制定的与施工现场场容场貌有关的法规。

3.1.2 施工现场场容管理

1. 施工现场场容管理的意义和内容

1）场容管理的意义

施工现场的场容管理，实际上是根据施工组织设计的施工总平面图，对施工现场进行的管理，它是保持良好的施工现场秩序，保证交通道路和水电畅通，实现文明施工的前提。场容管理的好坏，不仅关系到工程质量的优劣，人工材料消耗的多少，而且还关系到生命财产的安全。因此，场容管理体现了建筑工地管理水平和施工人员的精神状态。

2）场容管理的内容

施工现场场容管理的主要内容有：

（1）严格按照施工总平面图的规定建设各项临时设施，堆放大宗材料、成品、半成品及生产设备。

（2）审批各参建单位需用场地的申请，根据不同时间和不同需要，结合实际情况，在施工总平面图设计的基础上进行合理调整。

（3）贯彻当地政府关于场容管理有关条例，实行场容管理责任制度，做到场容整齐、清洁、卫生、安全，交通畅通，防止污染。

3）常见的场容问题

一般在开工之初，工地的场容管理较好，随着工程铺开，由于控制不严，未按施工程序办事，场容逐渐乱起来，常见的场容问题有：

（1）随意弃土与取土，形成坑洞和堵塞道路。

（2）临时设施搭设杂乱无章。

（3）全场排水无统一规划，洗刷机械和混凝土养护排出的污水遍地流满，道路积水，泥浆飞溅。

（4）材料进场，不按规定场地堆放，某些材料、构件过早进场，造成场地拥堵，特别是预制构件不分层和不分类堆放，随地乱摆，大量损坏。

（5）施工余料残料清理不及时，日积月累，废物成堆。

（6）拆下的模板、支撑等周转材料任意堆放，甚至用来垫路铺沟，被埋入土中。

（7）管沟长期不回填，到处深沟壁垒，影响交通，危及安全。

（8）管道损坏，阀门不严，水流不断。

（9）乱接电源，乱拉电线。

2. 施工现场场容管理的原则和方法

1）实行场容管理责任制度

按专业、分工种实行场容管理责任制度，将场容管理的目标进行分解，落实到有关专业和工种，是实行场容管理责任制度的基本任务。例如：土方施工必须按指定地点堆土，谁挖土、谁负责；现场混凝土搅拌站、水泥库、砂石堆场的场容，由混凝土搅拌站人员管理；搅拌站前的道路清理、污水排放，由使用混凝土的单位负责；砌筑、抹灰用的砂浆搅拌机，水泥、砖、砂堆场和落地灰、余料的清理，由瓦工、抹灰工负责；模板、支撑及配件，钢木门窗的清理码放，由木工负责；钢筋及其半成品、余料的堆放，由钢筋工负责；脚手杆、跳板、扣件等的清理堆放，由架子工负责；水暖管材及配件的清理、归堆、码放，由管道工负责。

为了明确场容管理的责任，可以通过施工任务或承包合同落实到责任者。

2）进行动态管理

施工现场的情况是随着工程进展不断变化的，为了适应这种变化，不可避免地要经常对现场平面布置进行调整，但必须在施工总平面图的控制下，严格按照场容管理的各项规定，进行动态管理。

3）勤于检查，及时整改

场容管理检查工作要从工程施工开始直至竣工交验为止，检查结果要和各工种施工任务书的结算结合起来。凡是责任区内场容不符合规定的，不予结算，责令限期整改。

3. 施工现场场容要求

1）现场围挡

（1）市区主要路段和市容景观道路及机场、码头、车站广场的工地，应设置高度不小于 2.5 m 的封闭围挡；一般路段的工地，应设置高度不小于 1.8 m 的封闭围挡（见图 3.1.2）。

图 3.1.2 施工现场围挡

（2）围挡须沿施工现场周边连续设置，不得留有缺口，做到坚固、平直、整洁、美观。

（3）围挡应采用砌体、金属板材等硬质材料，禁止使用彩条布、竹笆、石棉瓦、安全网等易变形材料。

（4）围挡应根据施工场地地质、周围环境、气象、材料等进行设计，确保围挡的稳定性、安全性。围挡禁止用于挡土、承重，禁止倚靠围挡堆放物料、器具等。

（5）砌筑围墙厚度不得小于 180 mm，应砌筑基础大放脚和墙柱；基础大放脚埋地深度不小于 500 mm（在混凝土或沥青路上有坚实基础的除外），墙柱间距不大于 4 m，墙顶应做压顶。墙面应采用砂浆批量抹平、涂料刷白。

（6）板材围挡底里侧应砌筑高 300 mm、不小于 180 mm 厚砖墙护脚。外立压型钢板或镀锌钢板通过钢立柱与地面可靠固定，并刷上与周围环境协调的油漆和图案。围挡应横不留隙、竖不留缝，底部用直角扣牢。

（7）雨后、大风后及春融季节应当检查围挡的稳定性，发现问题及时处理。

2）封闭管理

（1）施工现场应有一个以上的固定出入口，出入口应设置大门，大门高度一般不得低于 2 m（见图 3.1.3）。

（2）大门处应设门卫室，实行人员出入登记、门卫人员值守管理制度及交接班制度，并应配备门卫职守人员，禁止无关人员进入施工现场。

（3）施工现场人员均应佩戴证明其身份的证卡，管理人员和施工作业人员应戴（穿）分颜色区别的安全帽（工作服）。

（4）施工现场出入口应标有企业名称或标志，并应设置车辆冲洗设施。

图 3.1.3　施工现场工地大门

3）施工场地

（1）施工现场的场地应当整平，清除障碍物，无坑洞和凹凸不平，雨季不积水，暖季应适当绿化（见图 3.1.4）。

（2）施工现场应有防止扬尘的措施。经常洒水，对粉尘源进行覆盖遮挡。

（3）施工现场应设置排水设施，且排水通畅，无积水。设置排水沟及沉淀池，不应有跑、冒、滴、漏等现象，现场废水不得直接排入市政污水管网和河流（见图 3.1.5）。

（4）施工现场应有防止泥浆、污水、废水污染环境的措施。

（5）施工现场应设置专门的吸烟处，严禁随意吸烟。

（6）现场存放的油料、化学溶剂等应设有专门的库房，地面应进行防渗漏处理。禁止将有毒、有害废弃物作土方回填。

（7）施工现场应设置密闭式垃圾站，建筑垃圾、生活垃圾应分类存放，并及时清运出场；建筑物内外的零散碎料和垃圾渣土应及时清理。清运必须采用相应容器或管道运输，严禁凌空抛撒，现场严禁焚烧各类垃圾及有毒有害物质。

（8）楼梯踏步、休息平台、阳台等处不得堆放料具和杂物。

图 3.1.4　施工场地绿化

图 3.1.5　施工场地排水设施

4）道路

（1）施工现场的主要道路及材料加工区地面应进行硬化处理。硬化材料可以采用混凝土、预制块或用石屑、焦渣、砂头等压实整平，保证不沉陷、不扬尘，防止泥土带入市政道路。

（2）施工现场道路应畅通，应有循环干道，满足运输、消防要求。

（3）路面应平整坚实，中间起拱，两侧设排水设施，主干道宽度不宜小于 3.5 m，载重汽车转弯半径不宜小于 15 m，如因条件限制，应当采取措施。

（4）道路布置要与现场的材料、构件、仓库等料场、吊车位置相协调，应尽可能利用永久性道路，或先建好永久性道路的路基，在土建工程结束之前再铺路面（见图 3.1.6）。

图 3.1.6　施工地面硬化

5）安全警示标志

安全警示标志指提醒人们注意的各种标牌、文字、符号及灯光等。一般来说，安全警示标志包括安全色和安全标志。安全色分为红、黄、蓝、绿 4 种颜色，分别表示禁止、警告、指令和提示。安全标志分禁止标志（共 40 种）、警告标志（共 39 种）、指令标志（共 16 种）和提示标志（共 8 种），如图 3.1.7 所示。安全警示标志的图形、尺寸、颜色、文字说明和制作材料等，均应符合国家标准规定。

根据国家有关规定，施工现场入口处、施工起重机械、临时用电设施、脚手架、出入通道口、楼梯口、电梯井口、孔洞口、桥梁口、隧道口、基坑边沿、爆破物及有害危险气体和液体存放处等属于危险部位，应当设置明显的安全警示标志。

(a) 禁止标志（红色）

(b) 警告标志（黄色）

(c) 指令标志（蓝色）

(d) 提示标志（绿色）

图 3.1.7 《安全标志及其使用导则》（GB 2894—2008）中的示例标志

3.1.3 临时设施管理

临时设施指施工期间临时搭建、租赁的各种设施。临时设施的种类主要有办公设施、生活设施、生产设施、辅助设施，包括道路、现场排水设施、围墙、大门、供水处、吸烟处等。

1. 临时设施的选址

施工现场按照功能可划分为施工作业区、辅助作业区、材料堆放区和办公生活区。办公生活区内临时设施的选址首先应考虑与作业区相隔离，并保持一定的安全距离。其次，位置的周边环境必须具有安全性。例如，不得设置在高压线下，也不得设置在沟边、崖边、河流边、强风口处、高墙下及滑坡、泥石流等灾害地质带上和山洪可能冲击到的区域。

保持安全距离指办公生活区内的临时设施应设置在施工坠落半径和高压线防电距离之外。若建筑物高度为 2～5 m，其坠落半径为 2 m；若高度为 30 m，其坠落半径为 5 m。如因条件限制，办公生活区内临时设施设置在坠落半径区域内，则必须有防护措施。1 kV 以下裸露输电线的安全距离为 4 m，330～550 kV 的安全距离为 15 m。临时设施选址的基本要求是：

（1）当临时设施布置在工地现场以外时，按照生产需要选择适当的位置，行政管理的办公室等应靠近工地或工地现场出入口。

（2）当临时设施布置在工地现场以内时，一般布置在现场的四周或集中于一侧。

（3）临时设施如混凝土搅拌站、钢筋加工厂、木材加工厂等，应全面分析比较后再确定位置。

2. 临时设施搭设的一般要求

（1）施工现场的办公区、生活区和施工区须分开设置，并采取有效的隔离防护措施，保持安全距离，办公区、生活区的选址应符合安全性要求。尚未竣工的建筑物内禁止用于办公或设置员工宿舍。

（2）施工现场临时用房应进行必要的结构计算，符合安全使用要求，所用材料应满足卫生、环保和消防要求。宜采用轻钢结构拼装活动板房，或使用砌体材料砌筑，搭建层数不得超过两层。严禁使用竹棚、油毡、石棉瓦等柔性材料搭建。装配式活动房屋应具有产品合格证，应符合国家和本省的相关规定要求。

（3）临时用房应具备良好的防潮、防台风、通风、采光、保温、隔热等功能。墙壁应批量抹平刷白，顶棚或吊顶应抹灰刷白；办公室、宿舍、食堂等窗地面积比不应小于 1:8；厕所、淋浴间窗地面积比不应小于 1:10。

（4）临时设施内应按《施工现场临时用电安全技术规范》（JGJ 46—2005）要求架设用电线路，配线必须采用绝缘导线或电缆，应根据配线类型采用瓷瓶、瓷（塑料）夹、嵌绝缘槽、穿管或钢索敷设，过墙处应穿管保护，非埋地明敷干线距地面高度不得小于 2.5 m，低于 2.5 m 的必须采取穿管保护措施。室内配线必须有漏电保护、短路保护和过载保护，用电应做到“三级配电两级保护”，未使用安全电压的灯具距地高度应不低于 2.4 m。

（5）生活区和施工区应设置饮水桶（或饮水器），供应符合卫生要求的饮用水，饮水器具应定期消毒。饮水桶（或饮水器）应加盖、上锁、有标志，并由专人负责管理。

3. 临时设施的搭设和使用管理

1）办公室

办公室应建立卫生值日制度，保持卫生整洁、明亮美观，文件、图纸、用品、图表摆放整齐。办公用房的防火等级应符合规范要求。

2）职工宿舍

（1）宿舍应当通风、干燥，防止雨水、污水流入；应设置可开启式窗户，并设置外开门（见图 3.1.8）。

（2）宿舍内应保证有必要的生活空间，室内净高不得小于 2.5 m，通道宽度不得小于 0.9 m，每间宿舍居住人员不应超过 16 人，人均面积不应小于 2.5 m^2；宿舍内的单人铺不得超过 2 层，严禁使用通铺，床铺应高于地面 0.3 m，人均床铺面积不得小于 1.9 m×0.9 m，床铺间距不得小于 0.3 m。

（3）宿舍内应设置生活用品专柜，有条件的宿舍宜设置生活用品储藏室；室内严禁存放施工材料、施工机具和其他杂物。

（4）宿舍在炎热季节应有防暑降温和防蚊虫叮咬措施，设有盖垃圾桶，不乱泼乱倒，保持卫生清洁。寒冷地区冬季宿舍应有保暖措施、防煤气中毒措施，火炉应统一设置和管理。

（5）宿舍周围应当搞好环境卫生，应设置垃圾桶、鞋柜或鞋架，生活区内应为作业人员提供晾晒衣物的场地；房屋外应道路平整，排水沟涵畅通，晚间有充足的照明。

（6）应制定宿舍管理使用责任制，轮流负责卫生和使用管理或安排专人管理。严禁私拉乱接电线，严禁使用电炉、电饭锅、热得快等大功率设备和使用明火。防火等级应符合规范要求。

3）食堂

（1）食堂（见图 3.1.9）应选择在通风、干燥的位置，防止雨水、污水流入。应当保持环境卫生，远离厕所、垃圾站、有毒有害场所等污染源，装修材料必须符合环保、消防要求。

图 3.1.8　施工现场职工宿舍

图 3.1.9　施工现场食堂

（2）食堂应设置独立的制作间、储藏间。配备必要的排风设施和冷藏设施，室内不得有蚊蝇，要安装纱门纱窗。门下方应设不低于 0.2 m 的防鼠挡板。

（3）食堂制作间灶台及其周边应贴瓷砖，瓷砖的高度不宜小于 1.5 m；地面应做硬化和防滑处理，按规定设置污水排放设施。

（4）制作间的刀、盆、案板等炊具必须生熟分开，食品必须有遮盖，遮盖物品应有正反面标志，炊具宜存放在封闭的橱柜内。应有存放各种作料和副食的密闭器皿，并应有标志，粮食存放台距墙和地面应大于 0.2 m。

（5）食堂的燃气罐应单独设置存放间，存放间应通风良好并严禁存放其他物品。

（6）食堂外应设置密闭式垃圾桶，并应及时清运，保持清洁。

（7）应制定并在食堂张挂食堂卫生责任制，责任落实到人，加强管理。

4）厕所

（1）施工现场应保持卫生，不准随地大小便；应设置水冲式或移动式厕所，厕所地面应硬化，门窗齐全；坑间宜设置板，板高度不宜低于 0.9 m。

（2）厕所大小应根据施工现场作业人员的数量设置。高层建筑施工超过 8 层以后，每隔 4 层宜设置临时厕所。

（3）厕所应设置三级化粪池，化粪池必须进行防渗处理，污水通过化粪池后方可接入市政污水管网。卫生应有专人负责清扫、消毒，化粪池应及时清理。

（4）厕所应设置洗手盆，厕所的进出口处应设有明显标志。

5）淋浴间

（1）施工现场应设置男女淋浴间与更衣间，淋浴间地面应作防滑处理，淋浴喷头数量应按不少于住宿人员数量的 5%设置，排水、通风良好，寒冷季节应供应热水。更衣间应与淋浴间隔离，设置挂衣架、储物柜等。

（2）淋浴间照明器具应采用防水灯头、防水开关，并设置漏电保护装置。

（3）淋浴间应专人管理，经常清理，保持清洁。

3.1.4 料具管理

施工现场的料具管理，属于生产领域物资使用过程的管理，是施工企业物资管理的基本环节。同时，也是安全生产、文明施工的重要内容。

1. 料具管理的概念及分类

料具是材料和工具的总称。材料是劳动对象，指人们为了获得某些物质财富在生产过程中以劳动作用其上的一些物品。材料按在施工中的作用，可分为主要材料、辅助材料、周转材料等。工具是劳动资料，也称劳动手段，指人们用以改变或影响劳动对象的一切物质资料。料具管理指为了满足施工所需而对各种料具进行计划、供应、保管、使用、监督和调节等的总称。它包括流通（供应）和消费两个过程。

1）现场材料管理

施工现场是建筑材料（包括形成工程实体的主要材料、构配件及有助于工程形成的其他材料）的消耗场所，现场材料管理在施工生产不同阶段有不同的管理内容。

（1）施工准备阶段现场材料管理工作的主要内容有：了解工程概况、调查现场条件、计算材料用量、编制材料计划、确定供料时间和存放位置。

① 根据施工预算，提出材料需用量计划及构配件加工计划，做到品种、规格、数量准确。

② 根据施工组织设计确定的施工平面图，布置堆料场地、搭设仓库。堆料场地要平整、不积水，构件存放地点要夯实。仓库要符合防雨、防潮、防盗、防火要求。木料场必须有足够的防火设施。料场和仓库附近道路畅通，有可以拐弯的余地，便于进

料和出料，雨季有排水措施。

③ 根据施工组织设计确定的施工进度，考虑材料供应的间隔期，安排各种材料的进场次序和时间，组织材料分批分期进场，做到既能尽量少占用堆料场地和仓库，又能在确保生产正常进行的情况下，留有适当的储备。

（2）施工阶段现场材料管理工作的主要内容有：进场材料验收、现场材料保管和使用。材料管理人员应全面检查、验收入场材料，应特别注意规格、质量、数量等方面，还要妥善保管，减少损耗，严格按施工平面图计划的位置存放。

（3）施工收尾阶段现场材料管理工作的主要内容有：保证施工材料的顺利转移，对施工中产生的建筑垃圾及时过筛、挑拣复用，随时处理不能利用的建筑垃圾。

2）工具管理

（1）工具的分类。

按工具的价值和使用期限分为固定资产工具、低值易耗工具、消耗性工具；按工具的使用范围分为专用工具、通用工具；按工具的使用方式分为个人使用工具、班组共用工具。

（2）工具管理方法。

大型工具和机械一般采用租赁办法，就是将大型工具集中在一个部门经营管理，对基层施工单位实行内部租赁，并独立核算。基层施工单位在使用前要提出计划，主管部门审核后，双方签订租赁合同，明确双方权利、义务和经济责任，规定奖罚界限。这样就可以适应大型工具专业性强、安全要求高的特点，使大型工具能够得到专业、经常的养护，确保安全生产。

小型工具和机械则可采取“定包”办法。小型工具指不同工种班组配备使用的低值易耗工具和消耗工具。这部分工具对班组实行定包，特别是一些劳保用品，要发放到每个工人，并监督工人正确使用，让工人养成一个良好的习惯。

周转材料、模板、脚手架的管理，则可以按照现场材料的管理办法进行管理。

2. 料具管理的一般要求

（1）施工现场外临时存放施工材料，必须经有关部门批准，并应按规定办理临时占地手续。

（2）施工现场内的施工材料必须严格按照平面图确定的场地码放，并设立标志牌。材料码放整齐，不得妨碍交通和影响市容，堆放散料时应进行围挡。

（3）施工现场各种料具应分规格码放整齐、固定。预制圆孔板、大楼板、外墙板等大型构件和大模板存放时，场地应平整夯实，有排水措施，并设置围挡进行防护。

（4）施工现场的材料保管，应依据材料功能采取必要的防雨、防潮、防晒、防冻、防火、防爆、防损坏、防锈蚀等措施。贵重物品、易燃、易爆和有毒物品应及时入库，专库专管，加设明显标志，并建立严格的领退料手续。

（5）施工中使用的易燃易爆材料，严禁在结构内部存放，并严格以当日的需求量发放。

（6）施工现场应有用料计划，按计划进料，使材料不积压，减少退料。同时做到钢材、木材等料具合理使用，长料不短用，优材不劣用。

（7）材料进、出现场应有查验制度和必要手续。

（8）施工现场剩余料具（包括容器）应及时回收，堆放整齐并及时清退。水泥库内外散落灰必须及时清用，水泥袋认真打包、回收。

（9）保证施工现场清洁卫生。搅拌机四周、拌料处及施工现场内无废弃砂浆和混凝土；运输道路和操作面落地料及时清用；砂浆、混凝土倒运时，应用容器或铺垫板；浇筑混凝土时，应采取防撒落措施；砖、砂、石和其他散料应随用随清，不留料底；工人操作应做到活完料净脚下清。

（10）施工现场应设垃圾站，及时集中分拣、回收、利用、清运。垃圾清运出现场必须到批准的场地倾倒，严禁乱倒乱卸。

3. 施工现场料具存放要求

1）大堆材料的存放要求

（1）机砖码放应成丁（每丁为200块）成行，高度不超过1.5 m；加气混凝土块、空心砖等轻质砌块应成垛、成行，堆码高度不超过1.8 m（见图3.1.10）；耐火砖不得淋雨受潮；各种水泥方砖及平面瓦不得平放。

（2）砂、石、灰、陶粒等存放成堆，场地平整，不得混杂；色石渣要下垫上盖，分档存放。

2）水泥的存放要求

（1）库内存放：水泥库要具备有效的防雨、防水、防潮措施；分品种、型号堆码整齐，离墙不小于10 cm，严禁靠墙；垛底架空垫高，保持通风防潮，垛高不超过10袋（见图3.1.11）；抄底使用，先进先出，库门上锁，专人管理。

（2）露天存放：临时露天存放必须具备可靠的盖、垫措施，下垫高度不低于30 cm，做到防水、防雨、防潮、防风。

（3）散灰存放：应存放在固定容器（散灰罐）内，没有固定容器时应设封闭的专库存放，并具备可靠的防雨、防水、防潮等措施。

（4）袋装粉煤灰、白灰粉应存放在料棚内，或码放整齐后搭盖以防雨淋。

图3.1.10　加气混凝土块的存放

图3.1.11　袋装水泥的存放

3）钢材及金属材料的存放要求

（1）钢材及金属材料须按规格、品种、型号、长度分别挂牌堆放（见图3.1.12），底垫不小于20 cm，做到防雨、防潮。

（2）有色金属、薄钢板、小口径薄壁管应存放在仓库或料棚内，不得露天存放。

（3）堆放要整齐，做到一头齐、一条线。盘条要靠码整齐，成品、半成品及剩余料应分类码放，不得混堆。

4）油漆涂料及化工材料的存放要求

（1）油漆涂料及化工材料按品种、规格，存放在干燥、通风、阴凉的仓库内（见图 3.1.13），严格与火源、电源隔离，温度应保持在 5～30 ℃。

（2）保持包装完整及密封，码放位置要平稳牢固，防止倾斜与碰撞；应先进先发，严格控制保存期；油漆应每月倒置一次，以防沉淀。

（3）应有严格的防火、防水措施，对于剧毒品、危险品（电石、氧气等）须设专库存放，并有明显标志。

图 3.1.12　钢筋的存放

图 3.1.13　油漆涂料的存放

5）周转料具的存放要求

（1）周转料具应随拆、随整、随保养，码放整齐；各种扣件、配件集中堆放，并设围挡。

（2）钢支撑、钢跳板分层颠倒码放成方，高度不超过 1.8 m。

（3）组合钢模板应扣放（或顶层扣放）；大模板应对面立放，倾斜角不小于 70°，大模板需要搭插放架时，插放架的两个侧面必须做剪刀撑；清扫模板或刷隔离剂时，必须将模板支撑牢固，两模板之间有不小于 60 cm 的走道。

课后习题

一、选择题

1. 施工现场文明施工“五牌一图”中，“五牌”是指（　　）。

A. 工程概况牌、管理人员名单及监督电话牌、消防保卫牌、安全生产牌、文明施工牌

B. 工程概况牌、管理人员名单及监督电话牌、现场平面布置牌、安全生产牌、文明施工牌

C. 工程概况牌、现场危险警示牌、现场平面布置牌、安全生产牌、文明施工牌

D. 工程概况牌、现场危险警示牌、消防保卫牌、安全生产牌、文明施工牌

2. 市区主要路段和市容景观道路及机场、码头、车站广场的工地，应设置高度不小于（　　）的封闭围挡。

A. 1.5 m　　B. 2 m　　C. 2.5 m　　D. 3 m

3. 一般路段的工地，应设置高度不小于（　　）的封闭围挡。

A. 1.5 m　　B. 1.8 m　　C. 2 m　　D. 2.5 m

4. 板材围挡底里侧应砌筑高（　　）、不小于（　　）厚砖墙护脚。

A. 300 mm；180 mm　　B. 250 mm；150 mm

C. 350 mm；200 mm　　D. 400 mm；250 mm

二、简答题

1. 简述文明施工的基本要求。
2. 简述施工现场场容管理的原则和方法。
3. 简述施工现场料具存放的要求。

任务 3.2　消防工程安全管理

教学目标

（1）了解建设工程施工现场的主要火灾风险性和常见火因；
（2）明确施工现场防火管理职责；
（3）熟悉建设工程施工现场总平面布置、临时建筑的防火设计及临时消防设施设置；
（4）掌握建设工程施工现场的消防安全管理能力。

任务描述

2017 年 2 月 12 日下午，在某市轨道交通 2 号线一期工程 1 标段海沧大道站—东渡站区间右线盾构现场，13 时 30 分左右，3 名工人带压进仓进行仓内清理碎石作业；16 时 30 分左右，3 名工人作业完成进入减压仓吸氧减压；18 时 10 分左右，减压仓副仓起火；18 时 30 分左右，在采取打开应急排气口、关闭氧气管路阀门、开仓后使用灭火器喷射等紧急措施后，施救人员进入减压仓施救；19 时 30 分左右，施救人员使用隧道电瓶车将受伤人员送至井口，并紧急送至海沧长庚医院抢救；20 时 30 分左右，进仓作业的 3 名工人经送医院抢救无效死亡。

事故发生的原因是盾构减压仓在富氧环境下，连接部位均为金属构件的仓内自动翻折式座椅，在反复翻折、摩擦碰撞的情况下产生了静电和火花；非阻燃材料在两座椅间起火，导致该位置人员着火；该位置人员起火后未起动手动喷淋装置，在向盾构减压仓主仓逃生时，将火种带到主仓，引起主仓瞬间燃爆。

试简述应采取哪些有效措施来避免此类事故的发生。

任务实施

3.2.1　施工现场的火灾风险及管理职责

1. 施工现场的火灾危险性

施工现场，顾名思义，属于在建的、未完工的建筑现场，所以施工现场的火灾危险性与一般居民住宅、厂矿、企事业单位有所不同，由于尚未完工，尚处于施工期间，正式的消防设施，诸如消火栓系统、自动喷水灭火系统、火灾自动报警系统均未投入使用，且施工现场内存有大量施工材料及众多施工人员，都在一定程度上增加了施工现场的火灾危险性。

1）易燃、可燃材料多

由于施工要求，很难避免施工现场存放有可燃材料，如木材、油毡纸、沥青、汽油、松香水等。这些材料一部分存放在条件较差的临建库房内，另一部分为了施工方便，就会露天堆放在施工现场。此外，施工现场还经常会遗留如废刨花、锯末、油毡纸头等易燃、可燃的施工尾料，不能及时清理，这些物质的存在，使施工现场具备了产生燃烧的一个必备条件——可燃物。

2）临建设施多，防火标准低

为了施工需要，施工现场会临时搭设大量的作业棚、仓库、宿舍、办公室、厨房等临时用房，考虑到简易快捷和节省成本，这些临时用房多数会使用耐火性能较差的金属夹芯板房（俗称彩钢板房），甚至有些施工现场还会采用可燃材料搭设临时用房。同时，因为施工现场面积相对狭小，上述临时用房往往相互连接，缺乏应有的防火间距，一旦一处起火，很容易蔓延扩大。

3）动火作业多

施工现场会存在大量的电气焊、防水、切割等动火作业，这些动火作业，使施工现场具备了产生燃烧的另一个必备条件——火源。一旦动火作业不慎，使火星引燃施工现场的可燃物，极易引发火灾。另外，施工现场一旦缺乏统筹管理或失管漏管，形成立体交叉动火作业，甚至出现违章动火作业，所带来的后果及造成的损失便会难以计量。

4）临时电气线路多

随着现代化建筑技术的不断发展，以墙体、楼板为中心的预制设计标准化、构件生产工厂化和施工现场机械化得到普遍的应用，施工现场的电焊、对焊机及大型机械设备增多，再加上施工人员多吃住在施工现场，这些使施工场地的用电量大增，常常会造成过负荷用电。另外，因为是临时用电，一些施工现场的用电系统没有经过正规的设计，甚至违反规定任意敷设电气线路，常常导致电气线路因接触不良、短路、过负荷、漏电、打火等引发火灾。

5）施工临时员工多，流动性强，素质参差不齐

由于建筑施工的工艺特点，各工序之间往往相互交叉、流水作业，施工人员常处于分散、流动状态，各作业工种之间相互交接，容易遗留火灾隐患。另外，施工现场外来人员较多，施工人员的素质参差不齐，经常出入工地，乱动机械、乱丢烟头等现象时有发生，给施工现场的安全管理带来不便，往往会因遗留的火种未被及时发现而酿成火灾。

6）既有建筑进行扩建、改建火灾危险性大

既有建筑进行扩建、改建施工一般是在建筑物正常使用的情况下作业，场地狭小，操作不便。有的建筑物隐蔽部位多，墙体、顶棚构造往往因缺乏图纸资料而存在先天隐患，如果用焊、用火、用电等管理不严，极易因火种落入房顶、夹壁、洞孔或通风管道的可燃保温材料中引发火灾。

7）隔音、保温材料用量大

目前大型工程中保温、隔音及空调系统等工程使用保温材料的地方越来越多，保温材料的种类繁多，然而在隔音保温效果较好的聚氨酯泡沫材料成为几次影响较大的火灾事故元凶后，工程上转而寻找其耐火替代产品，如橡塑板、玻璃棉、岩棉、复合硅酸盐等。目前市场上最具代表性的就是橡塑保温材料，它以丁腈橡胶、聚氯乙烯为主要原料，虽然具有一定的耐火性，但是“难燃”终究不可避免在一定条件下的“可燃”。

8）现场管理及施工过程受外部环境影响大

施工现场经常会因为抢工期、抢进度而进行冒险施工，甚至是违章施工，给施工现场的消防安全管理带来较大影响。另外，建设单位指定的施工分包单位不服从施工总承包单位管理的现象，分包单位层层分包的现象比比皆是，给施工现场的消防安全带来先天隐患。

2. 施工现场常见的火灾成因

通过调查施工现场火灾成因，施工现场火灾主要因用火、用电不慎和遗留火种初期不能及时扑灭所导致。

1）焊接、切割

电焊、普通切割等产生的高温焊渣、火星是引发火灾的元凶。焊工在施工过程中稍有不慎，便会引燃周围的可燃物，制造一起灾难。电焊引发火灾，主要有以下几点原因：

（1）金属火花飞溅引燃周围可燃物。

（2）产生的高温因热传导引燃其他房间或部位的可燃物。

（3）焊接导线与电焊机、焊钳连接接头处理不当，松动打火。

（4）焊接导线（焊把线）选择不当，截面过小，使用过程中超负荷使绝缘损坏造成短路打火。

（5）焊接导线受压、磨损造成短路或铺设不当、接触高温物体或打卷使用造成涡流，因过热失去绝缘，造成短路打火。

（6）电焊回路线（搭铁线或接零线）使用、铺设不当或乱搭乱接，在焊接作业时产生电火花或接头过热引燃易燃、可燃物。

（7）电焊回路线与电气设备或电网零线相连，电焊时大电流通过，将保护零线或电网零线烧断。

2）电器、电路

在施工现场，大功率电器的使用、生活区内私拉乱接导致电线故障短路，从而引发的火灾也不在少数。

漏电电流的热效应是引起火灾的起火源，漏电电流的电阻性发热和击穿性电弧作用，常常会引燃其作用点处的可燃物造成火灾。施工现场漏电的原因主要是电气安装不当，电气设备装备不当，线路缺乏维修保养而使绝缘老化，或长期受到雨水、腐蚀气体的侵蚀、机械损伤等。如施工现场的输送机等大型露天用电设备、室外敷设的配电盘、电源开关、插座、电气线路等，都容易发生漏电情况。

3）用火不慎、遗留火种

施工人员的生活设施如烹饪、取暖、照明等设备使用不慎，或因吸烟乱丢烟头引发周围可燃物起火。

3. 施工现场防火管理职责

根据《建筑法》《消防法》《建设工程安全生产管理条例》《机关、团体、企业、事业单位消防安全管理规定》及一些地区规章规定的要求，施工现场的消防安全管理应由施工单位负责。

施工现场实行施工总承包的，由总承包单位负责。总承包单位应对施工现场防火实施统一管理，并对施工现场总平面布局、现场防火、临时消防设施、防火管理等进行总体规划、统筹安排，确保施工现场防火管理落到实处。分包单位应向总承包单位负责，并应服从总承包单位的管理，同时应承担国家法律、法规规定的消防责任和义务。监理单位应对施工现场的消防安全管理实施监理。

施工单位应根据建设项目规模、现场消防安全管理的重点，在施工现场建立消防安全管理组织机构及义务消防组织，并确定消防安全负责人和消防安全管理人，同时应落实相关人员的消防安全管理责任。

3.2.2 施工现场总平面布局

为了保证施工现场的消防安全，应在源头消除先天隐患，在施工前，就施工现场的临时用房、临时设施、临时消防车道等总平面布局进行整体规划。

1. 总平面布置的原则

总平面布置包括总平面布局、临时用房和临时设施的设置，此外还要划定重点区域等内容。

1）明确总平面布局内容

施工现场总平面布局应明确与现场防火、灭火及人员疏散密切相关的临建设施的具体位置，以满足现场防火、灭火及人员疏散的要求。下列临时用房和临时设施应纳入施工现场总平面布局：

（1）施工现场的出入口、围墙、围挡。

（2）施工现场内的临时道路。

（3）给水管网或管路，以及配电线路敷设或架设的走向、高度。

（4）施工现场办公用房、宿舍、发电机房、配电房、可燃材料库房、易燃易爆危险品库房、可燃材料堆场及其加工场、固定动火作业场等。

（5）临时消防车道、消防救援场地和消防水源。

2）合理布置临时用房和临时设施位置

施工现场临时用房和临时设施的布置常受气象、地形地貌及水文地质、地上地下管线及周边建构筑物、场地大小、周边道路及消防设施等现场客观条件的制约，而不同施工现场的客观条件又千差万别。施工现场的总平面布局，应综合考虑在建工程及现场情况，因地制宜，按照“临时用房及临时设施占地面积少、场内材料及构件二次运输少、施工生产及生活相互干扰少、临时用房及设施建造费用少，并满足施工、防火、节能、环保、安全、保卫、文明施工等需求”的基本原则进行，明确施工现场平面布局的主要内容，确定施工现场出入口的设置及现场办公、生活、生产、物料存储区域的布置原则，规范可燃物、易燃易爆危险品存放场所及动火作业场所的布置要求，针对施工现场的火源和可燃、易燃物实施重点管控，保证临时用房和临时设施的布置满足施工现场防火、灭火及人员安全疏散的要求。

3）重点区域的布置原则

（1）施工现场设置出入口的基本原则。

施工现场出入口的设置应满足消防车通行的要求，并宜布置在不同方向，其数量不宜少于 2 个。当确有困难只能设置 1 个出入口时，应在施工现场内设置满足消防车通行的环形道路。

（2）固定动火作业场的布置原则。

固定动火作业场应布置在可燃材料堆场及其加工场、易燃易爆危险品库房等全年最小频率风向的上风侧；宜布置在临时办公用房、宿舍、可燃材料库房、在建工程等全年最小频率风向的上风侧。

（3）危险品库房的布置原则。

易燃易爆危险品库房应远离明火作业区、人员密集区和建筑物相对集中区。可燃材料堆场及其加工场、易燃易爆危险品库房不应布置在架空电力线下。

2. 防火间距

保持临时用房、临时设施与在建工程的防火间距是防止施工现场火灾相互蔓延的关键。

1）临建用房与在建工程的防火间距

（1）人员住宿、可燃材料及易燃易爆危险品储存等场所严禁设置于在建工程内。

（2）易燃易爆危险品库房与在建工程应保持足够的防火间距。

（3）可燃材料堆场及其加工场、固定动火作业场与在建工程的防火间距不应小于10 m。

（4）其他临时用房、临时设施与在建工程的防火间距不应小于6 m。

2）临建用房间的防火间距

（1）施工现场主要临时用房、临时设施的防火间距不应小于表3.2.1的规定。

表3.2.1　施工现场主要临时用房、临时设施的防火间距　　单位：m

名称	办公用房、宿舍	发电机房、变配电房	可燃材料库房	厨房操作间、锅炉房	可燃材料堆场及其加工场	固定动火作业场	易燃易爆危险品库房
办公用房、宿舍	4	4	5	5	7	7	10
发电机房、变配电房	4	4	5	5	7	7	10
可燃材料库房	5	5	5	5	7	7	10
厨房操作间、锅炉房	5	5	5	5	7	7	10
可燃材料堆场及其加工场	7	7	7	7	7	10	10
固定动火作业场	7	7	7	7	10	10	12
易燃易爆危险品库房	10	10	10	10	10	12	12

① 临时用房、临时设施的防火间距应按临时用房外墙外边线或堆场、作业场、作业棚边线间的最小距离计算，如临时用房外墙有突出可燃构件，应从其突出可燃构件的外缘算起。

② 当两栋临时用房相邻较高一面的外墙为防火墙时，防火间距不限。

③ 表 3.2.1 未规定的，可按同等火灾危险性的临时用房、临时设施的防火间距确定。

（2）当办公用房、宿舍成组布置时，其防火间距可适当减小，但应符合以下要求：

① 每组临时用房的栋数不应超过 10 栋，组与组之间的防火间距不应小于 8 m。

② 组内临时用房之间的防火间距不应小于 3.5 m，当建筑构件燃烧性能等级为 A 级时，其防火间距可减少到 3 m。

3. 临时消防车道

施工现场需要设置消防车道，同时布置相应的消防救援场地。

1）临时消防车道设置要求

（1）施工现场内应设置临时消防车道，同时，考虑灭火救援的安全及供水的可靠，临时消防车道与在建工程、临时用房、可燃材料堆场及其加工场的距离，不宜小于 5 m，且不宜大于 40 m。

（2）当施工现场周边道路满足消防车通行及灭火救援要求时，施工现场内可不设置临时消防车道。

（3）临时消防车道宜为环形，如设置环形车道确有困难，应在消防车道尽端设置尺寸不小于 12 m×12 m 的回车场。

（4）临时消防车道的净宽度和净空高度均不应小于 4 m。

（5）临时消防车道的右侧应设置消防车行进路线指示标志。

（6）临时消防车道路基、路面及其下部设施应能承受消防车通行压力及工作荷载。

2）临时消防救援场地的设置

（1）需设临时消防救援场地的施工现场。

① 建筑高度大于 24 m 的在建工程。

② 建筑工程单体占地面积大于 3 000 m^2 的在建工程。

③ 超过 10 栋，且为成组布置的临时用房。

（2）临时消防救援场地的设置要求。

① 临时消防救援场地应在在建工程装饰装修阶段设置。

② 临时消防救援场地应设置在成组布置的临时用房场地的长边一侧及在建工程的长边一侧。

③ 场地宽度应满足消防车正常操作要求且不应小于 6 m，与在建工程外脚手架的净距不宜小于 2 m，且不宜超过 6 m。

3.2.3　施工现场内建筑的防火要求

现场内搭建的临时用房及在建工程采取相应的防火措施，一旦发生火灾后，有利于延迟火势蔓延，为施工现场内的人员赢得宝贵的疏散时间。

1. 施工现场内建筑的防火设置原则

施工现场内的建筑防火主要包括临时用房及在建工程两方面的内容。

1）临时用房的防火设置原则

施工现场内的临时用房，一般包括办公、宿舍、厨房、锅炉房等施工人员的生活用房及库房等存放施工材料的用房。整个临时用房的防火设置应根据其使用性质及火灾危险性等情况进行确定。一是不同危险性的临时用房应采取防火分隔措施，可以在一定程度上延迟火灾蔓延，为临时用房使用人员赢得宝贵的疏散时间；二是需考虑人员疏散的设置，对人员疏散距离、疏散走道宽度、疏散楼梯等疏散指标应满足规范要求。

2）在建工程的防火设置原则

由于在建工程内有大量施工人员，且根据施工阶段的不同，动火作业、现场的施工材料等都会加大火灾风险，一旦发生火灾，现场施工人员的安全撤离，是在建工程防火设置的关键，所以在建工程内应尽量设置能够保证现场施工人员安全疏散的通道，同时在建工程还应根据施工性质、建筑高度、建筑规模及结构特点等情况进行相应的防火设置。

2. 临时用房防火要求

临时用房主要包括宿舍、办公用房等，此外施工现场还有如发电机房、变配电房、厨房操作间、锅炉房、可燃材料和易燃易爆危险品库房等用房。

1）宿舍、办公用房的防火要求

在施工现场生活区一般会搭建大量的供人员办公、住宿的临时用房，平时会有大量的现场工作人员活动及休息，一般这些临时用房都不能按照正式的办公楼、宿舍楼等进行防火设计，给施工现场消防安全带来隐患。所以本着既经济合理，又能满足消防安全基本要求，对临时搭建的宿舍、办公用房提出下列防火要求：

（1）建筑构件的燃烧性能等级应为 A 级。当临时用房是金属夹芯板（俗称彩钢板）时，其芯材的燃烧性能等级应为 A 级。材料的燃烧性能要按照《建筑材料及制品燃烧性能分级》(GB 8624—2012)，由具有相应资质的检测机构进行检测，出具合格的检测报告。

（2）建筑层数不应超过 3 层，每层建筑面积不应大于 300 m^2。

（3）当建筑层数为 3 层或每层建筑面积大于 200 m^2 时，应设置不少于 2 部的疏散楼梯，房间疏散门至疏散楼梯的最大距离不应大于 25 m。

（4）单面布置用房时，疏散走道的净宽度不应小于 1.0 m；双面布置用房时，疏散走道的净宽度不应小于 1.5 m。

（5）疏散楼梯的净宽度不应小于疏散走道的净宽度。

（6）宿舍房间的建筑面积不应大于 30 m^2，其他房间的建筑面积不宜大于 100 m^2。

（7）房间内的任一点至最近疏散门的距离不应大于 15 m，房门的净宽度不应小于 0.8 m，当房间建筑面积超过 50 m^2 时，房门的净宽度不应小于 1.2 m。

（8）隔墙应从楼地面基层隔断至顶板基层底面。

2）特殊用房的防火要求

除办公、宿舍用房外，施工现场内诸如发电机房、变配电房、厨房操作间、锅炉房、可燃材料和易燃易爆危险品库房，是施工现场火灾危险性较大的临时用房，对于这些用房提出防火要求，有利于火灾风险的控制。

(1) 建筑构件的燃烧性能等级应为 A 级。材料的燃烧性能要按照现行国家标准《建筑材料及制品燃烧性能分级》，由具有相应资质的检测机构进行检测，出具合格的检测报告。

(2) 建筑层数应为 1 层，建筑面积不应大于 200 m^2；可燃材料、易燃易爆物品存放库房应分别布置在不同的临时用房内，每栋临时用房的面积均不应超过 200 m^2。

(3) 可燃材料库房应采用不燃材料将其分隔成若干间库房，如施工过程中某种易燃易爆物品需用量大，可分别存放于多间库房内。单个房间的建筑面积不应超过 30 m^2，易燃易爆危险品库房单个房间的建筑面积不应超过 20 m^2。

(4) 房间内任一点至最近疏散门的距离不应大于 10 m，房门的净宽度不应小于 0.8 m。

3) 组合建造功能用房的防火要求

施工现场的临时用房较多，且其布置受现场条件制约多，不同使用功能的临时用房可按以下规定组合建造。组合建造时，两种不同使用功能的临时用房之间应采用不燃材料进行防火分隔，其防火要求应以等级要求较高的临时用房为准，一般应满足以下要求：

(1) 宿舍、办公用房不应与厨房操作间、锅炉房、变配电房等组合建造。

(2) 现场办公用房、宿舍不宜组合建造。如现场办公用房与宿舍的规模不大，两者的建筑面积之和不超过 300 m^2，可组合建造。

(3) 发电机房、变配电房可组合建造；厨房操作间、锅炉房可组合建造；餐厅与厨房操作间可组合建造。

(4) 会议室与办公用房可组合建造；文化娱乐室、培训室与办公用房或宿舍可组合建造；餐厅与办公用房或宿舍可组合建造。

(5) 施工现场人员较为密集的如会议室、文化娱乐室、培训室、餐厅等房间应设置在临时用房的第一层，其疏散门应向疏散方向开启。

3. 在建工程防火要求

在建工程的防火主要包括临时疏散通道及针对既有建筑进行扩建、改建施工等的防火要求。

1) 临时疏散通道的防火要求

在建工程火灾常发生在作业场所，因此，在建工程疏散通道应与在建工程结构施工保持同步，并与作业场所相连通，以满足人员疏散需要。基于经济、安全的考虑，也可利用在建工程施工完毕的水平结构、楼梯。为满足人员迅速、有序、安全撤离火场及避免疏散过程中发生人员拥挤、踩踏、疏散通道垮塌等次生灾害，在建工程作业场所临时疏散通道的设置应符合下列规定：

(1) 在建工程作业场所的临时疏散通道应采用不燃、难燃材料建造并与在建工程结构施工同步设置，临时疏散通道应具备与疏散要求相匹配的耐火性能，其耐火极限不应低于 0.50 h。

(2) 临时疏散通道应具备与疏散要求相匹配的通行能力。设置在地面上的临时疏散通道，其净宽度不应小于 1.5 m；利用在建工程施工完毕的水平结构、楼梯作临时疏散通道，其净宽度不应小于 1.0 m；用于疏散的爬梯及设置在脚手架上的临时疏散通道，其净宽度不应小于 0.6 m。

(3) 临时疏散通道为坡道时，且坡度大于 25° 时，应修建楼梯或台阶踏步或设置防滑条。

（4）临时疏散通道应具备与疏散要求相匹配的承载能力。临时疏散通道不宜采用爬梯，确需采用爬梯时，应有可靠的固定措施。

（5）临时疏散通道应保证疏散人员安全，侧面如为临空面，必须沿临空面设置高度不小于 1.2 m 的防护栏杆。

（6）临时疏散通道如搭设在脚手架上，脚手架作为疏散通道的支撑结构，其承载力和耐火性能应满足相关要求。进行脚手架刚度、强度、稳定性验算时，应考虑人员疏散荷载。脚手架应采用不燃材料搭设，其耐火性能不应低于疏散通道的耐火性能。

（7）临时疏散通道应保证人员有序疏散，应设置明显的疏散指示标志及应急照明设施。

2）既有建筑进行扩建、改建施工的防火要求

既有建筑居住、营业、使用期间进行改建、扩建及改造施工时，考虑到施工现场本身引发火灾的危险因素就较多，则会具有更大的火灾风险，一旦发生火灾，容易造成群死群伤。所以必须采取多种防火技术和管理措施，严防火灾发生，施工中还应结合具体工程及施工情况，采取切实有效的防范措施。

既有建筑进行扩建、改建施工时，必须明确划分施工区和非施工区。施工区不得营业、使用和居住；非施工区继续营业、使用和居住时，应符合下列要求：

（1）施工区和非施工区之间应采用不开设门、窗、洞口的耐火极限不低于 3.0 h 的不燃烧体隔墙进行防火分隔。

（2）非施工区内的消防设施应完好和有效，疏散通道应保持畅通，并应落实日常值班及消防安全管理制度。

（3）施工区的消防安全应配有专人值守，发生火情应能立即处置。

（4）施工单位应向居住和使用者进行消防宣传教育、告知建筑消防设施、疏散通道的位置及使用方法，同时应组织进行疏散演练。

（5）外脚手架搭设不应影响安全疏散、消防车正常通行及灭火救援操作。

3）其他防火要求

（1）外脚手架、支模架。

外脚手架既是在建工程的外防护架，也是施工人员的外操作架。支模架既是混凝土模板的支撑架体，也是施工人员操作平台的支撑架体。为保护施工人员免受火灾伤害，外脚手架、支模架的架体宜采用不燃或难燃材料搭设。其中，高层建筑和既有建筑改造工程的外脚手架、支模架的架体应采用不燃材料搭设。

（2）安全防护网。

外脚手架的安全防护网将整个在建工程包裹或封闭其中，动火作业产生的火焰、火花、火星一旦引燃可燃安全网，火势便会迅速蔓延。既有建筑外立面改造时，一般难以停止使用，室内可燃物品多、人多并有一定比例逃生能力相对较弱的人群，外脚手架安全防护网的燃烧极可能蔓延至室内，火势难以控制，危害则会更大。另外，临时疏散通道的安全防护网一旦燃烧，施工人员将会走投无路，安全设施便会成为不安全的设施。所以下列安全防护网应采用阻燃型安全防护网：

① 高层建筑外脚手架的安全防护网；

② 既有建筑外墙改造时，其外脚手架的安全防护网；

③ 临时疏散通道的安全防护网。

（3）疏散指示标志。

为了让作业人员在紧急、慌乱时刻迅速找到疏散通道，便于人员有序疏散，作业场所应设置明显的疏散指示标志，其指示方向应指向最近的临时疏散通道入口。

（4）安全疏散示意图。

在建工程施工期间，一般可视条件较差，因此作业层的醒目位置应设置安全疏散示意图。

3.2.4 施工现场临时消防设施设置

施工现场发生火情后，初期的扑救和及时疏散是避免财产损失和保证施工人员安全的有效途径，所以在施工现场设置灭火器、临时消防给水系统和临时消防应急照明等临时消防设施是施工现场常用且最为有效的临时消防设施。

1. 临时消防设施设置原则

临时消防设施的设置需要遵循同步设置、合理设置等原则。

1）同步设置原则

临时消防设施应与在建工程的施工同步设置。对在建房屋建筑工程而言，因新近施工的楼层混凝土强度不足等原因，可能出现模板及支模架不能及时拆除，临时消防设施的设置难以及时跟进，与主体结构工程施工进度存在 3 层左右的差距，所以房屋建筑工程中，临时消防设施的设置与在建工程主体结构施工进度的差距不应超过 3 层。

2）合理设置原则

基于经济和务实考虑，在建工程的永久性消防设施或经过保护和处理能够满足如临时消防给水系统等临时消防设施的设置要求，应合理利用已具备使用条件的消防设施兼作施工现场的临时消防设施；当永久性消防设施无法满足使用要求时，应增设临时消防设施，并应满足相应设施的设置要求。

3）其他设置原则

（1）地铁工程、隧道工程及较深的地下工程的施工作业场所条件较差，一旦发生火灾后，不仅消防救援相当困难，施工作业人员也难以疏散，一方面应尽量将临时消防给水引入，另一方面地下工程的施工作业场所宜配备防毒面具。

（2）为便于临时消防设施使用，临时消防给水系统的贮水池、消火栓泵、室内消防竖管及水泵接合器等，应设有醒目标志。

2. 灭火器配置

1）配置场所

施工现场内的在建工程及临时用房根据其危险性，在适当位置配置灭火器，以保证初期消防扑救的需要。下列场所应配置灭火器：

（1）易燃易爆危险品存放及使用场所。

（2）动火作业场所。

（3）可燃材料存放、加工及使用场所。

（4）厨房操作间、锅炉房、发电机房、变配电房、设备用房、办公用房、宿舍等临时用房。

（5）其他具有火灾危险的场所。

2）设置要求

施工现场灭火器配置应符合下列规定：

（1）施工现场的某些场所，既可能发生固体火灾，也可能发生液体、气体或电气火灾，在选配灭火器时，应选用能扑灭多类火灾的灭火器。灭火器的类型应与配备场所可能发生的火灾类型相匹配。

（2）灭火器的最低配置标准应符合表 3.2.2 的规定。

表 3.2.2　灭火器的最低配置标准

灭火器配置场所	固体物质火灾		液体或可熔化固体物质火灾、气体火灾	
	单具灭火器最小灭火级别	单位灭火级别最大保护面积 m^2/A	单具灭火器最小灭火级别	单位灭火级别最大保护面积 m^2/B
易燃易爆危险品存放及使用场所	3A	50	89B	0.5
固定动火作业场	3A	50	89B	0.5
临时动火作业点	2A	50	55B	0.5
可燃材料存放、加工及使用场所	2A	75	55B	1.0
厨房操作间、锅炉房	2A	75	55B	1.0
自备发电机房	2A	75	55B	1.0
变配电房	2A	75	55B	1.0
办公用房	1A	50	—	—

（3）灭火器的配置数量应按照《建筑灭火器配置设计规范》（GB 50140—2005）经计算确定，且每个场所的灭火器数量不应少于 2 具。

（4）灭火器的最大保护距离应符合表 3.2.3 的规定。

表 3.2.3　灭火器的最大保护距离　　单位：m

灭火器配置场所	固体物质火灾	液体或可熔化固体物质火灾、气体火灾
易燃易爆危险品存放及使用场所	15	9
固定动火作业场	15	9
临时动火作业点	10	6
可燃材料存放、加工及使用场所	20	12
厨房操作间、锅炉房	20	12
发电机房、变配电房	20	12
办公用房、宿舍等	25	—

3. 临时消防给水系统设置

1）临时消防用水要求

施工现场发生火灾，最根本的原因是初期火灾未及时扑灭。而初期火灾未及时扑灭主要是由于现场人员不能及时处置或初期火灾发生地点的附近既无灭火器，又无临时消防用水。实际上，初期发现火情，进行扑救所需的用水量并不大，要做好施工现场的火灾防控工作，首先就应该保证施工现场有临时消防用水，其次是保证消防用水量。

（1）消防水源。

① 消防水源是设置临时消防给水系统的基本条件，要求施工现场或其附近设置稳定、可靠的水源，并能满足施工现场临时消防用水的需要；

② 消防水源可采用市政给水管网或天然水源。当采用天然水源时，应采取措施确保冰冻季节、枯水期最低水位时顺利取水，并满足临时消防用水量的要求。

（2）消防用水量。

① 施工现场的临时消防用水量应为临时室外消防用水量和临时室内消防用水量的总和，消防水源应满足临时消防用水量的要求；

② 临时室外消防用水量应按临时用房和在建工程的临时室外消防用水量的较大者确定，施工现场火灾次数可按同时发生 1 次确定。

2）临时室外消防给水系统设置要求

施工现场临时室外消防给水系统的设置，通过大量的火灾实例及依据相应规定的要求进行确定，是便于现场及时处置、消防人员及时扑救的有力保障。

（1）设置条件。

施工现场的大小不同，所带来的火灾危险性也各有大小，应综合考虑施工现场在建工程及临时用房的规模，来选择设置施工现场的临时室外给水系统。

临时用房建筑面积之和大于 1 000 m^2 或在建工程单体体积大于 10 000 m^3 时，应设置临时室外消防给水系统。当施工现场处于市政消火栓 150 m 保护范围内且市政消火栓的数量满足室外消防用水量要求时，可不设置临时室外消防给水系统。

（2）室外消防用水量。

通过施工现场临时用房火灾发现，大部分施工现场临时用房火灾都发生在生活区。因此，当施工现场未布置临时生活用房时，也可不考虑临时用房的消防用水量。一般规定临时用房的临时室外消防用水量不应小于表 3.2.4 的要求。

表 3.2.4 临时用房的临时室外消防用水量

临时用房的建筑面积之和 S/m^2	火灾延续时间/h	消火栓用水量/（L/s）	每支水枪最小流量/（L/s）
$1\,000 < S \leq 5\,000$	1	10	5
$S > 5\,000$		15	5

在建工程设置临时室外消防系统，既可以使施工现场工作人员在发现火情后第一时间进行处置，又可以使消防扑救人员赶到现场后有水源进行扑救作业。室外消防用

水量的保证，是确保施工现场火灾损失能降到最低的重要措施。在建工程的临时室外消防用水量不应小于表 3.2.5 的规定。

表 3.2.5　在建工程的临时室外消防用水量

在建工程（单体）体积 V/m³	火灾延续时间/h	消火栓用水量/（L/s）	每支水枪最小流量/（L/s）
$1\,000<V\leqslant 3\,000$	1	15	5
$V>3\,000$	2	20	5

（3）设置要求。

在建工程、临时用房、可燃材料堆场及其加工场是施工现场的重点防火区域，以这些施工现场的防火区域位于室外消防给水系统保护范围是其设置基本原则，应均匀、合理地布设室外消火栓。施工现场临时室外消防给水系统的设置应符合下列要求：

① 考虑给水系统的需要与施工系统的实际情况，一般临时给水管网宜布置成环状；

② 临时室外消防给水干管的管径应依据施工现场临时消防用水量和干管内水流计算速度进行计算确定，且最小管径不应小于 DN100；

③ 室外消火栓应沿在建工程、临时用房、可燃材料堆场及其加工场均匀布置，距在建工程、临时用房、可燃材料堆场及其加工场的外边线不应小于 5 m；

④ 室外消火栓的间距不应大于 120 m；

⑤ 室外消火栓的最大保护半径不应大于 150 m。

3）临时室内消防给水系统设置要求

（1）设置条件。

施工现场除设置室外消防给水系统外，对于一些建筑高度较高或体量较大的在建工程，也需设置室内消防给水系统，便于在建工程发生火灾后，现场施工人员能够在第一时间实施处理，也便于消防人员到达火灾现场后，通过内攻的方式对在建工程进行火灾扑救。通过综合考虑，要求建筑高度大于 24 m 或单体体积超过 30 000 m³ 的在建工程，应设置临时室内消防给水系统。

（2）室内消防用水量。

临时室内消防给水系统的消防用水量设置，应整体考虑火灾延续时间及在建工程的建筑规模，来确定在建工程临时室内消防用水量计取标准。在建工程的临时室内消防用水量不应小于表 3.2.6 的规定。

表 3.2.6　在建工程的临时室内消防用水量

建筑高度、在建工程面积（单体）	火灾延续时间/h	消火栓用水量/（L/s）	每支水枪最小流量/（L/s）
24 m＜建筑高度≤50 m 或 3 000 m²＜面积≤5 000 m²	1	10	5
建筑高度＞50 m 或 面积＞5 000 m²	1	15	5

（3）设置要求。

管网设置要求：在建工程的临时消防竖管是在建工程室内消防给水的干管，消防竖管在检修或接长时，应按先后顺序依次进行，确保有一根消防竖管正常工作。当建筑封顶时，应将2根消防竖管连接成环。当单层建筑面积较大时，水平管网也应设置成环状。在建工程室内临时消防竖管的设置应符合下列要求：

① 消防竖管的设置位置应便于消防人员操作，其数量不应少于2根，当结构封顶时，应将消防竖管设置成环状；

② 消防竖管的管径应根据在建工程临时消防用水量、竖管内水流计算速度进行计算确定，且不应小于DN100。

水泵接合器设置要求：水泵接合器设置可以保证火灾时，消防救援人员到场后，通过利用水泵接合器向临时管网内供水，实施扑救。所以要求设置室内消防给水系统的在建工程，应设消防水泵接合器。消防水泵接合器应设置在室外便于消防车取水的部位，与室外消火栓或消防水池取水口的距离宜为15～40 m。

室内消火栓快速接口及消防软管设置的基本要求：施工现场作为在建工程，如果完全按照建成工程来要求室内消火栓的设置，不够合理，结合施工现场的特点，每个室内消火栓处只设接口，不设水带、水枪，是综合考虑初起火灾的扑救及管理性和经济性要求，但要做好保护措施。综合考虑，设置临时室内消防给水系统的在建工程，各结构层均应设置室内消火栓接口及消防软管接口，并应符合下列要求：

① 在建工程的室内消火栓接口及软管接口应设置在位置明显且易于操作的部位；

② 消火栓接口的前端应设置截止阀；

③ 消火栓接口或软管接口的间距，多层建筑不大于50 m，高层建筑不大于30 m。

消防水带、水枪及软管的配置要求：为确保消防水带、水枪及软管的设置既可以满足初起火灾的扑救要求，又可以减少消防水带和水枪的配置，便于维护和管理，要求在在建工程结构施工完毕的每层楼梯处，应设置消防水枪、水带及软管，且每个设置点不应少于2套。

中转水池及加压水泵的配置要求：

① 对于在建高层建筑来说，消防水源的给水压力一般不能满足灭火要求，而需要二次或多次加压来保证供水。为实现在建高层建筑的临时消防给水，可在其底层或首层设置贮水池并配备加压水泵。

② 对于建筑高度超过100 m的在建工程，还需在楼层上增设楼层中转水池和加压水泵，进行分段加压，分段给水。为保证中转水池无补水的最不利情况下，其水量可满足两支消防水枪（进水口径为50 mm，喷嘴口径为19 mm）同时工作不少于15 min要求，楼层中转水池的有效容积不应少于10 m^3。

③ 上下两个楼层中转水池的高差越大，对水泵扬程、给水管的材质及接头质量等方面的要求越高，相应的投入费用也就越高。相反，上下两个楼层中转水池的高差过小，则需要增多楼层中转水池及加压水泵的数量，一样不够经济合理，且设施越多、系统风险也越多，所以要求上下两个中转水池的高差不宜超过100 m。

4）其他设置要求

（1）临时消防给水系统的给水压力应满足消防水枪充实水柱长度不小于10 m的

要求；给水压力不能满足要求时，应设置消火栓泵，消火栓泵不应少于 2 台，且应互为备用；消火栓泵宜设置自动起动装置。

（2）对于建筑高度超过 10 m，不足 24 m，且体积不足 30 000 m^3 的在建工程，可不设置室内临时消防给水系统。在此情况下，应通过加压水泵，增大室外临时给水系统的给水压力，以满足在建工程火灾扑救的要求。

（3）当外部消防水源不能满足施工现场的临时消防用水量要求时，应在施工现场设置临时贮水池。临时贮水池宜设置在便于消防车取水的部位，其有效容积不应小于施工现场火灾延续时间内一次灭火的全部消防用水量。

（4）施工现场临时消防给水系统应与施工现场生产、生活给水系统合并设置，但应设置将生产、生活用水转为消防用水的应急阀门。应急阀门不应超过 2 个，且应设置在易于操作的场所，并设置明显标志。

（5）严寒和寒冷地区的现场临时消防给水系统，应采取防冻措施。

4. 临时应急照明设置

1）临时应急照明设置场所

为保证火灾情况下，能够满足火灾初期扑救和人员疏散的要求，施工现场的下列场所应配备临时应急照明：

（1）自备发电机房及变配电房；

（2）水泵房；

（3）无天然采光的作业场所及疏散通道；

（4）高度超过 100 m 的在建工程的室内疏散通道；

（5）发生火灾时仍需坚持工作的其他场所。

2）临时应急照明设置要求

（1）作业场所应急照明的照度不应低于正常工作所需照度的 90%，疏散通道的照度值不应小于 0.5 lx。

（2）临时消防应急照明灯具宜选用自备电源的应急照明灯具，自备电源的连续供电时间不应小于 60 min。

5. 临时消防用电

施工现场供用电设施的设计、施工、运行、维护应符合现行国家标准《建设工程施工现场供用电安全规范》（GB 50194—2014）的要求。为避免火灾发生时，施工现场临时消防给水系统使用的消火栓泵因电力中断而无法运行，导致消防用水难以保证的情况，要求施工现场的消火栓泵应采用专用消防配电线路。专用消防配电线路应自施工现场总配电箱的总断路器上端接入，且应保持不间断供电。

3.2.5 施工现场的消防安全管理

施工现场的消防安全管理重点从制度管理方面实现施工现场的“火灾预防”，同时应加强可燃物及易燃易爆危险品管理和用火、用电、用气管理。

1. 施工现场消防安全管理的内容

施工现场消防安全管理包括：消防安全管理制度、防火技术方案、施工现场灭火及应急疏散预案、消防安全教育与培训、消防安全技术交底、消防安全检查和消防档案管理等内容。

1）消防安全管理制度

消防安全管理制度重点从管理方面实现施工现场的“火灾预防”。施工单位应根据现场实际情况和需要制定其他防火管理制度，如临时消防设施管理制度、防火工作考评及奖惩制度等。施工单位应针对施工现场可能导致火灾发生的施工作业及其他活动，制定消防安全管理制度。消防安全管理制度应包括下列主要内容：

（1）消防安全教育与培训制度；

（2）可燃及易燃易爆危险品管理制度；

（3）用火、用电、用气管理制度；

（4）消防安全检查制度；

（5）应急预案演练制度。

2）防火技术方案

防火技术方案重点从技术方面实现施工现场的“火灾预防”，即通过技术措施实现防火目的。施工现场的防火技术方案，可结合施工现场和各分部分项工程施工的实际情况编制，用以具体安排并指导施工人员消除或控制火灾危险源、扑灭初起火灾，避免或减少火灾的发生和危害。施工现场防火技术方案应作为施工组织设计的一部分，也可单独编制。

施工单位应编制施工现场防火技术方案，并应根据现场情况变化及时对其加以修改、完善。防火技术方案应包括下列主要内容：

（1）施工现场重大火灾危险源辨识；

（2）施工现场防火技术措施，即施工人员在具有火灾危险的场所进行施工作业或实施具有火灾危险的工序时，在“人、机、料、环、法”等方面应采取的防火技术措施；

（3）临时消防设施、临时疏散设施配备，并应具体明确以下相关内容：

① 明确配置灭火器的场所、选配灭火器的类型和数量及最小灭火级别；

② 确定消防水源，临时消防给水管网的管径、敷设线路、给水工作压力及消防水池、水泵、消火栓等设施的位置、规格、数量等；

③ 明确设置应急照明的场所、应急照明灯具的类型、数量、安装位置等；

④ 在建工程永久性消防设施临时投入使用的安排及说明；

⑤ 明确安全疏散的线路（位置）、疏散设施搭设的方法及要求等。

（4）临时消防设施和消防警示标志布置图。

3）施工现场灭火及应急疏散预案

施工单位应编制施工现场灭火及应急疏散预案，并依据预案，定期开展灭火及应急疏散的演练。灭火及应急疏散预案应包括下列主要内容：

（1）应急灭火处置机构及各级人员应急处置职责；

（2）报警、接警处置的程序和通信联络的方式；

（3）扑救初起火灾的程序和措施；

（4）应急疏散及救援的程序和措施。

4）消防安全教育与培训

消防安全教育与培训应侧重于普遍提高施工人员的防火安全意识和扑灭初起火

灾、自我防护的能力。防火安全教育、培训的对象为全体施工人员。

施工人员进场前，施工现场的消防安全管理人员应向施工人员进行消防安全教育与培训。防火安全教育与培训应包括下列内容：

（1）施工现场消防安全管理制度、防火技术方案、灭火及应急疏散预案的主要内容；

（2）施工现场临时消防设施的性能、使用及维护方法；

（3）扑灭初起火灾及自救逃生的知识和技能；

（4）报火警、接警的程序和方法。

5）消防安全技术交底

消防安全技术交底是安全技术交底的一部分，可与安全技术交底一并进行，也可单独进行。消防安全技术交底的对象为在具有火灾危险场所作业的人员或实施具有火灾危险工序的人员。交底应针对具有火灾危险的具体作业场所或工序，向作业人员传授如何预防火灾、扑灭初起火灾、自救逃生等方面的知识、技能。

施工作业前，施工现场的施工管理人员应向作业人员进行消防安全技术交底。消防安全技术交底应包括下列主要内容：

（1）施工过程中可能发生火灾的部位或环节；

（2）施工过程应采取的防火措施及应配备的临时消防设施；

（3）初起火灾的扑救方法及注意事项；

（4）逃生方法及路线。

6）消防安全检查

在施工现场的不同施工阶段或时段，现场消防安全检查应有所侧重，检查内容可依据当时当地的气候条件、社会环境和生产任务适当调整。如工程开工前，施工单位应对现场消防管理制度的制定、防火技术方案、现场灭火及应急疏散预案的编制、消防安全教育与培训、消防设施的设置与配备情况进行检查；施工过程中，施工单位按本条规定每月组织一次检查。此外，施工单位应在每年五一、十一、春节等重要节日或冬季风干物燥的特殊时段到来之际，根据实际情况组织相应的专项检查或季节性检查。

施工过程中，施工现场的消防安全负责人应定期组织消防安全管理人员对施工现场的消防安全进行检查。消防安全检查应包括下列主要内容：

（1）可燃物及易燃易爆危险品的管理是否落实；

（2）动火作业的防火措施是否落实；

（3）用火、用电、用气是否存在违章操作，电、气焊及保温防水施工是否执行操作规程；

（4）临时消防设施是否完好有效；

（5）临时消防车道及临时疏散设施是否畅通。

7）消防档案管理

施工单位应做好并保存施工现场消防安全管理的相关文件和记录，建立现场消防安全管理档案。施工现场防火安全管理档案包括以下文件和记录：

（1）施工单位组建施工现场防火安全管理机构及聘任现场防火管理人员的文件；

（2）施工现场防火安全管理制度及其审批记录；
（3）施工现场防火安全管理方案及其审批记录；
（4）施工现场防火应急预案及其审批记录；
（5）施工现场防火安全教育和培训记录；
（6）施工现场防火安全技术交底记录；
（7）施工现场消防设备、设施、器材验收记录；
（8）施工现场消防设备、设施、器材台账及更换、增减记录；
（9）施工现场灭火和应急疏散演练记录；
（10）施工现场防火安全检查记录（含防火巡查记录、定期检查记录、专项检查记录、季节性检查记录、防火安全问题或隐患整改通知单、问题或隐患整改回复单、问题或隐患整改复查记录）；
（11）施工现场火灾事故记录及火灾事故调查报告；
（12）施工现场防火工作考评和奖惩记录。

2. 可燃物及易燃易爆危险品管理

在建工程所用保温、防水、装饰、防火、防腐材料的燃烧性能等级、耐火极限符合设计要求，既是满足建设工程施工质量验收标准的要求，也是减少施工现场火灾风险的基本条件。

可燃材料及易燃易爆危险品应按计划限量进场。进场后，可燃材料宜存放于库房内，如露天存放时，应分成垛堆放置，垛高不应超过 2 m，单垛体积不应超过 50 m^3，垛与垛之间的最小间距不应小于 2 m，且应采用不燃或难燃材料覆盖；易燃易爆危险品应分类专库储存，库房内通风性良好，并设置禁火标志。

室内使用油漆及其有机溶剂、乙二胺、冷底子油或其他可燃、易燃易爆危险品的物资作业时，这些易燃易爆危险品如果在空气中达到一定浓度，极易遇明火发生爆炸，因此，应保持良好通风，作业场所严禁明火，并应避免产生静电。

施工产生的可燃、易燃建筑垃圾或余料，应及时清理。

3. 用火、用电、用气管理

1）用火管理

动火作业是指在施工现场进行明火、爆破、焊接、气割或采用酒精炉、煤油炉、喷灯、砂轮、电钻等工具进行可能产生火焰、火花和赤热表面的临时性作业。

从统计数据发现，大量的施工现场火灾均由动火作业引起，其原因是施工现场动火作业多，动火管理缺失和动火作业不慎，引燃动火点周边的易燃、可燃物。为保证动火作业安全，施工现场动火作业，应符合下列要求：

（1）施工现场动火作业前，应由动火作业人提出动火作业申请，动火作业申请至少应包含动火作业的人员、内容、部位或场所、时间、作业环境及灭火救援措施等内容；
（2）动火许可证的签发人收到动火申请后，应前往现场查验并确认动火作业的防火措施落实后，方可签发动火许可证；
（3）动火操作人员应按照相关规定，具有相应资格，并持证上岗作业；
（4）焊接、切割、烘烤或加热等动火作业前，应对作业现场的可燃物进行清理；

作业现场及其附近无法移走的可燃物，应采用不燃材料对其进行覆盖或隔离；

（5）施工作业安排时，宜将动火作业安排在使用可燃建筑材料的施工作业前进行；确保在使用可燃建筑材料的施工作业之后进行动火作业，应采取可靠的防火措施；

（6）严禁在裸露的可燃材料上直接进行动火作业；

（7）焊接、切割、烘烤或加热等动火作业，应配备灭火器材，并设动火监护人进行现场监护，每个动火作业点均应设置一名监护人；

（8）五级以上（含五级）风力时，应停止焊接、切割等室外动火作业；

（9）动火作业后，应对现场进行检查，确认无火灾危险后，动火操作人员方可离开。

2）其他用火管理

（1）施工现场存放和使用易燃易爆物品的场所（如油漆间、液化气间等），严禁明火。

（2）冬季风大物燥，施工现场采用明火取暖极易引起火灾，因此，施工现场不应采用明火取暖。

（3）厨房操作间炉灶使用完毕后，应将炉火熄灭，排油烟机及油烟管道应定期清理油垢。

3）用电管理

施工现场常因电气线路短路、过载、接触电阻过大、漏电，或现场长时间使用高热灯具，且高热灯具距可燃、易燃物距离过小或室内散热条件太差，烤燃附近可燃、易燃物发生火灾。为保证施工现场的消防安全，避免因上述用电原因引发施工现场火灾，施工现场用电应符合下列要求：

（1）施工现场的发电、变电、输电、配电、用电的设备、电器、线路及相应的保护装置等供用电设施的设计、施工、运行、维护应符合现行国家标准《建设工程施工现场供用电安全规范》（GB 50194—2014）的要求。

（2）电气线路应具有相应的绝缘强度和机械强度，严禁使用绝缘老化或失去绝缘性能的电气线路，严禁在电气线路上悬挂物品。破损、烧焦的插座、插头，应及时更换。

（3）电气设备特别是易产生高温的设备，应与可燃、易燃易爆和腐蚀性物品保持一定的安全距离。

（4）有爆炸和火灾危险的场所，按危险场所等级选用相应的电气设备。

（5）配电屏上每个电气回路应设置漏电保护器、过载保护器，距配电屏 2 m 范围内不应堆放可燃物，5 m 范围内不应设置可能产生较多易燃、易爆气体、粉尘的作业区。

（6）可燃材料库房不应使用高热灯具，易燃易爆危险品库房内应使用防爆灯具。

（7）普通灯具与易燃物距离不宜小于 300 mm；聚光灯、碘钨灯等高热灯具与易燃物距离不宜小于 500 mm。

（8）电气设备不应超负荷运行或带故障使用。

（9）禁止私自改装现场供用电设施，现场供用电设施的改装应经具有相应资质的电气工程师批准，并由具有相应资质的电工实施。

（10）应定期对电气设备和线路的运行及维护情况进行检查。

4）用气管理

施工现场常用的瓶装氧气、乙炔、液化气等气体，一旦储装气体的气瓶及其附件不合格或违规储装、运输、存储、使用气体，便极易导致火灾、爆炸等危害，因此，施工现场用气，应符合下列要求。

（1）储装气体的罐瓶及其附件应合格、完好和有效；严禁使用减压器及其他附件缺损的氧气瓶，严禁使用乙炔专用减压器、回火防止器及其他附件缺损的乙炔瓶。

（2）气瓶运输、存放、使用时，应符合下列规定：

① 气瓶应保持直立状态，并采取防倾倒措施，乙炔瓶严禁横躺卧放；

② 严禁碰撞、敲打、抛掷、滚动气瓶；

③ 气瓶应远离火源，距离火源不应小于 10 m，并应采取避免高温和防止暴晒的措施；

④ 燃气储装瓶罐应设置防静电装置。

（3）气瓶应分类储存，库房内通风性良好；空瓶和实瓶同库存放时，应分开放置，两者间距不应小于 1.5 m。

（4）气瓶使用时，应符合下列规定：

① 使用前，应检查气瓶及气瓶附件的完好性，检查连接气路的气密性，并采取避免气体泄漏的措施，严禁使用已老化的橡皮气管；

② 氧气瓶与乙炔瓶的工作间距不应小于 5 m，气瓶与明火作业点的距离不应小于 10 m；

③ 冬季使用气瓶，如气瓶的瓶阀、减压器等发生冻结，严禁用火烘烤或用铁器敲击瓶阀，禁止猛拧减压器的调节螺丝；

④ 氧气瓶内剩余气体的压力不应小于 0.1 MPa；

⑤ 气瓶用后，应及时归库。

4. 其他施工管理

施工现场还要设置防火标志，同时做好临时消防设施的维护管理。

1）设置防火标志

施工现场的临时发电机房、变配电房、易燃易爆危险品存放库房和使用场所、可燃材料堆场及其加工场、宿舍等重点防火部位或区域，应在醒目位置设置防火警示标志。施工现场严禁吸烟，应设置禁烟标志。

2）做好临时消防设施维护

（1）施工现场的临时消防设施受外部环境、交叉作业影响，易失效、损坏或丢失，施工单位应做好施工现场临时消防设施的日常维护工作，对已失效、损坏或丢失的消防设施，应及时更换、修复或补充。

（2）临时消防车道、临时疏散通道、安全出口应保持畅通，不得遮挡、挪动疏散指示标志，不得挪用消防设施。

（3）施工现场尚未完工前，临时消防设施及临时疏散设施不应被拆除，并应确保其有效使用。

课后习题

一、单选题

1. 施工现场出入口的设置应满足消防车通行的要求，并宜布置在不同方向，其数量不宜少于（　　）个。

A. 2　　B. 4　　C. 5　　D. 6

2. 固定动火作业场应布置在可燃材料堆场及其加工场、易燃易爆危险品库房等全年最小频率风向的（　　）。

A 下风侧　　B. 上风侧　　C. 下风口　　D. 上风口

3. 可燃材料堆场及其加工场、固定动火作业场与在建工程的防火间距不应小于（　　）。

A. 6 m　　B. 8 m　　C. 10 m　　D. 12 m

4. 临时消防车道宜为环形，如设置环形车道确有困难，应在消防车道尽端设置尺寸不小于（　　）的回车场。

A. 10 m×10 m　　B. 10 m×12 m　　C. 12 m×10 m　　D. 12 m×12 m

二、判断题

1. 在建工程作业场所的临时疏散通道应采用不燃、难燃材料建造并与在建工程结构施工同步设置，临时疏散通道应具备与疏散要求相匹配的耐火性能，其耐火极限不应低于 0.50 h。（　　）

2. 临时疏散通道应保证疏散人员安全，侧面如为临空面，必须沿临空面设置高度不小于 1.5 m 的防护栏杆。（　　）

项目 4　特种作业安全管理

任务 4.1　高处作业安全管理

教学目标

（1）明确高处作业的定义及作业分级；
（2）掌握安全“三宝”的检验及使用方法；
（3）熟悉不同环境下进行高处作业的基本安全要求。

任务描述

2019 年 12 月 1 日上午，因某站内二次结构施工需要木模板材料，某劳务公司现场施工班长钟某友安排杂工刘某均、何某军负责将站内一楼木模板转运至负二楼。为图方便，刘某均将负一层左线盾构井临边护栏拆除一节，直接将木模板通过井口向负二层扔下去，何某军则负责将负一层的木模板搬运至井口边。11 时左右，刘某均站在井边（高约 6 m）抛送木模板时，不慎连同木模板一起跌落至负二层。何某军发现后，立即呼救。现场人员将刘某均救上来后，立即将他送至医院进行救治。刘某均后经抢救无效死亡。

针对这一事故，试指出造成事故的原因有哪些。

任务实施

4.1.1　高处作业的基本知识

1. 高处作业的基本定义

所谓高处作业，是指人在以一定位置为基准的高处进行的作业。《高处作业分级》（GB/T 3608—2008）规定，凡在坠落高度基准面 2 m 以上（含 2 m）有可能坠落的高处进行作业，都称为高处作业（见图 4.1.1）。根据这一规定，涉及高处作业的范围是相当广泛的，若在 2 m 以上的架子上进行操作，即为高处作业。

坠落高度基准面：从作业位置到最低坠落着落点的水平面，称为坠落高度基准面。

可能坠落范围半径 R：为确定可能坠落范围而规定的相对于作业位置的一段水平距离。

注：可能坠落范围半径的大小取决于与作业现场的地形、地势或建筑物分布等有关的基础高度，具体的规定是在统计分析了许多高处坠落事故案例的基础上作出的。

图 4.1.1　高处作业的定义

2. 高处作业分级与分类

高处作业的等级是按作业高度划分的，通常分为四级，一级高度最低、特级高度最高。

（1）作业高度在 2～5 m 时，称为一级高空作业。一级高空作业存在一定的危险性，*R*=3 m，在这一级高度发生的坠落事故，大部分是轻伤和重伤事故。

（2）作业高度在 5～15 m 时，称为二级高空作业。在二级高空作业中发生的坠落事故，*R*=4 m，大多数为重伤和死亡事故。

（3）作业高度在 15～30 m 时，称为三级高空作业。在三级高空作业中发生的坠落事故基本上是死亡事故，*R*=5 m。

（4）作业高度在 30 m 以上时，称为特级高处作业，*R*=6 m。

高处作业的分级示意图如图 4.1.2 所示。

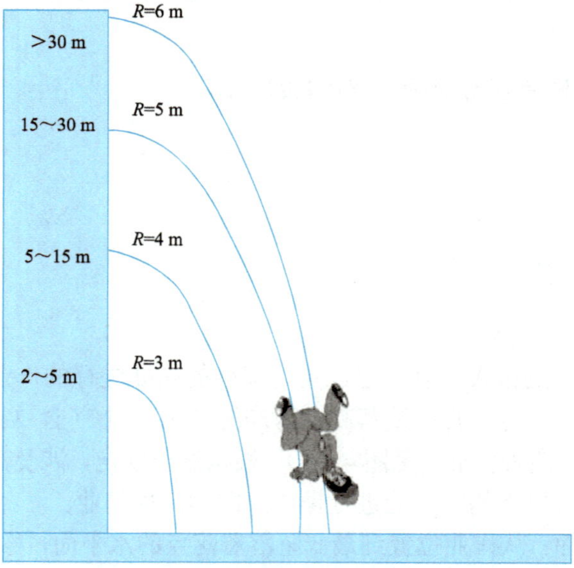

图 4.1.2　高处作业的分级示意图

根据作业环境和方法的不同，建筑施工中的高处作业分为临边、洞口、攀登、悬空、交叉五种基本类型。

（1）临边作业指在施工现场中，工作面边沿无围护设施或围护设施高度低于 80 cm

时的高处作业，如镜架、施工电梯和脚手架等的通道两侧面作业。图 4.1.3 中所示即为临边作业。

图 4.1.3　临边作业

（2）洞口作业指孔、洞口旁边的高处作业，包括施工现场及通道旁深度在 2 m 及 2 m 以上的桩孔、沟槽与管道孔洞等边沿作业，如施工预留的上料口、通道口、施工口等处作业。

（3）攀登作业指借助建筑结构或脚手架上的登高设施，或采用梯子或其他登高设施在攀登条件下进行的高处作业，如在建筑物周围搭拆脚手架、张挂安全网。图 4.1.4 中所示即为攀登作业。

图 4.1.4　攀登作业

（4）悬空作业指在周边临空状态下进行高处作业，如在吊篮内进行的高处作业。图 4.1.5 中所示即为悬空作业。

图 4.1.5　悬空作业

图 4.1.6 交叉作业

（5）交叉作业指在施工现场的上下不同层次，与空间贯通状态下同时进行的高处作业，如脚手架平台上有人作业的同时，架下或地面也有人作业。图 4.1.6 中所示即为交叉作业。

4.1.2 高处作业的危险认识

1. 高处作业的危害

高处作业的职业危害：

① 对人体的伤害。作业人员在发生高空坠落后，轻则伤筋动骨，重则造成终身残疾甚至失去生命。

② 对生产人员精神的危害。高处作业所引起的精神紧张长期得不到缓解和消除，由紧张引起的血压升高也得不到恢复，高血压发病率随工龄增长而明显增高。长期精神紧张还会引起消化不良和身体免疫功能下降，患病毒性上呼吸道感染的概率增加。

高处作业的危害后果：

① 高处作业发生高处坠落，可能会造成伤残、死亡，登得越高，坠落伤亡的危险性越大。

② 长期从事高处作业，尤其是二级以上的高处作业，所引起的精神紧张易引发高血压、病毒性上呼吸道感染等病症。

2. 高处作业的客观危险因素

直接引起坠落的客观危险因素分为 11 种：

（1）阵风风力五级（风速 8.0 m/s）以上；

（2）高温作业；高温作业气温超过 30℃；

（3）平均气温等于或低于 5 ℃的作业环境；

（4）接触冷水温度等于或低于 12 ℃的作业；

（5）作业场地有冰、雪、霜、水、油等易滑物；

（6）作业场所光线不足，能见度差；

（7）作业活动范围与危险电压带电体的距离小于表 4.1.1 的规定；

表 4.1.1 作业活动范围与危险电压带电体的距离

危险电压带电体的电压/kV	距离/m
≤10	1.7
35	2.0
63～110	2.5
220	4.0
330	5.0
500	6.0

（8）摆动、立足处不是平面或只有很小的平面，即任意一边小于 500 mm 的矩形平面、直径小于 500 mm 的圆形平面或具有类似尺寸的其他形状的平面，致使作业者无法维持正常姿势；

（9）体力劳动强度指数大于 20 的劳动；

（10）存在有毒气体或空气中含氧量低于 0.195 的作业环境；

（11）可能会引起各种灾害事故的作业环境和抢救突然发生的各种灾害事故。

3. 高处作业的危险源

高处作业常见危险源一览表见表 4.1.2。

表 4.1.2　高处作业危险因素分类

序号	类别	危险有害因素	存在的风险	严重度（后果）和可能性
1	物理性危险有害因素	使用存在缺陷或超出使用年限的安全防护用品	防护用品起不到防护作用，可能导致人员伤害事故	严重度级别为 4 级，但发生的可能性为低级
2		使用存在缺陷的脚手架材料、构件和零件	发生脚手架坍塌事故，可能导致人员伤害事故或财产损失	严重度级别为 5 级，但发生的可能性为低级
3		使用存在缺陷的梯子	可能导致人员摔伤事故	严重度级别为 3 级，但发生的可能性为低级
4		防坠落装置的悬挂支撑安全负荷不足 2.5 t	人员发生意外时起不到防护，可能导致人员伤害事故	严重度级别为 4 级，但发生的可能性为低级
5		脚手架连接不牢靠或底部支撑不牢固	发生脚手架坍塌事故，可能导致人员伤害事故或财产损失	严重度级别为 5 级，但发生的可能性为低级
6		高处作业施工使用的脚手架、升降（固定）平台等设施，未安装防护围栏、挡板或安全网等	可能导致人员坠落事故，或杂物从高处坠落发生物体打击事故	严重度级别为 3 级，但发生的可能性为低级
7		作业区域附近有洞，洞口未设有坚固的盖板或安全栏杆，或作业现场防护栏杆高度不足 1.2 m	可能导致人员坠落事故	严重度级别为 3 级，但发生的可能性为低级
8		在舷外或距离地面或甲板 2 m 以上的地方作业时未（正确）佩戴安全带	可能导致人员坠落事故	严重度级别为 4 级，但发生的可能性为低级
9		上下垂直进行高处交叉作业时，中间未设置隔离设施	可能导致人员伤害事故或财产损失	严重度级别为 3 级，但发生的可能性为低级
10		接近或接触带电体作业时，未采取预防触电的安全措施	可能导致人员触电事故	严重度级别为 4 级，但发生的可能性为低级
11		恶劣气候条件下高处作业采取的安全措施不当	可能导致人员伤害事故	严重度级别为 3 级，但发生的可能性为低级
12		高处作业现场无标志或未正确使用标志	增加事故发生的概率	严重度级别为 2 级，但发生的可能性为低级

续表

序号	类别	危险有害因素	存在的风险	严重度（后果）和可能性
13	物理性危险有害因素	人字梯防开搭钩脱落	人字梯不稳，发生人员高处坠落事故	严重度级别为3级，但发生的可能性为低级
14		高空作业现场采光照明不良	增加事故发生的概率	严重度级别为2级，但发生的可能性为低级
15	化学性危险有害因素	在有毒有害气体、粉尘允许浓度范围内进行高处作业时，未采取有效防护措施	可能造成作业人员中毒或患职业病	严重度级别为2级，但发生的可能性为低级
16	心理、生理性危险有害因素	患有高血压、心脏病、贫血、癫痫等禁忌症的人员从事高处作业	可能导致人员高处坠落事故	严重度级别为4级，但发生的可能性为低级
17		年龄不足18周岁的人员从事高处作业	可能导致人员高处坠落事故	严重度级别为3级，但发生的可能性为低级
18		作业人员健康状况异常、疲劳超负荷工作	增加事故发生的概率	严重度级别为3级，但发生的可能性为低级
19	行为性危险有害因素	现场负责人违章指挥或指挥失误	可能导致人员伤害事故或财产损失事故	严重度级别为3级，但发生的可能性为低级
20		作业人员错误操作或违章作业	可能导致人员伤害事故或财产损失事故	严重度级别为3级，但发生的可能性为中级
21		高处作业监护人失职	现场发生意外事故时，应急救援不及时，增加事故的严重性	严重度级别为3级，但发生的可能性为低级
22		从事高处作业人员未接受高处作业安全知识的教育和安全技术交底	增加事故发生的概率	严重度级别为3级，但发生的可能性为低级
23		高处作业时作业人员上下抛掷工具、材料和杂物	可能导致人员伤害事故或财产损失	严重度级别为3级，但发生的可能性为低级
24		抱着东西爬梯子或未双手扶梯	可能导致人员失去平衡，从高处坠落	严重度级别为3级，但发生的可能性为中级
25		站在不稳的物体上进行作业，或脚手架探头板出现一头翘起	可能导致人员失去平衡，从高处坠落	严重度级别为4级，但发生的可能性为低级
26		高处作业人员作业前未进行体检	增加事故发生的概率	严重度级别为3级，但发生的可能性为低级
27		限制空间内高处作业未定时进行气体监测	可能导致作业现场发生人员窒息	严重度级别为4级，但发生的可能性为低级
28		应急救援人员施救不及时	增加事故的严重性	严重度级别为3级，但发生的可能性为低级
29	其他	现场作业条件发生重大变化	增加事故发生的概率	严重度级别为3级，但发生的可能性为低级

4. 高处作业许可要求签发流程

1）作业申请阶段

（1）确定作业目的和范围，包括高处作业的具体位置、时间及作业持续时间等；
（2）编制详细的高处作业计划，包括作业方法、安全风险评估、应急措施等；
（3）确定作业人员和作业负责人，说明其资质和培训情况；
（4）提交高处作业许可申请，并附上必要的资料和文档。

2）作业批准阶段

（1）相关管理部门接收高处作业许可申请，进行审查和评估；
（2）审核作业计划和安全措施是否符合法规和标准要求；
（3）进行现场检查或要求补充资料，确保作业符合安全和健康标准；
（4）最终批准高处作业，并签发许可证书。

3）作业实施阶段

（1）按照批准的高处作业计划和安全要求进行作业实施；
（2）确保作业人员严格按照作业程序和安全措施操作，使用必要的安全装备和工具；
（3）定期进行作业现场巡检，及时发现和解决安全问题；
（4）确保作业人员在许可范围内进行高处作业。

4）作业关闭阶段

（1）在高处作业完成后，撤去作业设备和物料，清理作业现场；
（2）对作业现场进行整体检查，确保没有安全隐患；
（3）确认作业已经完成，并关闭高处作业许可；
（4）对作业过程进行总结和评估，发现问题并提出改进建议。

图 4.1.7 为高处作业许可要求流程。

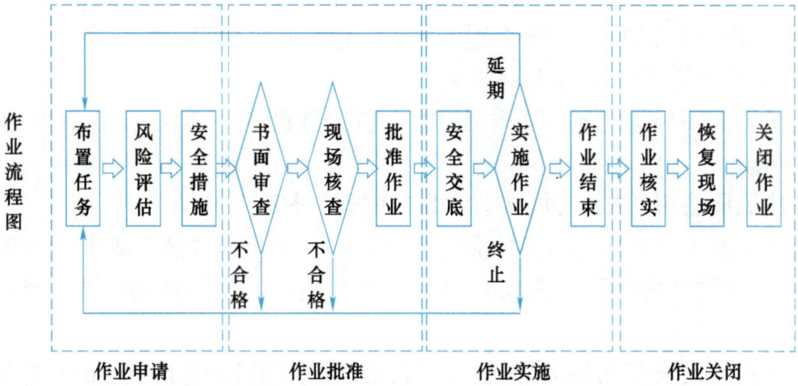

图 4.1.7　高处作业许可要求流程

4.1.3　高处作业的安全基本要求

1. 临边高处作业的安全要求

对临边高处作业，必须设置防护措施，并符合下列规定：

（1）基坑周边、尚未安装栏杆或栏板的阳台、料台与挑平台两边、雨篷与挑檐边、无外脚手的屋面与楼层周边及水箱与水塔周边等处，都必须设置防护栏杆。

（2）首层墙高度超过 3.2 m 的 2 层楼面周边，以及无外脚手的高度超过 3.2 m 楼层周边，必须在外围架设安全平网一道。

（3）分层施工的楼梯口和梯段边，必须安装临时护栏。顶层楼梯口应随工程结构进度安装正式防护栏杆。

（4）井架与施工用电梯和脚手架等与建筑物通道的两侧边，必须设防护栏杆。地面通道上部应装设安全防护网。用笼井架通道中间，应隔离封闭。

（5）各种垂直运输接料平台除两侧设防护栏杆外，平台口还应设置安全门或活动防护栏杆。

临边防护栏杆杆件的规格及连接要求，应符合下列规定：

（1）毛竹横杆小头不应小于 70 mm，栏杆柱小头直径不应小于 80 mm，用不小于 16 号的镀锌钢丝、竹篾或塑料蔑绑扎不应小于 3 圈，并无斜滑。

（2）原木横杆上杆梢径不应小于 70 mm，下杆梢径不应小于 60 mm，用不小于 12 号的镀锌钢丝、竹篾或塑料蔑绑扎不应少于 3 圈，要求表面平顺和稳固无动摇。

（3）钢筋横杆上杆直径不应小于 16 mm，下杆直径不应小于 14 mm，栏杆柱直径不应小于 18 mm，采用电焊或镀锌钢丝绑扎固定。

（4）钢管横杆及栏杆柱均应采用 48 mm×（2.75～3.5）mm 的管材，用扣件或电焊固定。

（5）用其他钢材（如角钢等）做防护栏杆时，应选用强度相当的规格，用电焊固定。

搭设临边防护栏时，必须符合下列要求：

（1）防护栏杆应由上、下两道横杆及栏杆柱组成，上杆离地面高度为 1.0～1.2 m，下杆离地面高度为 0.5～0.6 m。坡度大于 1:2.2 的屋面，防护栏杆应高 1.5 m，并加挂安全网。除经设计计算外，横杆长度大于 2 m 时，必须加设栏杆柱。

（2）栏杆柱的固定应符合下列要求：

① 当在基坑四周固定时，可采用钢管并打入地面 50～70 cm。钢管离边口的距离，不应小于 50 cm。

② 当基坑周边采用板桩时，钢管可打在板桩外侧。

③ 当在混凝土楼面、屋面和墙面固定时，可用预埋件与钢管或钢筋焊牢。采用竹、木栏杆时，可在预埋件上焊接 30 cm 的 L50×5 角钢，其上下各钻一孔，然后用 10 mm 螺栓与竹、木杆件拴牢。

④ 当在砖或砌块等砌体上固定时，可预先砌入规格相适应的 80×6 弯转扁钢作预埋铁的混凝土块，然后用上述方法固定。栏杆柱的固定及其与横杆的连接，其整体构造应使防护栏杆在上杆任何处，能经受任何方向的 1 000 N 外力。

⑤ 当栏杆所处位置有发生人群拥挤、车辆冲击或物件碰撞等可能时，应加大横杆截面或加密柱距。

⑥ 防护栏杆必须自上而下用安全立网封闭，或在栏杆下边设置严密固定的高度不低于 18 cm 的挡脚板或 40 cm 的挡脚笆。挡脚板与挡脚笆上如有孔眼，不应大于 25 mm。板与笆下边距离底面的空隙不应大于 10 mm。接料平台两侧的栏杆，必须自上而下加

挂安全立网或满扎竹笆。

⑦ 当临边的外侧面临街道时，除防护栏杆外，敞口立面必须采用满挂安全网或其他可靠措施做全封闭处理。

2. 高处洞口作业的安全要求

（1）板与墙的洞口，必须设置牢固的盖板、防护栏杆、安全网或其他防坠落的防护设施。

（2）电梯井口必须设防护栏杆或固定栅门；电梯井内应每隔两层并最多隔 10 m 设一道安全网。

（3）钢管桩、钻孔桩等桩孔上口，杯形、条形基础上口，未填土的坑槽，以及人孔、天窗、地板门等处，均应按洞口防护设置稳固的盖件。

（4）施工现场通道附近的各类洞口与坑槽等处，除设置防护设施与安全标志外，夜间还应设红灯示警。

（5）洞口根据具体情况采取设防护栏杆、加盖件、张挂安全网与装栅门等措施时，必须符合规范要求。

（6）垃圾井道和烟道，应随楼层的砌筑或安装而消除洞口，或参照预留洞口做防护。管道井施工时，还应加设明显的标志。如有临时性拆移，需经施工负责人核准，工作完毕后必须恢复防护设施。

（7）位于车辆行驶道旁的洞口、深沟与管道坑、槽所加盖板应能承受不小于当地额定卡车后轮有效承载力 2 倍的荷载。

（8）墙面等处的竖向洞口，凡落地的洞口应加装开关式、工具式或固定式的防护门，门栅网格的间距不应大于 15 cm，也可采用防护栏杆，下设挡脚板（笆）。

（9）下边沿至楼板或底面低于 80 cm 的窗台等竖向洞口，如侧边落差大于 2 m，应加设 1.2 m 高的临时护栏。

3. 攀登作业的安全要求

在施工现场，凡借助于登高用具或登高设施，在攀登条件下进行的高处作业，称为攀登作业。攀登作业容易发生危险，因此在施工过程中，各类人员都应在规定的通道内行走，不允许在阳台间与非正规通道做登高或跨越，也不能利用脚手架杆件或臂架在施工设备间攀登。

登高用梯的使用，应符合下列规定的要求：

（1）不得有缺档，因其极易导致失足，尤其对过重或较弱的人员危险性更大。

（2）梯脚底部除须坚固外，还须采取包紧、钉胶皮、锚固或夹牢等措施，以防滑跌倾倒。

（3）接长时，接头只允许有一处，且连接后梯梁强度不变。

（4）常用固定式直爬梯的材料、宽度、高度及构造等许多方面，标准内都有具体规定，不得违反。

（5）上下梯子时，必须面向梯子，且不得手持器物。

4. 悬空作业的安全要求

在周边临空状态下，无立足点或无牢靠立足点的条件下进行的高处作业，称为悬空作业。悬空作业在地下车站施工现场较为常见，主要有构件吊装、钢筋绑扎、混凝土浇筑等多种作业。

1）构件吊装与管道安装安全防护

（1）构件吊装：钢结构吊装，应尽量先在地面上组装构件，避免或减少在悬空状态下进行的作业，同时还要预先搭设好在高处要进行的临时固定、电焊、高强螺栓连接等工序的安全防护设施，并随构件同时起吊就位。对拆卸时的安全措施，也应该一并考虑和予以落实。

（2）管道安装：安装管道时，可将结构或操作平台作为立足点，在安装中的管道上行走和站立，是十分不安全的。尤其是横向的管道，尽管看起来表面上是平的，但并不具有承载施工人员重量的能力，稍不留意就会发生危险，所以绝不可站立或依靠。

2）钢筋绑扎安全防护

进行钢筋绑扎和安装钢筋骨架的高处作业，都要搭设操作平台和挂安全网。悬空大梁的钢筋绑扎，施工作业人员要站在操作平台上进行操作。绑扎柱和墙的钢筋时，不能在钢筋骨架上站立或攀登。绑扎 2 m 以上的柱钢筋，还需在柱的周围搭设作业平台。2 m 以下的钢筋，可在地面或楼面上绑扎，然后竖立。

3）混凝土浇筑安全防护

（1）浇筑离地面高度 2 m 以上的框架、过梁、雨篷和小平台等，需搭设操作平台，不得站在模板或支撑杆件上操作。

（2）浇筑拱形结构，应自两边拱角对称地相向进行。浇筑储仓，下口应先行封闭，并搭设脚手架以防人员坠落。

（3）特殊情况下进行浇筑，如无安全设施，必须系好安全带，并扣好保险钩或架设安全网防护。

4）支搭和拆卸模板时的安全防护

（1）支撑和拆卸模板，应按规定的作业程序进行。前一道工序所支的模板未固定前，不得进行下一道工序。严禁在连接件和支撑件上攀登，并严禁在上下同一直面上装卸模板。结构复杂的模板，其装卸应严格按照施工组织设计的措施规定执行。支撑空间模板的立柱的竖、横向拉杆必须牢固稳定，防止立柱走动发生坍塌等事故。

（2）支设高度在 2 m 以上的柱模板，四周应设斜撑，并设有操作平台。低于 2 m 的可使用马凳操作。

（3）支搭悬挑式模板时，应有稳固的立足点。支搭凌空构筑物模板时，应搭设支架或脚手架。模板面上有预留洞时，应在安装后将洞口盖严。混凝土板面拆模后，形成的临边或洞口，必须按有关规定予以安全防护。

（4）拆模高处作业，应配置登高用具或设施，不得冒险操作。

5. 操作平台的安全要求

（1）移动式操作平台的面积不应超过 10 m^2，高度不应超过 5 m，并采取措施减少立柱的长细比。

（2）移动式操作平台上人作业前，应将立柱与地面之间垫实，避免车轮传力。

（3）装设轮子的移动式操作平台，轮子与平台的结合处应牢固可靠，立柱底端离地面不超出 80 mm。

（4）悬挑式钢平台由型钢材料制作，可设计成上部斜拉或下部支撑形式。无论是何种形式的悬挑结构，都必须自成承力系统，并与工程结构连接。当与脚手架连接时，其产生的力矩不仅破坏脚手架自身的稳定性，同时由于脚手架的变形也给悬挑平台的使用带来危险。斜拉式钢平台一般两边各设两道斜拉杆或钢丝绳，计算时为安全考虑，均以一道受力验算。钢丝绳安全系数（考虑平台上人作业）$K \geqslant 10$。

（5）操作平台台面铺满脚手架，四周必须设置防护栏杆，并设置上下扶梯。

（6）考虑平台上料的规格种类无规律情况，必须在平台明显处标明最大荷载限定值，防止超载。

（7）操作平台应按规定进行设计，其计算书及图纸应编入施工组织设计中。

6. 交叉作业的安全技术要求

（1）支模、粉刷、砌墙等各工种进行上下立体交叉作业时，不得在同一垂直方向上操作。下层操作必须在上层高度确定的可能坠落半径范围以外，不能满足时，应设置硬隔离安全防护层。

（2）钢模板、脚手架等拆除时，下方不得有其他人员操作，并应设专人监护。

（3）钢模板拆除后其临边堆放处应离楼层边沿不小于 1 m，且堆放高度不得超过 1 m。楼层边口、通道口、脚手架边缘处，严禁堆放任何拆下物件。

（4）结构施工自 2 层起，凡人员进出的通道口（包括井架、施工用电梯的进出通道口），均应搭设安全防护棚。高度超过 24 m 的层次上的交叉作业，应设双层防护。

4.1.4　安全“三宝”的检验及使用要求

“安全三宝”指安全帽、安全带、安全网。操作工人进入施工现场首先必须熟练掌握“三宝”的正确使用方法，达到辅助预防的效果。

1. 安全帽

1）安全帽基础知识

对人体头部受坠落物及其他特定因素引起的伤害起防护作用的帽子称为安全帽（见图 4.1.8）。安全帽由帽壳、帽衬、下颏带及其他附件组成。帽壳由壳体、帽舌、帽檐、顶筋等组成；帽衬是帽壳内部部件的总称，由帽箍、吸汗带、衬带及缓冲装置等组成；下颏带是系在下巴上起固定作用的带子，由系带和锁紧卡组成。

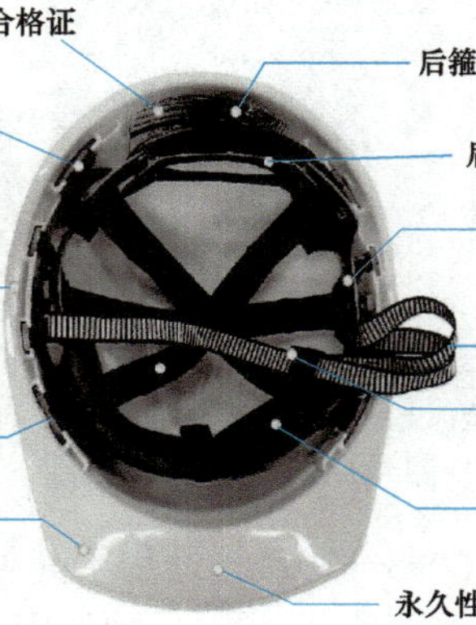

图 4.1.8　安全帽示意图

2）安全帽的作用机理

当作业人员头部受到坠落物的冲击时，利用安全帽帽壳、帽衬在瞬间先将冲击力分解到头盖骨的整个面积上，然后利用安全帽的各个部位［帽壳、帽衬的结构、材料和所设置的缓冲结构（插口、栓绳、缝线、缓冲垫等）］的弹性变形、塑性变形和允许的结构破坏将大部分冲击力吸收，使最后作用到人员头部的冲击力降低到 4 900 N 以下，从而起到保护作业人员的头部不受到伤害或降低伤害的作用。

3）安全帽使用注意事项

（1）检查外壳是否破损，如有破损，其分解和削减外来冲击力的性能已减弱或丧失，不可再用。

（2）检查有无合格的帽衬，帽衬的作用在于吸收和缓解冲击力，安全帽无帽衬，就失去了保护头部的功能。

（3）检查帽带是否齐全。

（4）佩戴前调整好帽衬间距（4～5 cm），调整好帽箍；戴帽后必须系好帽带。

（5）现场作业中，不得随意将安全帽摘下搁置一旁或当坐垫使用。

2. 安全带

1）安全带的分类和标记

安全带是防止高处坠落的安全用具，如图 4.1.9 所示。高度超过 2 m，没有其他防止坠落的措施时，必须使用安全带。其使用原则为高挂低用。安全带要正确使用，拉平，不要扭曲。三点式腰部安全带应系得尽可能低些，最好系在髋部，不要系在腰部；肩部安全带不能放在胳膊下面，应斜挂胸前。

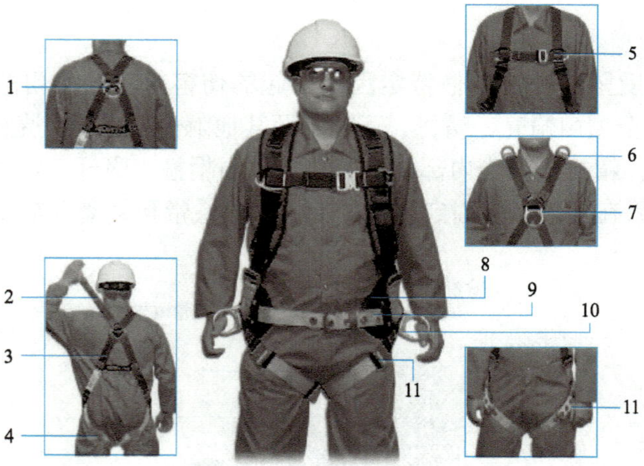

1—坠落防护连接点；2—D 形环延长带；3—向上箭头指示；4—腿带；5—胸带；6—肩部 D 形环；7—胸部 D 形环；8—腰部支撑；9—腰带；10—侧面 D 形环；11—腿部连接。

图 4.1.9　安全带示意图

《坠落防护　安全带》（GB 6095—2021）适用于高处作业、攀登及悬吊作业中使用的安全带，适用于体重及负重之和不大于 100 kg 的使用者，不适用于体育运动、消防等用途的安全带。表 4.1.3 为安全带分类标记。

表 4.1.3　安全带分类标记

安全带	围杆作业安全带	W	Y 代表一般性 J 代表抗静电性能 R 代表抗阻燃性能 F 代表抗腐蚀性能 T 代表适合特殊环境（各性能可组合）
	区域限制安全带	Q	
	坠落悬挂安全带	Z	

注：围杆作业、一般安全带表示为“W–Y”；区域限制、抗静电、抗腐蚀安全带表示为“Q–JF”。

2）安全带的使用

安全带的使用如图 4.1.10 所示。

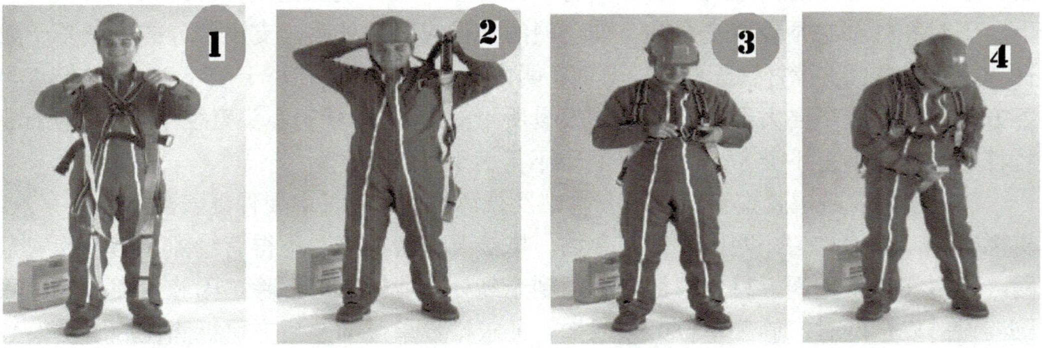

(a) 从肩带处提起安全带　(b) 将安全带穿在肩部　(c) 将胸部纽扣扣好　(d) 系好左腿带或扣索

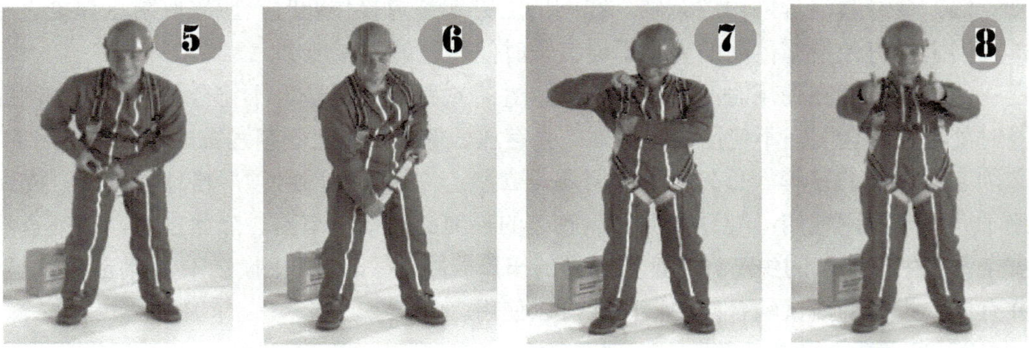

(e) 系好右腿带或扣索　(f) 调节腿带直到合适　(g) 调节肩带到合适　(h) 穿戴完毕，可以开始工作

图 4.1.10　安全带的使用

3）安全带使用注意事项

（1）应使用经质检部门检查合格的安全带。

（2）不得私自拆换安全带的各种配件，在使用前，应仔细检查各部分构件无破损时才能佩系。

（3）使用过程中，安全带应高挂低用，并防止摆动、碰撞，避开尖刺和不接触明火，不能将钩直接挂在安全绳上，一般应挂在连接环上。

（4）严禁使用打结和继接的安全绳，以防坠落时腰部受到较大冲击力伤害。

（5）作业时应将打结和继接的安全带的钩、环牢挂在系留点上，各卡接紧扣，以防止脱落。

（6）在温度较低的环境中使用安全带时，要注意防止安全绳的硬化断裂。

（7）使用后，将安全带、绳卷成盘放在无化学试剂、阳光的场所中，切不可折叠。在金属配件上涂些机油，以防生锈。

（8）安全带的使用期为3～5年，在此期间安全绳磨损时应及时更换，如果带子破裂，应提前报废。

3. 安全网

1）安全网的使用规范

（1）高处作业部位的下方必须挂安全网；当建筑物高度超过4 m时，必须设置一道随墙体逐渐上升的安全网，以后每隔4 m再设一道固定安全网；在外架、桥式架，上、下对孔处都必须设置安全网。安全网的架设应里低外高，支出部分的高低差一般在50 cm左右；支撑杆件无断裂、弯曲；网内缘与墙面间隙要小于15 cm；网最低点与下方物体表面距离要大于3 m。安全网架设所用的支撑，木杆的小头直径不得小于7 cm，竹杆小头直径不得小于8 cm，撑杆间距不得大于4 m。

（2）使用前应检查安全网是否有腐蚀及损坏情况。施工中要保证安全网完整有效，支撑合理，受力均匀，网内不得有杂物。搭接要严密牢靠，不得有缝隙，搭设的安全网，不得在施工期间拆移、损坏，必须到无高处作业时方可拆除。因施工需要暂拆除已架设的安全网时，施工单位必须通知、征求搭设单位同意后方可拆除。施工结束必须立即按规定要求由施工单位恢复，并经搭设单位检查合格后，方可使用。

（3）要经常清理网内的杂物，在网的上方实施焊接作业时，应采取防止焊接火花落在网上的有效措施；网的周围不要有长时间严重的酸碱烟雾。

（4）安全网在使用时必须经常检查，并有跟踪使用记录，不符合要求的安全网应及时处理。安全网在不使用时，必须妥善存放、保管，防止受潮发霉。新网在使用前，必须查看产品的铭牌。首先看是平网还是立网，立网和平网必须严格地区分开，立网绝不允许当平网使用；架设立网时，底边的系绳必须系结牢固。除此之外，还须查看安全网。生产厂家的生产许可证及产品的出厂合格证。若是旧网，在使用前应做试验，并有试验报告书，试验合格的旧网才可以使用。

2）安全网的安装规范

（1）安全网上的每根系绳都应与支架系结，四周边绳（边缘）应与支架贴紧，系结应符合打结方便、连接牢靠又容易解开，工作中受力后不会散脱的原则，有筋绳的安全网安装时还应把筋绳连接在支架上。

（2）平网网面不宜绷得过紧。当网面与作业面高度差大于5 m时，其伸出长度应大于4 m；当网面与作业面高度差小于5 m时，其伸出长度应大于3 m；平网与下方物体表面的最小距离应不小于3 m，两层网间距不得超过10 m。

（3）立网网面应与水平垂直，并与作业面边缘之间的最大间隙不超过10 cm。

（4）安装后的安全网应经专人检验后，方可使用。

3）安全网使用注意事项

（1）施工现场使用的安全网必须有产品质量检验合格证，旧网必须有允许使用的证明书。

（2）根据安装形式和使用目的，安全网可分为平网和立网。施工现场立网不能代替平网。

（3）安装前必须对网及支撑物（架）进行检查，要求支撑物（架）有足够的强度、刚性和稳定性，且系网处无撑角及尖锐边缘，确认无误时方可安装。

（4）安全网搬运时，禁止使用钩子，禁止将网拖过粗糙的表面或锐边。

（5）施工现场安全网的支搭和拆除，要严格按照施工负责人的安排进行，不得随意拆毁安全网。

课后习题

一、单选题

1. 高处作业的基础高度是以作业位置为中心、以（　　）为半径，划出的垂直水平面的柱形空间内的最高差。

A. 3 m　　B. 4 m　　C. 5 m　　D. 6 m

2. 凡在离地面（　　）以上的作业为高处作业。

A. 2 m　　B. 4 m　　C. 6 m　　D. 8 m

3. 进行高处作业之前，应进行安全防护设施的（　　）检查和验收。

A. 分部　　B. 局部　　C. 抽样　　D. 逐项

4.（　　）是防止人、物坠落，或用来避免、减轻坠落物及物击伤害的工具。

A. 安全帽　　B. 安全带　　C. 安全阀　　D. 安全网

二、判断题

1. 施工中发现高处作业的安全技术设施有缺陷和隐患时，必须及时解决；危及人身安全时，必须停止作业。（　　）

2. 高处作业可以在未固定的脚手架上作业；人员可以在不稳定的结构上快速通过。（　　）

任务 4.2　施工用电安全管理

学习目标

（1）了解施工现场临时用电的一般规定；

（2）掌握施工现场安全用电常识、安全用电防护技术、施工现场的防雷接地要求；

（3）熟悉施工现场线路、配电箱与配电开关、配电室及自备电源的安全管理。

任务描述

2016 年 11 月 6 日 8 时许，某工程公司组织 8 名工人进行桥墩保温拆除作业，全部拆除作业预计 30 min 内即可完成。当作业进行到 8 时 17 分时，最早登上桥墩第 8 层作业平台（距地面高 16 m）的工人张某和陈某安，在进行保温拆除作业的同时，要求地面人员给放置在平台上的一台电焊机送电，原因是接下来要进行桥墩模板拆除作业，而模板拆除作业必须使用电焊机切割固定模板的螺栓。就在接通电焊机电源 5 min 之后，位于桥墩西南侧的第 4 层作业平台（距地面高 8 m）突然起火，火焰迅速向上燃烧，工人张某和陈某安在混乱之中从第 8 层作业平台坠落至地面。后两人因伤势过重，经抢救无效死亡。

该事故中有哪些错误做法，应如何进行预防?

任务实施

4.2.1　施工用电方案

1. 施工用电方案设计基本原则

为保证施工现场临时用电的安全，要求施工用电设备数量在 5 台以下或设备总容量在 50 kW 以下时，制定符合规范要求的安全用电和电气防火措施；施工用电设备数量在 5 台以上或设备总容量在 50 kW 及以上时，编制用电施工组织设计（施工用电方案），并由主管部门审核后实施。制定施工用电方案时应遵循一些基本原则。

1）采用三级配电系统

（1）一级配电设施（总配电箱）。

一级配电设施起总切断、总保护、总平衡用电设备相序和计量的作用。应配置具备熔断并起切断作用的总隔离开关；在总隔离开关的下面应配置漏电保护装置，经过漏电保护后支开用电回路，也可在回路开关上加装漏电保护功能；根据用电设备容量，配置相应的互感器、电流表、电压表、电度计量表、零线接线排和地线接线排等。总配电箱外观及其内部配置情况分别如图 4.2.1 和图 4.2.2 所示。

（2）二级配电设施（分配电箱）。

二级配电设施起分配电总切断的作用。应配置总隔离开关、各用电设备前端的二级回路开关、零线接线排和地线接线排等。分配电箱现场布置情况及其内部配置分别如图 4.2.3 和图 4.2.4 所示。

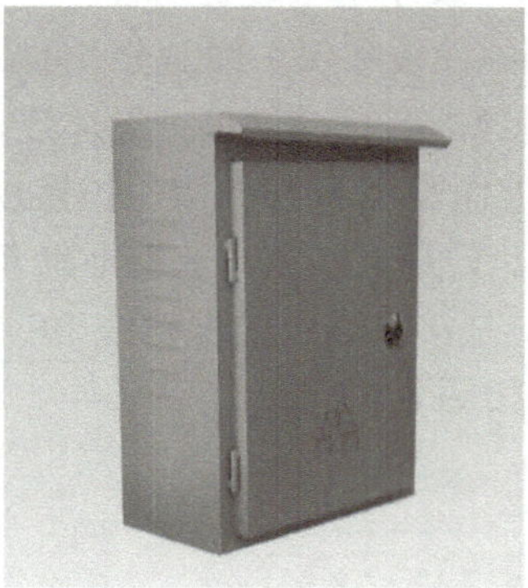

图 4.2.1　总配电箱外观图

图 4.2.2　总配电箱内部配置图

图 4.2.3　分配电箱现场布置图

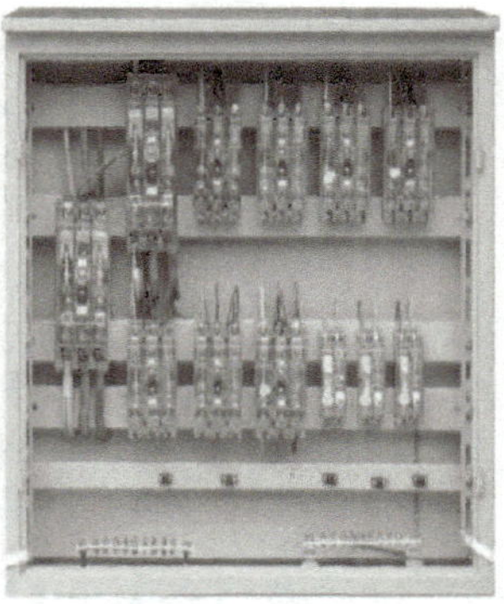

图 4.2.4　分配电箱内部配置图

（3）三级配电设施（开关箱）。

三级配电设施起施工用电系统末端控制的作用，也就是单台用电设备的总控制，即一机一闸控制，应配置隔离开关、漏电保护开关和接零、接地装置。开关箱现场布置情况及其内部配置分别如图 4.2.5 和图 4.2.6 所示。

图 4.2.5　开关箱现场布置图

图 4.2.6　开关箱内部配置图

2）采用 TN–S 接零保护系统

“T” 表示电力系统中有一点（中性点）接地，“N” 表示电气装置的外露可导电部分与电力系统的接地点（中性点）直接连接，“S” 表示中性线和保护线是分开的。TN–S 系统是指电源系统有一直接接地点，负荷设备的外漏导电部分通过保护导体连接到接地点的系统，即采取接零保护的系统。TN–S 系统将工作零线 N 和专用保护接地线 PE 严格分开，系统正常运行时，专用保护线上没有电流，只是工作零线上有不平衡电流。PE 线对地没有电压，因此电气设备金属外壳接零保护是接在专用的保护线 PE 上，安全可靠。专用变压器供电 TN–S 接零保护系统示意图如图 4.2.7 所示。

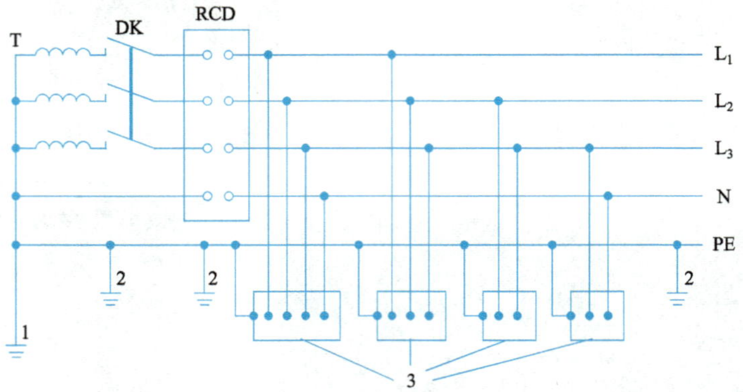

1—工作接地；2—PE 线重复接地；3—电气设备金属外壳；L_1，L_2，L_3—相线；N—工作零线；PE—保护零线；DK—总电源隔离开关；RCD—总漏电保护器；T—变压器。

图 4.2.7　专用变压器供电 TN–S 接零保护系统示意图

3）采用二级漏电保护系统

（1）总配电漏电保护起线路漏电保护与设备故障保护的作用。漏电保护设备如图 4.2.8 所示。

（2）二级漏电保护可以直接断开单台故障设备的电源。

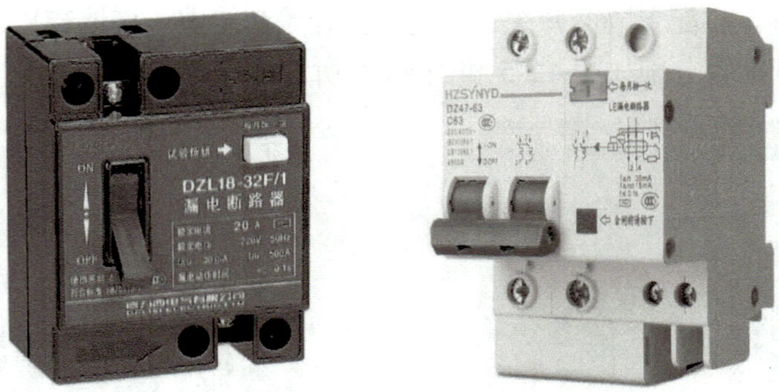

图 4.2.8　漏电保护设备

2. 施工用电方案设计内容

施工用电方案设计的主要内容包括用电设计的原则，配电设计，用电设施管理和批准，施工用电工程的施工、验收和检查等。安全技术档案的建立、管理和内容等视作用电设计的延伸。施工用电方案的具体设计内容包括：

（1）统计用电设备容量，进行负荷计算；

（2）确定电源进线，变电所或配电室、配电装置、用电设备位置及线路走向；

（3）选择变压器，设计配电系统；

（4）设计配电线路，选择导线或电缆；

（5）设计配电装置，选择电气元件；

（6）设计接地装置；

（7）绘制临时用电工程图纸，主要包括施工现场用电总平面图、配电装置布置图、配电系统接线图、接地装置设计图等；

（8）设计防雷装置，确定防护措施；

（9）制定安全用电措施和电气防火措施，施工现场安全用电管理责任制，临时用电工程的施工、验收和检查制度等。

3. 施工现场临时用电的一般规定

考虑到用电事故的发生概率与用电设计，设备的数量、种类、分布及负荷大小有关，施工现场临时用电一般应符合以下要求：

（1）各施工现场必须设置一名电气安全负责人，电气安全负责人应由技术好、责任心强的电气技术人员或工人担任，其责任是负责该现场日常安全用电管理。

（2）施工用电应定期检测。施工现场的一切电气线路、用电设备的安装和维护必须由持证电工负责，并严格执行施工组织设计的规定。

（3）施工现场应视工程量的大小和工期长短，必须配备足够的（不少于 2 名）持有市劳动安全监察部门核发电工证的电工。定期对施工现场电工和用电人员进行安全用电教育培训和技术交底。

（4）施工现场使用的大型机电设备，进场前应通知主管部门派员鉴定合格后才允许运进施工现场安装使用，严禁不符合安全要求的机电设备进入施工现场。

（5）一切移动式电动机具（如潜水泵、振动器、切割机、手持电动机等）机身必须写上编号，检测绝缘电阻，检查电缆外绝缘层、开关、插头及机身是否完整无损，并列表报主管部门检查合格后才允许使用。

（6）施工现场严禁使用明火电炉（包括电工室和办公室）、多用插座及分火灯头，220 V 的施工照明灯具必须使用护套线。

（7）施工现场应设专人负责临时用电的安全技术档案管理工作，定期经项目负责人检验签字。临时用电安全技术档案应包括临时用电施工组织设计、临时用电安全技术交底、临时用电安全检测记录、电工维修工作记录等。

4. 接地与保护接零

1）接地

接地通常是用接地体与土壤接触来实现的，是将金属导体或导体系统埋入土中构成的一个接地体。工程上，接地体除专门埋设外，有时还利用兼作接地体的已有各种金属构件、金属井管、钢筋混凝土建（构）筑物的基础、非可燃物质用的金属管道和设备等，这种接地称为自然接地体。用作连接电气设备和接地体的导体，如电气设备上的接地螺栓、机械设备的金属构架，以及在正常情况下不载流的金属导线等，称为接地线。接地体与接地线的总和称为接地装置。

接地类别如下：

（1）工作接地：在电气系统中，因运行需要的接地（如三相供电系统中电源中性点的接地）称为工作接地。在工作接地的情况下，大地被作为一根导线，而且能够稳定设备导电部分对地电压。

（2）保护接地：在电力系统中，因漏电保护需要，将电气设备正常情况下不带电的金属外壳和机械设备的金属构件（架）接地，称为保护接地。

（3）重复接地：在中性点直接接地的电力系统中，为了保证接地的作用和效果，除在中性点处直接接地外，在中性线上的一处或多处再接地，称为重复接地。

（4）防雷接地：防雷装置（避雷针、避雷器、避雷线等）的接地，称为防雷接地。防雷接地设置的主要作用是将雷击电流泄入大地。

2）保护接零

保护接零（又称接零保护）就是在中性点接地的系统中，将电气设备在正常情况下不带电的金属部分与保护零线（PE 线）做良好连接。

4.2.2 施工现场临时用电设施及防护技术

1. 外电防护

在建工程不得在高、低压线路下方施工、搭设作业棚和生活设施、堆放构件及材料等。在架空线路一侧施工时，在建工程（含脚手架）的外缘应与架空线路边线之间保持安全操作距离，最小安全操作距离见表 4.2.1。

表 4.2.1 最小安全操作距离

外电线路电压/kV	1	1～10	35～110	150～220	330～500
最小安全距离/m	4	6	8	10	15

注：① 上下脚手架的斜道不宜设在有外电线路的一侧。

② 起重机的任何部位或被吊物边缘与 10 kV 以下的架空线路边缘的最小距离不得小于 2 m。

③ 施工现场开挖非热管道沟槽的边缘与埋地外电缆沟槽之间的距离不得小于 0.5 m。

④ 当施工现场不能满足规定的最小距离时，必须按现行行业规范规定搭设防护设施并设置警告标志。在架空线路侧或上方搭设或拆除防护屏障等设施时，必须停电后作业，并设监护人员。

2. 配电线路

（1）架空线路宜采用木杆或混凝土杆。混凝土杆不得有露筋，不得有环向裂纹和扭曲；木杆不得腐朽，其梢径不得小于 130 mm。

（2）架空导线必须采用绝缘铜线或铝线，且必须经横担和绝缘子架设在专用电杆上。架空导线截面应满足计算负荷、线路末端电压偏移（不大于 5%额定电压）和机械强度要求。严禁将架空线路架设在树木或脚手架上。

（3）架空线路相序排列应符合下列规定：在同一横担架设时，面向负荷从左侧起为 L_1，N，L_2，L_3；与保护零线在同一横担架设时，面向负荷从左侧起为 L_1，N，L_2，L_3，PE；动力线、照明线在两个横担上分别架设时，上层横担面向负荷从左侧起为 L_1，L_2，L_3，下层横担面向负荷从左侧起为 L_1，L_2，L_3，N，PE；架空敷设档距不应大于 35 m，线间距离不应小于 0.3 m。横担间最小垂直距离：高压与低压直线杆为 1.2 m，分支与转角杆为 1.0 m；低压与低压直线杆为 0.6 m，分支与转角杆为 0.3 m。

（4）施工用电电缆线路应采用埋地或架空敷设，不得沿地面明设；埋地敷设深度不应小于 0.6 m，并应在电缆上下各均匀铺设不少于 50 mm 厚的细沙后再铺设砖等硬质保护层；电缆线路穿越建筑物、道路等易受损伤的场所时，应另加防护套管；架空敷设时，应沿墙或电杆做绝缘固定，电缆最大弧垂处距地面不得小于 2.5 m。在建工程内的电缆线路应采用电缆埋地穿管引入，沿工程竖井、垂直孔洞等逐层固定，电缆水平敷设高度不应小于 1.8 m。

（5）架空线敷设高度应满足下列要求：距施工现场地面不小于 4 m；距机动车道不小于 6 m；距铁路轨道不小于 7.5 m；距暂设工程和地面堆放物顶端不小于 2.5 m；距交叉电力线路 0.4 kV 线路不小于 1.2 m，距交叉电力线路 10 kV 线路不小于 2.5 m。

（6）照明线路的每一个单项回路上，灯具和插座数量不宜超过 25 个，并应装设熔断电流为 15 A 以下的熔断保护器。

3. 接地与防雷措施

人身触电事故一般分为两种情况：一是人体直接触及或过分靠近电气设备的带电部分；二是人体碰触平时不带电，却因绝缘损坏而带电的金属外壳或金属构架。针对这两种人身触电情况，必须从电气设备本身采取安全措施，并从工作中采取妥善的保证人身安全的技术措施和组织措施，如搭设防护遮栏、栅栏等属于从电气设备本身采取的防止直接触电的安全技术措施。

1）保护接地和保护接零

电气设备的保护接地和保护接零是为防止人身触及绝缘损坏的电气设备所引起的触电事故而采取的技术措施。接地和接零保护方式是否合理，关系到人身安全，影响到供电系统的正常运行。因此，如何正确运用接地和接零保护是电气安全技术中的重要内容。

其中，保护零线应符合以下规定：保护零线应自专用变压器、发电机中性点处或配电室、总配电箱进线处的中性线（N 线）上引出；保护零线的统一标志为绿/黄双色绝缘导线，任何情况下不得使用绿/黄双色线作负荷线；保护零线（PE 线）必须与工作零线（N 线）相隔离，严禁保护零线与工作零线混接、混用；保护零线上不得装控制开关或熔断器；保护零线的截面不应小于对应工作零线截面；与电气设备相连接的保护零线应采用截面不小于 2.5 mm^2 的多股绝缘铜线；保护零线的重复接地点不得少于 3 处，应分别设置在配电室或总配电箱处，以及配电线路的中间处和末端处。

2）基本保护系统

施工用电应采用中性点直接接地的 380/220 V 三相五线制低压电力系统，其保护方式应符合下列规定：施工现场由专用变压器供电时，应将变压器低压侧中性点直接接地，并采用 TN–S 接零保护系统；施工现场由专用发电机供电时，必须将发电机的中性点直接接地，并采用 TN–S 接零保护系统，且应独立设置；当施工现场直接由市电（电力部门变压器）等非专用变压器供电时，其基本接地、接零方式应与原有市电供电系统保持一致。在同一供电系统中，不得一部分设备做保护接零，另一部分设备做保护接地。

3）接地电阻

接地电阻包括接地线电阻、接地体本身的电阻及流散电阻。由于接地线和接地体本身的电阻很小（因导线较短，接地良好），可忽略不计，因此，一般认为接地电阻就是流散电阻，它的数值等于对地电压与接地电流之比。接地电阻可用冲击接地电阻、直接接地电阻和工频接地电阻，在用电设备保护中一般采用工频接地电阻。电力变压器或发电机的工作接地电阻值不应大于 4 Ω。在 TN–S 接零保护系统中，重复接地应与保护零线连接，每处重复接地电阻值不应大于 10 Ω。

4）施工现场的防雷保护

多层与高层建筑施工应充分重视防雷保护。多层与高层建筑施工时，其四周的起重机、门式架、井字架、脚手架等突出建筑物很多，材料堆积也较多，一旦遭受雷击，不但对施工人员造成生命危险，而且容易引起火灾，造成严重事故。因此，多层与高层建筑施工期间，应注意采取以下防雷措施：

（1）建筑物四周、起重机的最上端必须装设避雷针，并应将起重机钢架连接于接地装置。接地装置应尽可能利用永久性接地系统。如果是水平移动的塔式起重机，其地下钢轨必须可靠地接到接地系统上。起重机上装设的避雷针，应能保护整个起重机及其电力设备。

（2）沿建筑物四角和四边竖起的木、竹架子上，做数根避雷针并接到接地系统上，针长最小应高出木、竹架子 3.5 m，避雷针之间的间距以 24 m 为宜。对于钢脚手架，应注意连接可靠并要可靠接地。如施工阶段的建筑物当中有突出高点，应按上述要求加装避雷针。在雨期施工时应随脚手架的接高加高避雷针。

（3）建筑工地的井字架、门式架等垂直运输架上，应将一侧的中间立杆接高（高出顶墙 2 m），作为接闭器，并在该立杆下端设置接地线，同时应将卷扬机的金属外壳可靠接地。

（4）施工时，应按照正式设计图纸的要求，先做完接地设备，应当注意消除跨步电压的问题。

（5）应随时将每层楼的金属门窗（钢门窗、铝合金门窗）和现浇混凝土框架（剪力墙）的主筋可靠连接。在开始架设结构骨架时，应按图纸规定，随时将混凝土柱子的主筋与接地装置连接，以防施工期间遭到雷击而被破坏。

（6）应随时将金属管道及电缆外皮在进入建筑物的进口处与接地设备连接，并应将电气设备的铁架及外壳连接在接地系统上。

（7）防雷装置的避雷针（接闭器）可采用直径为 20 mm 的钢筋，长度为 1～2 m；当利用金属构架作引下线时，应保证构架之间的电气连接；防雷装置的冲击接地电阻不得大于 300 Ω。

4. 配电箱和开关箱

（1）施工现场应设总配电箱（或配电室），总配电箱以下设分配电箱，分配电箱以下设开关箱，开关箱以下就是用电设备。开关箱应实行“一机一闸”制，不得设置分路开关。

（2）施工用电配电箱、开关箱中应装设电源隔离开关、短路保护器、过载保护器，其额定值和动作整定值应与其负荷相适应。总配电箱、开关箱中还应装设漏电保护器。

（3）漏电保护器的额定漏电动作参数选择应符合下列规定：

① 总配电箱内的漏电保护器，其额定漏电动作电流应大于 30 mA，额定漏电动作时间应大于 0.1 s，但其额定漏电动作电流与额定漏电动作时间的乘积不应大于 30 mA・s。

② 开关箱（末级）内的漏电保护器，使用于潮湿场所时，其额定漏电动作电流不应大于 30 mA，额定漏电动作时间不应大于 0.1 s。

（4）施工用电动力配电和照明配电宜分箱设置，当合置为同一配电箱内时，动力配电与照明配电应分路设置。

（5）施工用电配电箱、开关箱应采用铁板（厚度为 1.2～2.0 mm）或阻燃绝缘材料制作，不得使用木质配电箱、木质开关箱及木质电气安装板。

（6）施工用电配电箱、开关箱应装设在干燥、通风、无外来物体撞击的地方，其周围应有足够两人同时工作的空间和通道。

（7）施工用电移动式配电箱、开关箱应装设在坚固的支架上，严禁在地面上拖拉。

（8）加强对配电箱、开关箱的管理，防止误操作造成危害；所有配电箱、开关箱应在其箱门处标注编号、名称、用途和分路情况。

5. 现场照明

（1）施工照明的室外灯具距地面不得低于 3 m，室内灯具距地面不得低于 2.4 m。

（2）一般场所，照明电压应为 220 V；隧道，人防工程，高温、有导电粉尘和狭窄场所，照明电压不应大于 36 V；潮湿和易触照明线路场所，照明电压不应大于 24 V；特别是潮湿、导电良好的地面、钢炉或金属容器内，照明电压不应大于 12 V。

（3）施工用电照明器具的形式和防护等级应与环境条件相适应。

（4）手持灯具应使用 36 V 以下电源供电；灯体与手柄应坚固、绝缘良好，并且耐热和耐潮湿。

（5）施工照明使用 220 V 碘钨灯应固定安装，其高度不应低于 3 m，距易燃物不得小于 500 m，并不得直接照射易燃物，不得将 220 V 碘钨灯用作移动照明。

（6）需要夜间或暗处施工的场所，必须配置应急照明电源。夜间可能影响行人、车辆、飞机等安全通行的施工部位或设施、设备，必须设置红色警戒照明。

6. 配电室与配电装置

（1）闸具、熔断器参数应与设备容量匹配。手动开关电器只允许用于直接控制照明电路和容量不大于 5.5 kW 的动力电路，容量大于 5.5 kW 的动力电路应采用自动开关电器或降压起动装置控制。各种开关的额定值应与其控制用电设备的额定值相适应。更换熔断器的熔体时，严禁使用不符合规格的熔体代替。

（2）配电室应靠近电源，并设在无灰尘、无蒸汽、无腐蚀介质及无振动的地方。排列的配电屏（盘）和控制屏（台）两端应与重复接地线及保护零线进行电气连接。

（3）配电屏（盘）周围的通道宽度应符合规定。配电室和控制室应能自然通风，并应采取防止雨雪和动物出入的措施。

（4）配电室的建筑物和构筑物的耐火等级不应低于三级，室内配备砂箱和绝缘灭火器；配电屏（盘）应装设有功、无功电度表，并分路装设电流、电压表；配电屏（盘）应装设短路、过负荷保护装置和漏电保护器；电流表与计费电度表不得共用一组电流互感器；配电屏（盘）上的各配电线路应编号，并标明用途标记；配电屏（盘）或配电线路维修时，应悬挂停电标志牌。停电、送电必须由专人负责。

（5）电压为400/230 V的自备发电机组及其控制室、配电室、修理室等，在保证电气安全距离和满足防火要求的情况下可合并设置；发电机组的排烟管道必须伸出室外；发电机组及其控制室、配电室内严禁存放储油桶；发电机组电源应与外电线路电源联锁，严禁并列运行；发电机组应采用三相四线制中性点直接接地系统，并须独立设置，其接地电阻不得大于4 Ω。

7. 典型案例

某广告公司负责布展汽车展销会期间，连日下雨，会展场地大量积水导致无法铺设地毯。为此，该公司负责人决定在场地打孔安装潜水系统排水。工人张某等人便使用外借的电镐进行打孔作业，当打完孔将潜水泵放置于孔中准备排水时，发现没电了。负责人余某安排电工王某去配电箱检查原因，张某跟着前去，便将手中的电镐交给了一旁的工人裴某。裴某手扶电镐赤脚站立在积水中。王某用电笔检查配电箱，发现B相电源连接的空气开关输出端带电，便将电镐、潜水泵电源插座的相线由与A相电源相连的空气开关输出端更换到与B相电源相连的空气开关输出端上，并合上与B相电源相连的空气开关送电。手扶电镐的裴某当即触电倒地，后经抢救无效死亡。

1）事故原因分析

（1）直接原因。

① 作业人员违规在潮湿环境中使用电镐。该电镐属于Ⅰ类手持电动工具，根据规定，Ⅰ类手持电动工具不能在潮湿环境中使用。然而事发当天，该电镐用于清除连日降雨导致的地面积水，电镐暴露在雨中使用，且未设置遮雨设施。

② 当事人裴某安全意识淡薄，在自身未穿绝缘靴、未戴绝缘手套的情况下，手持电镐赤脚站在水里。

③ 电镐存在安全隐患。在现场勘察时专家对事故使用的电镐进行了技术鉴定，检测发现电镐内相线与零线错位连接，换地线路短路，无漏电保护功能。通电后接错的零线与金属外壳导通，造成电镐金属外壳带电。

④ 配电设备存在缺陷。开关箱无漏电保护器，且线路未按规定连接。

（2）间接原因。

① 安全管理制度不健全。该广告公司的安全生产责任制度未建立，安全生产规章制度和安全操作规程未制定。

② 安全管理制度未落实。具体表现为：作业人员的安全教育未落实；作业人员的个人劳动防护用品未配备；所提供配电设备的安全防护功能不具备；特种作业人员未持证上岗。

③ 现场安全管理不到位。施工现场未配备与本单位所从事的生产经营活动相适应的安全生产管理人员，施工安全技术交底未落实，指派未取得电工作业操作证的人员从事电工作业。

2）事故防范和整改建议

（1）在安全技术上，各类电气设备在投入使用前应进行安全检测，保障设备的可靠性；配电设备采用漏电保护装置，临时用电线路采取多线制并要进行接零接地保护；潮湿环境下采用 36 V 以下安全电压，不允许使用 I 类手持电动工具；强化绝缘措施，采用双重绝缘或加强绝缘的电气设备；作业人员应配备绝缘靴、绝缘手套等个人劳动防护用品；事故发生后要有相应的应急急救措施，最大限度地降低事故伤害。

（2）在完善管理制度上，依据现行的安全生产法律法规建立健全企业的安全生产管理制度，包括建立并完善安全生产责任制，组织制定相关规章制度和操作规程，编制生产安全事故应急预案并组织演练。针对临时用电作业，要建立用电设备定期检查制度，查找并排除存在的事故隐患，严把设备关，从物的状态上提高本质安全性。

（3）在优化现场管理上，应加强施工作业现场安全管理。对此应配备相应的安全生产管理人员，施工前应进行安全技术交底，落实临时用电安全措施、监督作业人员正确佩戴和使用个人劳动防护用品。针对临雇用人员较多的实际情况，要严把从业人员的资格审查关，严禁特种作业人员无证上岗。

（4）在教育培训对策上，加强对全员的安全教育和培训。依据《安全生产法》及相关规定要求，公司主要负责人和安全管理人员参加有关安全生产管理培训，并取得相应证书；加强对公司员工的三级教育培训，提高作业人员的安全意识，从人的行为意识上提高本质安全性。此外，还应开展有针对性的安全生产教育培训工作，加强对特种作业人员的安全教育，规范操作，防止事故再次发生。

4.2.3　安全用电知识

1）安全用电知识主要内容

（1）进入施工现场时，不要接触电线、供配电线路及工地外围的供电线路；遇到地面有电线或电缆时，不要用脚踩踏，以免意外触电。

（2）看到“当心触电”“禁止合闸”“止步，高压危险”等标志牌时，要特别留意，以免触电。

（3）不要擅自触摸、乱动各种配电箱、开关箱、电气设备等，以免触电。

（4）不能用潮湿的手去扳开关或触摸电气设备的金属外壳。

（5）衣物或其他杂物不能挂在电线上。

（6）施工现场的生活照明应尽量使用荧光灯。使用灯泡时，不能紧挨着衣物、蚊帐、纸张、木屑等易燃物品，以免发生火灾。施工中使用手持灯时，要用 36 V 以下的安全电压。

（7）使用电动工具之前要检查工具外壳、导线绝缘皮等，如有破损，应立即请专职电工检修。

（8）电动工具的线不够长时，要使用电源插板。

（9）使用振捣器、打磨机时，不要拖电缆，要有专人收放。操作者要戴绝缘手套、穿绝缘靴等防护用品。

（10）使用电焊机时要先检查插头线的绝缘情况；电焊时要戴绝缘手套、穿绝缘靴等防护用品，不要直接用手去碰触正在焊接的工件。

（11）使用电锯等电动机械时，要有防护装置。

（12）电动机械的电缆不能随地摆放，当无法架空只能放在地面时，要加盖板保护，防止电缆受到外界的损伤。

（13）开关箱周围不能堆放杂物。拉合闸时，旁边要有人监护。收工后，要锁好开关箱。

（14）使用电气设备时，当遇跳闸或熔丝熔断时，不要自行更换成合闸，要由专职电工进行检修。

2）安全用电十大禁令

（1）严禁私拉乱接电线；

（2）严禁指派无证电工管电；

（3）严禁金属外壳无接地（或接零）装置的用电设备投入运行；

（4）严禁在高压电线下修建楼房和排放易燃易爆物品；

（5）严禁私设电网；

（6）严禁带电修理电气设备；

（7）严禁带电移动电气设备；

（8）严禁随意停、送电；

（9）严禁用铝线、铁线、普通钢线代替保险丝，保险丝规格应与电气设备的容量相匹配，严禁随意调大或调小；

（10）严禁现场抢救触电者时打强心针，抢救触电者时首先应该迅速拉断电源，然后进行正确的人工呼吸。

4.2.4 临时用电日常检查要点

施工现场临时用电的特点是用电设备移动频繁，电气设备和供电线路工作环境相对较差，而且负荷变动大，再加上电气设备操作人员技术素质较低，经常发生擅自乱拉乱接电线现象。因此，临时用电应加强日常管理，定期检查，发现隐患，及时整改。根据《建筑施工安全检查标准》（JGJ 59—2011）的要求，临时用电的日常检查要点（常见缺陷）如下。

1. 保证项目

1）外电防护

（1）外电线路与在建工程及脚手架、起重机械、场内机动车道之间的安全距离不符合《施工现场临时用电安全技术规范》（JGJ 46—2005）（下文简称《规范》）要求，且未采取防护措施。

（2）防护设施未设置明显的警示标志。

（3）防护设施与外电线路的安全距离及搭设方式不符合《规范》要求。

（4）在外电架空线路正下方施工、建造临时设施或堆放材料物品。

2）接地与接零保护系统

（1）施工现场专用的电源中性点直接接地的低压配电系统未采用 TN–S 接零保护系统。

（2）配电系统未采用同一保护系统。

（3）保护零线引出位置不符合《规范》要求。

（4）电气设备未接保护零线。

（5）保护零线应设开关、熔断器，严禁通过工作电流。

（6）保护零线材质、规格及颜色标记不符合《规范》要求。

（7）工作接地与重复接地的设置、安装及接地装置的材料不符合《规范》要求。

（8）工作接地电阻大于 40 Ω；重复接地电阻大于 10 Ω。

（9）施工现场起重机、物料提升机、施工升降机、脚手架防雷措施不符合《规范》要求。

（10）防雷接地机械上的电气设备、保护零线必须同时做重复接地。

3）配电线路

（1）线路及接头不能保证机械强度和绝缘强度。

（2）线路未设短路、过载保护。

（3）线路截面不能满足负荷电流。

（4）线路的设施、材料及相序排列、档距、与邻近线路或固定物的距离不符合《规范》要求。

（5）电缆沿地面不应明设，不应沿脚手架、树木等敷设，或出现敷设不符合《规范》要求的其他情况。

（6）未使用符合《规范》要求的电缆。

（7）室内明敷主干线距地面高度小于 2.5 m。

4）配电箱与开关箱

（1）配电系统未采用三级配电、二级漏电保护系统。

（2）用电设备必须有各自专用的开关箱。

（3）箱体结构、箱内电气设置不符合《规范》要求。

（4）配电箱零线端子板的设置连接不符合《规范》要求。

（5）漏电保护器参数不匹配或检测不灵敏。

（6）配电箱与开关箱电气损坏或进出线混乱。

（7）箱体未设置系统接线图和分路标记。

（8）箱体未设门、锁，未采取防范措施。

（9）箱体安装位置、高度及周边通道不符合《规范》要求。

（10）分配电箱与开关箱、开关箱与用电设备的距离不符合《规范》要求。

2. 一般项目

1）配电室与配电装置

（1）配电室建筑耐火等级未达到三级。

（2）未配置适用于电气火灾的灭火器材。

（3）配电室、配电装置布设不符合《规范》要求。

（4）配电装置中的仪表、电气元件设置不符合《规范》要求或仪表、电气元件损坏。

（5）备用发电机组未与外电线路进行联锁。

（6）配电室未采取防雨雪和小动物侵入的措施。

（7）配电室未设警示标志，未设工地供电平面图和系统图。

2）现场照明

（1）照明用电与动力用电混用。

（2）特殊场所未使用 36 V 及以下安全电压。

（3）手持照明灯未使用 36 V 以下电源供电。

（4）照明变压器未使用双绕组安全隔离变压器。

（5）灯具金属外壳未接保护零线。

（6）灯具与地面间、易燃物之间的距离小于安全距离。

（7）照明线路和安全电压线路的架设不符合《规范》要求。

（8）施工现场未按《规范》要求配备应急照明。

3）用电档案

（1）总承包单位与分包单位未订立临时用电管理协议。

（2）未制定专项用电施工组织设计、外电防护专项方案或设计，方案缺乏针对性。

（3）专项用电施工组织设计、外电防护专项方案未履行审批程序，实施后相关部门未组织验收，接地电阻、绝缘电阻和漏电保护器检测记录未填写或填写不真实。

（4）安全技术交底、设备设施验收记录未填写或填写不真实。

（5）定期巡视检查、隐私整改记录未填写或填写不真实。

（6）档案资料不齐全，未设专人管理。

4.2.5 用电人员的基本要求和职责

由于施工现场环境的多变及恶劣性、施工用电的特殊性、施工现场的复杂性，必须对施工现场所有的用电人员提出具体要求和相应的职责。

1. 专业技术人员

1）基本要求

（1）掌握安全用电的基本知识和各种机械设备、电气设备的性能，熟知“建筑施工特种作业人员操作资格证书”（建筑电工）的管理规定。

（2）能独立编制临时用电施工组织设计。

（3）熟知电气事故的种类、危害，掌握事故的规律性和处理事故的方法，熟知事故报告规程。

（4）掌握触电急救的方法。

（5）掌握调度管理要求和用电管理规定。

（6）熟知用电安全操作规程及技术、组织措施。

2）职责

（1）编制施工现场临时用电施工组织设计并指导安全施工。

（2）对电工和安装人员进行安全技术交底。

（3）对临时用电设施和用电设备进行验收。

（4）定期组织或参加施工现场的电气安全检查活动，发现问题并及时予以解决。

（5）制定施工现场临时用电管理制度和责任制。

（6）对施工现场进行用电管理和调度管理。

（7）参与电气事故的处理，分析事故原因，找出薄弱环节，采用有针对性的措施预防同类事故的发生。

（8）建立健全施工现场临时用电的技术档案。

（9）经常性地对电工及其他用电人员进行安全用电教育。

2. 建筑电工

1）基本要求

（1）年满 18 周岁，身体健康，无妨碍从事本职工作的病症和生理缺陷，具有初中及以上文化程度和具有建筑电工安全技术、建筑电工基础理论和专业技术知识，并有一定的实践经验。

（2）维修、安装或拆除临时用电工程必须由建筑电工完成，该电工必须持有建设主管部门颁发的“建筑施工特种作业人员操作资格证书”（建筑电工），且在有效期内。

（3）电工等级应同临时用电工程的技术难易程度和复杂性相适应，对于由高等级电工完成的，不能指派低等级电工去做。

（4）应了解电气事故的种类和危害，电气安全特点、重要性，能正确处理电气事故。

（5）熟悉触电伤害种类、发生原因及触电原因和触电方式，了解电流对人体的伤害及触电事故发生的规律，并能对触电者采取急救措施。

（6）掌握安全电压的选择及使用。

（7）应了解绝缘、屏护、安全距离等防止直接电击的安全措施，绝缘损坏的原因、绝缘指标，掌握防止绝缘损坏的技术要求及绝缘测试方法。

（8）了解各种保护系统，掌握应用范围、基本技术要求和使用、维护方法。

（9）了解漏电保护器的类型、原理和特性，能根据实际规范要求合理选用漏电保护器，能正确接线和使用、维护、测试。

（10）了解雷电形成原因及其对用电设备、人畜的危害，掌握防雷保护的要求和预防措施。

（11）了解电气火灾形成原因及预防措施，懂得电气火灾的扑救程序，合理选择、使用及保管灭火器材。

（12）了解静电的特点、危害性及产生原因，掌握防静电基本方法。

（13）了解电气安全保护用具的种类、性能及用途，掌握其使用、保管方法和试验用期、试验标准。

（14）了解施工现场特点，了解潮湿，高温，易燃，易爆，导电性、腐蚀性气体或蒸汽，强电磁场，导电性物体，金属容器，地沟，隧道，井下等环境条件对电气设备和安全操作的影响，要知道在相应的环境条件下设备选型、运行、维修的电气安全技术要求。

（15）了解施工现场周围环境对电气设备安全运行的影响，掌握相应的防范事故的措施。

（16）了解电气设备的过载、短路、欠压、失压、断相等保护的原理，掌握本岗位电气设备保护方式的选择和保护装置及二次回路的安装调试技术，掌握本岗位电气设备的性能，主要技术参数及其安装、运行、检修、维护、测试等技术标准和安全技术要求。

（17）掌握照明装置、移动电具、手持电动工具及临时供电线路安装、运行、维护的安全技术要求。

（18）掌握与电工作业有关的登高、机械、起重、搬运、挖掘、焊接、爆破等作业的安全技术要求。

（19）掌握静电感应的原理及在临近带电设备或有可能产生感应电压的设备上工作时的安全技术要求。

（20）了解带电作业的理论知识，掌握相应带电操作技术和安全要求。

（21）了解本岗位内电气系统的线路走向，设备分布情况、编号、运行方式、操作步骤和事故处理程序。

（22）了解用电规定和调度要求。

（23）了解施工现场用电管理各项制度。

（24）了解电工作业安全的组织措施和技术措施。

2）职责

（1）根据施工用电图纸和临时用电施工组织设计进行电气安装。

（2）做好巡视工作，定期对电气设备进行检查。

（3）做好漏电保护器的测试并记录。

（4）定期做接地电阻测试并记录。

（5）定期做绝缘电阻测试并记录。

（6）做好日常电气设备的维修并记录。

（7）参与用电事故的处理，分析原因。

3. 用电设备操作人员

1）基本要求

（1）掌握安全用电基本知识及所使用设备的性能。

（2）了解使用设备必须穿戴的劳动防护用品。

（3）了解本设备的电气保护系统。

（4）掌握所使用设备电气事故的紧急措施。

2）职责

（1）经常检查电气装置和漏电保护器等电气保护设施的完好情况。

（2）正确送电、断电，锁好开关箱。

（3）负责保护所用设备的负荷线、保护零线和开关箱等，发现问题及时处理，报告建筑电工解决。

（4）搬迁、移动或拆卸用电设备等电气方面的问题，必须经建筑电工处理，用电设备操作人员不得私自处理。

4.2.6 临时用电管理规章制度

近年来，随着机械、用电设备和电气装置的不断增多，触电事故的发生频率直线上升。据统计，触电事故已上升到“五大伤害”中的第二位，而造成触电事故的一个很重要的原因就是管理制度不健全，有章不循。所以为了安全用电，施工现场必须建立完整的临时用电管理规章制度。

1. 配电室安全管理制度

配电室是整个施工现场的用电枢纽，必须加以严格管理，室内必须做到“四防一通”，即防火、防雨雪、防潮、防小动物和保持良好通风。室内不应乱堆杂物，但应具备各种防护用具，如绝缘棒、绝缘手套、绝缘靴等，室内还应有电气消防器材、应急照明灯。配电室必须定期检查、维护保养，具有应急抢救措施和火灾应急预案等。必须对合闸、拉闸顺序作详细规定。配电室严禁闲杂人员进入，实现专人专职，严禁在室内休息、玩耍或在室内从事其他工作。

2. 运行、检修管理制度

为了确保线路的正常运行，必须明确规定，施工现场的每一只开关箱必须责任到人，对开关箱的使用，开、关顺序，维护等应作出规定。从开关箱到用电设备的这段线路，由机械操作工负责维护，对现场需要更改临时用电设施必须作出规定，严禁工人自行接线等，夜间电工值班必须配备 2 人。

对于电气线路的检修必须作明确规定，检修时必须 2 人在场，1 人检修，1 人实时监护，检修时必须挂牌或装设遮拦，停电检修、部分停电检修、带电检修应分别遵守相应的要求，如带电部分只允许位于检修人员的侧边，断线时必须先断相线，后断零线，接线时先接零线，后接相线。监护人的具体要求、工作职责也应作明文规定，如监护人必须始终在工作现场，对工作人员的安全认真监护，及时纠正违反安全的动作，同时防止其他人员合闸送电。

3. 临时用电检查制度

建筑施工现场始终处于一个动态变化之中，临时用电也不例外。用电设备进退场有早晚，有的因为设备需要还需更改临时用电施工组织设计，施工现场用电人员的用电安全意识欠缺，开关箱以下的线路乱拖乱拉，有意无意损坏电气设备的情况也很普遍，所以很有必要对施工现场临时用电进行经常性的检查，也很有必要用制度形式固定下来。

临时用电检查一般分为专业技术人员定期检查、定期测试和电工巡回检查等几种，对每一项检查都应规定检查责任人、检查时间、检查项目，并做记录，如遇到问题必须进行整改，对整改也必须作出规定，必须定时间、定责任人、定措施。专业技术人员定期检查一般应每周一次，从配电室开始到分配箱、开关箱、用电设备进行全面检查。定期测试一般由电工完成，包括对接地电阻的测试、对绝缘电阻的测试、对漏电保护器的测试。电工巡回检查的目的是监视设备运行情况和及时发现缺陷及用电人员的不安全行为，每班都必须巡视，在雷雨天增加巡检次数。

4. 安全用电教育制度

目前大多建筑施工现场工人的安全生产意识淡薄，缺乏安全用电常识，而触电危害性大，所以很有必要以制度形式将安全用电教育固定下来。建筑电工是特种作业人员，必须进行用电安全技术培训、考核，且每两年必须复审。施工现场应根据不同季节进行安全用电教育并形成制度，如夏季着重于防触电事故，冬季则着重于防电气火灾。

5. 宿舍安全用电管理制度

现阶段建筑施工队伍中有部分工人难以管理，且他们每天吃住在工地，常有私拉乱接电线，将衣服晾在电线上，冬天使用电炉取暖，夏天将小风扇接进蚊帐，将熔断器用钢丝连接或将漏电保护器短接等现象发生，这些不规范的现象极易引起火灾、触电事故等，所以必须对宿舍用电加以规定，用制度加以约束管理。

宿舍安全用电管理制度应规定宿舍内可以使用什么电器，不可以使用什么电器，严禁私拉乱接，宿舍内接线必须由电工完成，严禁私自更换熔丝，严禁将漏电保护器短接，同时还应规定处罚措施。

课后习题

问答题

1. 施工用电方案设计应包括哪些内容？
2. 什么是保护接地？什么是保护接零？
3. 对施工用电的接地电阻是如何规定的？
4. 何谓“三级配电”和“两级保护”？
5. 进入施工现场后应从哪些方面预防触电？

任务 4.3 施工机械作业安全管理

学习目标

（1）了解施工中常用施工机具的种类；

（2）熟悉常用施工机具的安全使用及安全防护知识；

（3）能根据《建筑施工安全检查标准》（JGJ 59—2011）中的“施工机具安全检查评分表”，对施工机具组织安全检查和评分。

任务描述

地下工程施工中除了必须用到的大型垂直运输机械外，还会用到很多施工机械，包括钢筋加工机械、搅拌机、湿喷机、隧道锚杆钻孔机、二衬台车等。这些常用的施工机械在使用中存在一些安全隐患，必须加强对施工机械的安全管理，确保施工生产所使用的施工机械符合安全生产的要求。

试着说一说：对于湿喷机的安全使用有哪些要求？

任务实施

4.3.1 钢筋加工机械

1. 钢筋加工机械的种类

钢筋工程包括钢筋基本加工（除锈、调直、切断、弯曲），钢筋冷加工，钢筋焊接、绑扎和安装等工序。在工业发达国家的现代化生产中，钢筋加工则由自动生产线连续完成。钢筋机械主要包括电动除锈机、机械调直机、钢筋切断机、钢筋弯曲机（见图 4.3.1）、钢筋对焊机（见图 4.3.2）、钢筋冷加工机具（如冷拉机具、拔丝机）等。

图 4.3.1 钢筋弯曲机

图 4.3.2 钢筋对焊机

2. 安全措施与要求

1）钢筋除锈机

（1）使用电动除锈机前，要检查钢丝刷固定螺丝有无松动，检查封闭式防护罩装置及排尘设备的完好情况，防止发生机械伤害。

（2）使用移动式除锈机时，要注意检查电气设备的绝缘及接地是否良好。

（3）操作人员要将袖口扎紧，戴好口罩、手套等防护用品，特别要戴好安全保护眼镜，防止圆盘钢丝刷上的钢丝甩出伤人。

（4）送料时，操作人员要侧身操作，严禁钢筋除锈机的正前方站人；长料除锈时，需两人互相配合。

2）钢筋调直机

直径小于 12 mm 的盘状钢筋使用前，必须经过放圈、调直工序；局部曲折的直条钢筋，也需调直后使用。这种工作一般利用卷扬机完成。工作量较大时，采用带有剪切机构的自动矫直机，不仅生产率高、体积小、劳动条件好，而且能够同时完成钢筋的清刷、矫直和剪切等工序，还能矫直高强度钢筋。钢筋调直机使用时应注意：

（1）用机械冷拉调直钢筋时，必须将钢筋卡紧，防止断折和脱扣。机械的前方必须设置铁板加以防护。

（2）机械开动后，人员应站在两侧 1.5 m 以外，不准靠近钢筋行走，防止钢筋断折或脱扣弹出伤人。

3）钢筋切断机

钢筋的切断方法视钢筋直径大小而定，直径 20 mm 以下的钢筋用手动机床切断，大直径的钢筋则必须用专用机械——钢筋切断机来切断。

钢筋切断机有固定刀片和活动刀片。活动刀片装在滑块上，靠偏心轮轴的转动获得往复运动，装在机床内部的曲轴连杆机构推动活动刀片切断钢筋。这种切断机的生产率约为每分钟切断 30 根，直径 40 mm 以下的钢筋均可切断。切断直径 12 mm 以下的钢筋时，每次可切 5 根。机械切断操作的安全要求如下：

（1）切断机切断钢筋时，断料的长度不得小于 1 m。一次切断的根数，必须符合机械的性能，严禁超量切割。

（2）切断直径 12 mm 以上的钢筋时，需两人配合操作。人与钢筋要保持一定距离，并应把稳钢筋。

（3）断料时，料要握紧，在活动刀片向后退时将钢筋送进刀口，防止钢筋末端摆动或钢筋甩出伤人。

（4）不要在活动刀片向前推进时向刀口送料，这样不仅不能断准尺寸，还会发生机械或人身安全事故。

4）钢筋弯曲机

（1）机械正式操作前，应检查机械各部件，并进行空载试运转，正常后方能正式操作。

（2）操作时，注意力要集中，要熟悉工作盘旋转的方向，钢筋放置要与挡架、工作盘旋转方向相配合，不能放反。

（3）操作时，钢筋必须放在插头的中下部，严禁弯曲超截面尺寸的钢筋，回转方向必须准确，手与插头的距离不得小于 200 mm。

（4）机械运行过程中，严禁更换芯轴、销子和变换角度等，不准加油和清扫。

（5）转盘换向必须待停机后再进行。

5）钢筋对焊机

钢筋对焊机的原理是利用对焊机产生的强电流，使钢筋两端在接触时产生热量，待钢筋端部出现熔融状态时，通过对焊机加压顶锻，将钢筋连接成一体。钢筋对焊机适用于焊接直径为 10～40 mm 的 Ⅰ、Ⅱ、Ⅱ级钢筋。钢筋对焊机操作的安全要求如下：

（1）焊工必须经过专门安全技术和防火知识培训，经考核合格，持证者方准独立操作；徒工操作必须有师傅带领指导，不准独立操作。

（2）焊工施焊时，必须穿戴白色工作服、工作帽、绝缘鞋、手套、面罩等，并要时刻预防电弧光伤害，要及时通知周围无关人员离开作业区，以防伤害眼睛。

（3）钢筋焊接工作房应采用防火材料搭建，焊接机械四周严禁堆放易燃物品，以免引起火灾。工作棚内应备有灭火器材。

（4）遇六级以上大风天气时，应停止高处作业；雨、雪天应停止露天作业；雨雪后，应先清除操作地点的积水或积雪，否则不准作业。

（5）进行大量焊接生产时，焊接变压器不得超负荷，变压器温度不得超过 60 ℃。为此，要特别注意遵守焊机暂载率规定，以免过分发热而损坏。

（6）焊接过程中，如焊机有不正常响声，变压器绝缘电阻过小，导线破裂、漏电等，应立即停止使用，进行检修。

（7）焊机断路器的接触点、电极（铜头）等要定期检修，冷却水管应保持畅通，不得漏水和超过规定温度。

3. 钢筋加工机械操作注意事项

（1）钢筋加工机械使用前，必须经过调试，保证运转正常，并经建筑安全管理部门验收，确认符合要求、发给准用证或有验收手续后，方可正式使用。设备应挂上合格牌。

（2）钢筋加工机械应由专人使用和管理，安全操作规程应悬挂在墙上，明确责任人。

（3）施工用电必须符合规范要求，做好保护接零，配置相应的漏电保护器。

（4）钢筋冷作业区与对焊作业区必须有安全防护设施。

（5）钢筋机械各传动部位必须有防护装置。

（6）在塔吊作业范围内，钢筋作业区必须设置双层安全防护棚。

4.3.2　搅拌机

1. 搅拌机的分类

搅拌机是用于拌制砂浆及混凝土的施工机械，在建筑施工中应用非常广泛。它以电为动力，机械传动方式有齿轮传动和皮带传动，以齿轮传动为主。搅拌机种类较多，根据用途不同分为砂浆搅拌机和混凝土搅拌机（也可用于拌制砂浆）两大类；根据工作原理分为自落式（见图 4.3.3）和强制式（见图 4.3.4）两大类。

图 4.3.3　自落式搅拌机

图 4.3.4　强制式搅拌机

2. 搅拌机操作注意事项

1）可能存在的安全隐患

（1）临时施工用电不符合规范要求，缺少漏电保护或保护失效。

（2）机械设备在安装、防护装置上存在问题。

（3）施工人员违反操作规程。

2）安全措施与要求

（1）搅拌机使用前，必须经过建筑安全管理部门验收，确认符合要求，发给准用证或有验收手续方能使用。设备应挂上合格牌。应将搅拌机安全操作规程悬挂在墙上，明确设备责任人，定期进行安全检查、设备维修和保养。

（2）安装场地应平整、压实，机械安装要平稳、牢固。

（3）各类搅拌机（除反转出料搅拌机外）均为单向旋转进行搅拌，接电源时应注意搅拌筒转向要与搅拌筒上的箭头方向一致。

（4）开机前，先检查电气设备的绝缘和接地（采用保护接地时）是否良好，传动部位皮带轮的保护罩是否完整。

（5）工作时，先起动机械进行试运转，待机械运转正常后再加料搅拌，要边加料边加水；遇中途停机、停电时，应立即将料卸出，不允许中途停机后再重新起动。

（6）砂浆搅拌机加料时，不准用脚踩或用铁锹、木棒在筒口往下拨、刮拌和料，工具不能碰撞搅拌机，更不能在转动时将工具伸进料斗里扒浆。搅拌机料斗下方不准站人。停机时，起斗必须挂上安全钩。

（7）常温施工时，机械应安放在防雨棚内。若机械设置在塔吊运转作业范围内，必须搭设双层安全防护棚。

（8）操作手柄应有保险装置，料斗应有保险挂钩。严禁非操作人员起动机械。

（9）作业后要进行全面冲洗，筒内料要出净，料斗降落到坑内最低处。

3. 典型案例

某厂房正在进行抹灰施工，现场使用一台 JCZ350 型混凝土搅拌机拌制抹灰砂浆。抹灰工长文某趁搅拌机操作工不在搅拌机旁，私自违章开启搅拌机，且在搅拌机运行过程中探头伸进料口边查看搅拌机内的情况，被正在爬升的料斗夹到其头部后，人跌落在料斗下，料斗着落后又压在文某的胸部，造成大量出血。文某经抢救无效于当日死亡。

1）事故原因分析

（1）直接原因。

身为抹灰工长的文某，安全意识不强，在搅拌机操作工不在场的情况下，违章作业，擅自开启搅拌机，且在搅拌机运行过程中将头伸进料斗内，导致料斗夹到其头部，这是造成本次事故的直接原因。

（2）间接原因。

① 总承包单位项目经理部对施工现场的安全治理不严，施工过程中的安全检查督促不力。

② 分包单位对职工的安全教育不到位，安全技术交底未落到实处，导致抹灰工擅自开启搅拌机。

③ 施工现场劳动组织不合理，大量抹灰作业仅安排 3 名工人和 1 台搅拌机进行砂浆搅拌，造成抹灰工在现场停工待料。

④ 搅拌机操作工不在搅拌机旁，给无操作证人员违章作业创造了条件。

2）事故预防及控制措施

（1）工程施工必须建立各级安全治理责任，施工现场各级治理人员和从业人员都应按照各自职责严格执行规章制度，杜绝违章作业的情况发生。

（2）施工现场的安全教育和安全技术交底不能忽视。

（3）现场治理人员必须加大现场的安全检查力度及强化设施。

（4）施工现场应合理组织劳动，根据现场实际工作量的情况正常进行。

（5）施工作业人员也应进一步提升自我防范意识，不擅自使用与自己工种无关的设备设施。

4.3.3　湿喷机

1. 湿喷机原理

隧道施工喷射混凝土，有干喷和湿喷两种。湿喷不加速凝剂，混凝土预先在搅拌站配制生产，然后用混凝土罐车运送到施工现场，装入湿喷机（见图 4.3.5），将湿拌混凝土通过胶管送到喷管，喷管上接有水管，可通入液体速凝剂，湿拌混凝土与速凝剂在喷管内混合，然后从喷嘴喷出。湿喷的优点：喷射混凝土质量稳定，施工效率高，回弹率低；缺点：设备投资相对较大。湿喷比较适合大方量工程。

图 4.3.5　湿喷机

2. 湿喷机作业程序

（1）先检查湿喷机润滑泵箱体内润滑脂的油量，及时添加，用黄油枪向切换缸关节处注满黄油，开启湿喷机。观察电机旋转方向是否与油泵标识旋转方向一致，如不一致，立即停机，只要任意交换总电源的两相电源即可。

（2）在料斗中加满 1:1 的水泥和水的混合泥浆或清水，泵送润滑输送管道，加正常料前，打开卸料口，将料斗内剩余清水或泥浆放出，打开送风阀门，加入正常料，开始喷浆。

（3）在湿喷机喷射作业完成后，向料斗中注入清水，清洗管道及料斗内残余砂浆，拆除输送管道，人工用清水冲洗喷头，吹干后备用。

（4）检查输送管及混流管是否清理干净，吹干净后备用，将清洗球塞入出料口，反泵吸入，正泵挤出，清洗S管内部。

（5）清洗添加剂泵及添加剂管时，先将吸管插入清水中，打水冲洗，出清水后，开送风阀门，吹干净后备用。

（6）将湿喷机清洗干净后再关机。

3. 湿喷机操作注意事项

（1）起动湿喷机作空运转，如果气温较低，则空运转时间应较长，液压油的温度需升至15℃才能泵送。

（2）在喷射混凝土过程中，要严格注意混凝土的实际搅拌质量和坍落度，若搅拌出来的混凝土不符合泵送要求，必须剔除。

（3）料斗网上不应堆满混凝土，对网上的超粒径骨料及杂物要及时清除，料斗中的混凝土不能太少，以防止因吸空而导致管路堵塞，当供料跟不上时，要及时停止。

（4）喷射混凝土作业需长时间中断时，应停止料斗内的搅拌工作，否则会使混凝土中的粗骨料下沉，再次泵送时，应先搅拌，须在正、反泵操作进行两个行程后才可恢复正泵。

（5）在喷射混凝土过程中，要经常观察泵机上各个仪表的压力及润滑等情况，若出现异常，应及时排除，以确保喷射混凝土作业正常进行。

4.3.4 锚杆机

锚杆机（见图4.3.6）又称土钉机、气动冲击机，主要用于岩土锚杆，路基、边坡治理，地下深基坑支挡，隧洞围岩稳定，预防滑坡等灾害整治，地下工程支护及高层建筑地基处理。锚杆机也适用于深基坑喷护、边坡土钉工程的非预应力锚杆支护。

图4.3.6 锚杆机

1. 锚杆机操作前检查

（1）检查锚杆机电气是否完好，有无失爆。

（2）检查锚杆机液压管路、接头是否完好，防止漏液或接头在来高液压油时脱开伤人。

（3）检查泵站与钻机进出油路连接是否正确。

（4）注意保持液压油的清洁，检查泵箱油量不足，则通过滤网进行补充抗磨液压油。

（5）检查泵站、钻机上连接螺栓是否松动，操作机构是否灵活可靠，铰接装置是否转动灵活。

（6）点动电机，检查电机转向是否与油泵标牌方向一致。

（7）检查供水装置水路是否畅通和有无漏水现象。

（8）检查溢流阀是否打开，钻机各操作手把是否打在零位。

（9）检查钻头、钻杆是否上牢固。

2. 锚杆机操作规程

（1）确认溢流阀打开，钻机各操作手把打在零位，则起动电机。

（2）打开压力表阀门，逐渐关闭溢流阀，压力表指针达到规定值（对一般岩石压力调至 8～14 MPa，岩石坚固性系数较大，可适当增加系统压力），然后将溢流阀螺母锁紧，防止溢流阀因振动而打开。

（3）根据支护工艺要求，观察并定好钻孔位置，将钻机搬到钻孔的下方。

（4）扶好钻机，握紧操作手把，转动右把（内外套结合状态）使油缸缓慢升起，钻头接近顶板后，向内转动左把，使马达缓慢旋转，同时打开水阀，让钻头准确地钻入顶板。

（5）调整马达的转速和油缸的推进力，使扭矩和推进力达最佳状态。

（6）钻孔完毕后，右手把回位，向里移动换向套（内外套分离状态），再转动右手把，钻机在旋转状态下降落，防止钻杆滞留孔内，完全缩回后关闭马达，右手把回位。

（7）取下钻杆，将备好的锚杆药卷推入孔内并与钻机上的搅拌器连接，开动钻机，边推边转。

（8）锚杆到达位置后，搅拌至规定时间，停止搅拌，待药卷凝固后将钻机落下，然后安装托盘，仍用钻机将螺母拧紧。

3. 锚杆机操作注意事项

（1）底板较软时，应给钻机安装底盘以防钻机扎底。

（2）钻孔前，检查指定孔位置的顶板和底板上是否有障碍物，以保证工作安全。

（3）钻机旋转时，不能用手触摸钻杆。

（4）钻机收缩时，手不能扶在支腿上，防止挤压手。

（5）禁止超范围作业，不能在钻机下衬垫木。

（6）工作完毕后用水将钻机冲干净，防止锈蚀。

（7）井下更换密封件时，油管接口处应及时装上快速截止套，防止油溢出和污染。

（8）密封件要按要求定期更换，一般 6～8 个月更换一次。

（9）每周检查一次过滤网，有问题及时更换。

4.3.5 二衬台车

二衬台车（见图 4.3.7）是隧道施工过程二次衬砌中必须使用的专用设备，用于对隧道内壁进行混凝土衬砌施工。二衬台车是隧道施工过程中二次衬砌不可或缺的非标产品，主要有简易衬砌台车、全液压衬砌台车和网架式衬砌台车。全液压衬砌台车又可分为边顶拱式、全圆针梁式、底模针梁式、全圆穿行式等。在水工隧道和桥梁施工中还普遍用到提升滑模、顶升滑模和翻模等。

图 4.3.7　二衬台车

1. 一般规定

1）作业准备

（1）台车安装施工前须对台车设计图纸、设计说明及台车构配件进行仔细研究及对照。

（2）台车安装及拆除应选择洞口相对空间较大的地方，安装及拆除前须平整好场地，安设好钢轨及枕木。

（3）拆除及安装过程中，要确保衬砌台车各部位完好无损，不得进行破坏性拆除。

（4）台车拆装作业时采用 20 t 吊车进行拆装作业。

2）技术要求

（1）模板台车整体质量必须满足相关要求，搭接部分变形不超过 3 mm，其他部分变形不超过 2 mm，顶模设置通气孔及注浆管安装孔。模板拼装检查后应进行防锈处理，防锈处理前表面应打磨干净，无焊渣、毛刺、飞边等。

（2）所有模板必须光滑、平整，确保结构尺寸和平整度满足要求。模板必须牢固可靠，缝洞嵌补严密，模板要做刮灰刷油处理。模板安装前应检查标高与轴线，模板安装要确保支撑牢靠。

2. 二衬台车安全操作规程

（1）台车轨道基面应坚实平整，严禁一侧软一侧硬，轨道顶面应在同一平面上，轨道间距与台车轮缘相符。

（2）台车轨道顶面与隧道纵向开挖面基本平行，当坡度较大时，应在轨道端头不小于 3 m 的地方设置卡轨器，防止台车运行时脱轨。

（3）台车移动就位时，当台车有自动向下滑移时，应选择有经验的人操作，同时前进方向两侧各派一人查看运行情况，出现异常情况时，随时通知操作人员立即制动台车。当台车作用外力（装载机、挖掘机）移动时，必须使用合格的钢丝绳沿隧道上坡方向拖住台车，缓慢溜放移动，让台车在自重力作用下移动，严禁顺坡道方向推移台车。

（4）台车移动过程中应缓慢平稳，当移动困难时，应认真检查台车两侧或底部是否有硬物卡住，检查两侧和顶面是否有钢筋侵限阻碍台车运行，严禁生拉硬拽，遇到困难应立即停止台车前进，以防钢筋骨架垮塌现象发生。

（5）台车定位后，作业人员应首先将台车轮子用木楔楔紧，然后在测量人员的指挥下进行台车定位调校。当台车偏移较大时，应分次对称调整油缸使台车位置达到平衡要求。当台车定位符合要求后，应首先将台车底部各丝杆千斤顶拧紧，再顺次对称将台车两侧千斤顶旋紧。当台车各丝杆千斤顶全部拧紧到位后，将液压油缸千斤顶松开，以保护油缸。

（6）浇筑混凝土前，作业人员应逐个重复检查千斤顶，确保每个丝杆千斤顶已完全拧紧，每个液压千斤顶全部卸压。混凝土浇筑过程中，应严格对称浇筑，两侧入模混凝土高差不得超过 1 m，以 0.5～0.8 m 为宜，同时应派专人检查千斤顶。当模筑混凝土结构厚、方量大时，应适时放慢浇筑速度，并加紧看模频次，防止跑、涨、塌模而出现事故。

（7）台车供电控制电箱应放置在隧道基面上，严禁将控制电箱安装在台车上。所有设置电源线必须经过漏电保护器，动作电流不得大于 30 mA、动作时间不得大于 0.1 s。电缆线必须使用橡胶软电缆，且中间不得有接头、破损。台车架体必须有可靠的保护接零连接。

（8）台车上照明应使用安全电压或手电筒。

3. 二衬台车操作注意事项

（1）施工期间有车辆从台车净空下通过时，应指派专人进行通行指挥管理，严防车辆碰撞台车。

（2）严格控制钢轨中线，避免走行后台车中心与隧道中心偏差过大。

（3）钢轨铺设过程中，轨与轨之间必须连接牢靠，避免台车由于过重，走行过程中将钢轨压断或台车脱轨。

（4）清除枕木下方虚碴，避免衬砌过程中由于混凝土及台车的自重产生下沉。

（5）挡头板受力较大，支立过程中必须加固牢靠，在混凝土浇筑过程中配有专人查看，随时加固。

（6）二衬混凝土浇筑时间较长，为方便二衬与出碴同时施工，输送泵的安放位置应远离衬砌台车。

（7）混凝土输送管在台架上固定牢靠，不得将管路与模板接触，以免混凝土压出时在管口产生强烈振动使模板变形跑模。接头管箍应连接牢靠，避免爆脱，管路用方木支垫高出地面，穿过台车时管箍不与台车构件直接接触。

课后习题

问答题

1. 锚杆机的安全使用注意事项有哪些？
2. 二衬台车的安全使用注意事项有哪些？

任务 4.4　爆破作业安全管理

学习目标

（1）了解爆破作业的潜在危险；
（2）熟悉爆破器材安全管理的基本要求；
（3）掌握爆破作业过程中的安全措施。

任务描述

2013 年 6 月 14 日 11:00 左右，某爆破公司张某将爆破物品拉到某露天煤矿爆破现场，组织煤矿爆破小队开始卸车。在卸车过程中，张某因腰部扭伤，向该爆破公司项目部经理张某建请假后回家。张某在离开前未对作业现场做出任何停止装药爆破等相关指示，张某建也未安排其他专业技术人员到现场监督指导。煤矿爆破班长黄某带领人员向炮眼装药，同时装入了导爆管，大约 16:30 完成装药封孔工作，并对起爆电雷管进行了连线。本次爆破采用电雷管角线串联的方式，共使用了 10 发电雷管，每发电雷管绑定 10 根导爆索，引爆 10 个炸药钻孔。最后黄某将连接好的角线进行了串接，完成准备工作后，黄某等所有装药爆破人员撤出了爆破区域，并在 1440 平台入口进行警戒，等待爆破时间。该矿规定，每天爆破时间为 18:30—19:00。17 时左右开始下小雨，在另一采区的爆破管理人员夏某用对讲机通知施工队现场负责人梵某撤出现场人员和机械，此时，雨越下越大，并伴有雷电，大约 17:30，一声巨响，电雷管和填装好的炸药被引爆，扬起的碎石及爆炸冲击波将 1425 平台正在撤离的 8 号挖掘机和 13 号自卸车驾驶室损毁。事故发生后，施工队现场负责人梵某、副队长刘某首先赶到事故现场，确认人员被困后，立即组织施工队展开救援。救援人员首先将浮石拨开，用铁棍等工具撬开被石头砸坏的驾驶室门，约 18:20 先后从撬开的驾驶室缝隙里将挖掘机司机和自卸车司机救出。因挖掘机司机伤势较重，呼吸微弱，梵某立即将其送往市级医院进行救治，在送往医院的途中挖掘机司机死亡。自卸车司机最后也被送往医院治疗。至此，救援工作结束。

请简述事故发生的原因。

任务实施

4.4.1　爆破作业基本规定

爆破作业常见于矿山开采、隧道掘进及建筑物拆除等工程中，爆破事故也是常见的伤亡事故之一。

爆破作业：利用炸药的爆炸能量对介质做功，以达到预定工程目标的作业。

爆破作业单位：指持有“爆破作业单位许可证”从事爆破作业的单位，分非营业性和营业性两类。非营业性爆破作业单位指为本单位的合法生产活动需要，在限定区域内自行实施爆破作业的单位；营业性爆破作业单位指具有独立法人资格，承接爆破作业项目设计施工、安全评估、安全监理的单位。

爆破工程技术人员：具有爆破专业知识和实践经验并通过考核，获得从事爆破工作资格证书的技术人员。

爆破作业人员：从事爆破作业的爆破工程技术人员、爆破员、安全员和保管员。

爆破作业存在以下潜在危险。

1. 地震波

当药包在岩石中爆破时，临近药包周围的岩石会产生压碎圈和破裂圈。当应力波通过破裂圈时，由于它迅速衰减，无法引起岩石的破裂，只能使岩石质点产生弹性振动，这种弹性波就是地震波。

2. 爆破飞散物

在工程爆破中，被爆介质中那些脱离主爆堆而飞得较远的碎石，称为爆破飞散物。若飞石超过了允许的范围，极有可能造成附近建筑物损坏或人身伤害。

3. 爆炸空气冲击波

爆炸空气冲击波指炸药爆炸时产生高温高压爆轰产物强烈冲击压缩空气介质，使压力、密度、温度骤然升高，并向外传播的扰动。

4. 有毒气体

工程爆破中一般采用的炸药都是由 C、H、O、N 四种元素组成的化合物，爆炸过程中会生成氮氧化物和一氧化碳等有毒气体。

5. 爆破粉尘

爆破施工作业中，采用干湿钻孔时，其作业周围的粉尘浓度可达数十 mg/m^3。如果对炮烟和粉尘处理不当或防护不当，则有可能导致人员伤亡。

4.4.2 人员组织管理

1. 组织指挥体系

（1）爆破作业单位应按照《爆破安全规程》（GB 6722—2014）要求建立相应的组织指挥体系，确定指挥长或指挥人，明确相关人员的岗位职责和任务要求，确保爆破作业安全规范。

（2）A 级爆破作业项目指挥长一般由发包单位相关负责人担任，副指挥长中须有一人为爆破作业单位项目技术负责人。

（3）其他爆破指挥组组长或指挥人由爆破作业单位项目技术负责人或不低于当次爆破作业项目爆破工程级别的爆破工程技术人员担任。

2. 人员配置及要求

（1）项目技术负责人、爆破员、安全员、保管员按照《爆破作业单位资质条件和管理要求》（GA 990—2012）中的规定履行岗位职责，爆破员、安全员、保管员不得兼任。

（2）现场爆破作业人员应与备案信息相符。发现存在身体、情绪等原因及其他不宜从事爆破作业的人员，应当及时调整更换，并向属地公安机关备案。

（3）爆破作业项目应设置项目技术负责人，由资格等级不低于爆破工程级别的爆破工程技术人员担任。项目技术负责人可兼任爆破工程技术人员。当爆破作业项目技术负责人临时不能到岗时，应及时报告属地公安机关，由不低于爆破工程等级的爆破工程技术人员代理并承担相应责任。超过两个月未参加本项目爆破作业活动或两个月内出勤率不足60%的，爆破作业单位应当及时对该项目技术负责人予以变更。

（4）同一个爆破作业项目中存在多个爆破作业点同时进行爆破作业的，每个爆破作业点至少配备一名资格等级不低于该爆破点爆破工程级别的爆破工程技术人员，协助项目技术负责人履行职责。

（5）在爆破员、安全员、保管员满足爆破作业项目管理要求的前提下，爆破工程技术人员可以兼任爆破员、安全员、保管员的工作。

（6）爆破作业项目可配备辅助人员，有关要求如下：

① 年满18周岁且不超过60周岁；

② 无妨碍辅助爆破作业的疾病或生理缺陷，具备完全民事行为能力；

③ 无刑事处罚记录；

④ 无涉恐、吸毒及其他不适合从事辅助爆破作业的情况；

⑤ 具备相应的爆破器材及爆破作业安全知识。

（7）爆破作业辅助人员的岗位职责：

① 按规定数量、规格、路径搬运整箱、整袋炸药，搬运填塞及防护材料；

② 钻孔、吹孔、补孔、填塞、防护等辅助爆破作业活动；

③ 负责保障搬运的炸药安全，防止遗失。

爆破作业辅助人员不得接触雷管起爆器材，不得接触已拆箱拆包的零散炸药。

（8）爆破作业单位应与爆破作业辅助人员签订劳动合同或用工书面协议，对爆破作业辅助人员进行安全教育和岗位技术培训，并做好培训记录台账。

（9）爆破作业辅助人员经爆破作业项目所在地县级公安机关报备后方可从事该项目相关作业。报备时除提供个人信息外，还应提供劳动合同或用工书面协议、培训考核情况。应一项目一报备。

（10）实施安全监理的爆破作业项目，爆破安全监理人员应在爆破器材领用、清退、爆破作业、爆后安全检查及盲炮处理的各环节上实行旁站监理，并做好监理记录。

3. 人员着装等相关要求

爆破作业人员、爆破作业辅助人员及爆破安全监理人员在爆破作业现场进行爆破作业时应按要求着装，并佩戴相应证件，爆破作业辅助人员佩戴工作牌。着装应符合以下要求：

（1）采用夹克或马甲样式，衣服面料材质符合安全要求；

（2）爆破工程技术人员为蓝色，爆破员为红色，安全员为黄色，保管员为绿色，爆破安全监理人员为橙色，爆破作业辅助人员为灰色；

（3）前后应印上工种名称；

（4）前后应有反光条。

爆破作业人员应提供“爆破作业人员许可证”原件或复印件，复印件应有爆破作业单位印章。

爆破作业辅助人员工作牌应符合以下要求：

① 贴有本人近期免冠照片；

② 写明姓名、身份证号、人员类别、项目名称及单位名称等基本信息。

4.4.3　爆破器材安全管理

1. 一般规定

（1）爆破作业期间应划定警戒区，设置警示标志并安排警戒人员值守，禁止无关人员进入。

（2）警戒区内禁止烟火，不得携带火源进入警戒区。电子信号干扰可能造成安全风险的爆破作业，不得携带手机等移动通信设备进入警戒区。

（3）严禁将雷管等起爆器材、起爆药包和炸药混合装卸、堆放。装卸搬运爆破器材应轻拿轻放、码平、卡牢、捆紧，严禁拖拉、撞击、抛掷、踩踏、翻滚。

（4）爆破器材配送、发放、领取、清退应填写爆破器材现场流向记录表，并由交接双方签字确认。爆破作业单位应当于 3 天内将有关信息录入民爆信息系统，原始记录保存 2 年。

2. 装卸、发放和领取

（1）装卸作业应在现场警戒措施落实和作业人员到位后进行，装卸点宜远离人口稠密区，设明显的标志，并设专人在场监督。

（2）接收爆破器材时，保管员、安全员必须同时在场，保管员接收爆破器材时应进行清点、核对、外观检查，并记录接收爆破器材的品种、数量、编号等。

（3）发放、领取爆破器材时，保管员、安全员、爆破员必须同时在场，并有视频监控摄录发放、领取全过程。安全员监督爆破员按照当次爆破作业设计书和当班用量领取爆破器材，保管员清点、核对、记录、发放爆破器材的种类、数量、编号。

3. 临时存放

（1）临时存放爆破器材的位置及周边环境情况，应当纳入爆破设计施工方案、安全评估编制内容和安全监理的监管范围，应当包括在爆破作业项目申请材料内，并事先报告属地公安机关。

（2）不过夜临时存放点存放的爆破器材不超过爆破作业当天用量；昼夜不间断爆破作业临时存放点，可临时存放不超过连续作业 24 h 的设计用量，且过夜炸药临时存放总量不超过 1 000 kg、雷管存放总量不超过 1 000 发，使用专用车辆、船舶临时存放的，夜间存放总量应不超过其核载量的 50%。

（3）不过夜临时存放点应满足下列条件：

① 具备安全存放条件，有专人管理、看护；

② 周边设安全警戒区域，50 m 范围内严禁烟火；

③ 临时存放点应悬挂醒目标志；

④ 炸药与雷管分别堆垛存放，在无隔离安全防护措施的情况下，两者相距不少于 25 m；

⑤ 落实防雨、防水、防晒、防静电措施，必要时使用垫木，覆盖帆布或搭建简易帐篷；

⑥ 作业现场存放的爆破器材应当包装完整，零散的炸药和雷管应当放置在符合安

全要求的保管箱内，箱内有防止雷管碰撞、振动的措施；

⑦ 拆箱、起爆体加工等作业不得在临时存放点进行；

⑧ 临时存放点应当保持整洁，禁止堆放杂物；

⑨ 应当与爆破作业点有充足的安全距离。

（4）昼夜不间断爆破作业临时存放点还应满足下列条件：

① 应使用符合安全标准的房屋建筑、集装箱、车辆、船舶等临时存放爆破器材设施，落实双人双锁、两人以上 24 h 警卫值守等人防、物防、技防安全措施和消防应急设施，选址外部安全距离原则上应符合《小型民用爆炸物品储存安全规范》（GA 838—2009）的规定；

② 临时存放设施应安装视频监控设备，电气、防雷、防静电、照明等满足安全要求；

③ 存放设施周围应设简易围墙或铁刺网，其高度不小于 2 m，按《小型民用爆炸物品储存安全规范》（GA 838—2009）中的规定配置消防器材。

4. 运输、搬运

（1）爆破器材的运输、搬运按《爆破安全规程》（GB 6722—2014）中的规定执行，禁止雷管和炸药混载合运，雷管和炸药不应由一人同时搬运。

（2）爆破作业辅助人员搬运炸药时，应有爆破作业人员监督。起爆体、起爆药包应由爆破员携带、运送。

（3）场内运输采用机械设备搬运炸药时，除必须遵守安全生产管理有关规定外，还应采取以下安全措施：

① 具有保障机械设备行驶、停靠安全的施工通道；

② 机械设备性能完好，能保证运行安全；

③ 一次搬运炸药重量不得超过设备装载能力的 50%及斗容的 2/3，并有防护网等防掉落措施；

④ 机械设备行驶速度不得超过 5 km/h，爆破作业人员步行跟车监督，应急处置；

⑤ 搬运过程中，机械设备上除驾驶人员外不得有其他人员；

⑥ 不得搬运敏感度高的炸药，如硝化甘油类炸药等。

5. 清退

（1）当班爆破作业结束后，项目技术负责人或当班负责的爆破工程技术人员、爆破员、安全员共同清点、核对、记录剩余爆破器材的品种、数量、编号，全部清退回库或不间断爆破作业临时存放点，交由保管员签字确认，存档备查。

（2）破损、玷污的爆破器材不予清退，特殊原因不能清退的爆破器材，应向项目所在地公安机关报告，并按要求进行安全处置。

4.4.4 爆破作业安全管理

1. 基本规定

（1）爆破作业的设计、施工，应当满足《民用爆炸物品安全管理条例》《爆破安全规程》（GB 6722—2014）等法律法规、国家标准、公共安全行业标准规定，并按照不同的爆破类型、级别、环境，选择安全、合理的爆破方式。

（2）工业电子雷管的使用应符合《工业电子雷管信息管理通则》（GA 1531—2018）的相关规定。

（3）现场混装炸药的使用应符合《爆破安全规程》（GB 6722—2014）、《现场混装炸药生产安全管理规程》（WJ 9072—2012）的相关规定。

2. 爆破环境

（1）爆破作业单位应了解周边环境情况及人文、风俗习惯，特别是在闹市区、医院、大型居住区、学校、交通要道、水电油气等重要设施附近进行爆破作业，应选择合适的爆破时段和时间点，减少对生产、生活的影响，并做好应急预案和准备工作。

（2）爆破前，爆破作业单位应对爆区周围的自然条件和环境情况进行现场确认，视情况采取相应的安全防范措施，存在《爆破安全规程》（GB 6722—2014）中6.1.2条、6.1.3条情形的，停止爆破作业，人员应撤离至安全区。

（3）抢险、应急爆破作业，原则上由三名及以上具备高级资格的爆破工程技术人员确定爆破设计施工方案，经抢险救援现场指挥部负责人批准后实施。

（4）在地质条件不良区域实施爆破，应派专人监测爆破区域周边环境情况。

3. 爆破作业

（1）爆破作业前，应按照《爆破作业项目管理要求》（GA 991—2012）规定发布施工、爆破公告。施工、爆破公告应当张贴在施工、爆破作业项目周边主要道口醒目位置。

（2）爆破作业应制作当次爆破作业设计书，并严格按照当次爆破作业设计书进行施工。实施爆破安全监理的项目，当次爆破作业设计书应经爆破安全监理机构签字确认后，再组织实施。

（3）在爆破作业期间，确需对当次爆破作业设计书进行局部调整的，由项目技术负责人签字确认。实施安全评估的项目，施工中如发现实际情况与评估时提交的资料不符，需修改原设计文件时，对重大修改部分应重新评估，并向审批公安机关报告。

（4）爆破作业各环节均应根据爆破作业情况划定警戒区域实施封闭管理。

（5）爆破作业现场应采取必要措施，防止发生盗窃、抢劫、抢夺爆破器材的案件。

（6）爆破作业期间，项目技术负责人、爆破员、安全员必须同时在场，项目技术负责人全面负责爆破作业现场的安全管理，安全员现场监督爆破员按照操作规程装药、填塞、连线、起爆等作业活动，共同签字确认使用消耗爆破器材的品种、数量、编号。

（7）炮孔验收应有两人以上参与，经公安机关许可的项目，爆破工程技术人员应参与炮孔验收。

（8）炮孔验收的主要内容：炮孔的孔网参数；炮孔是否有水及水深；炮孔是否平顺。

（9）炮孔验收发现异常时，做好相应处理；验收记录应及时反馈给爆破工程技术人员，据此编制当次爆破作业设计书。

（10）装药过程中发现炮孔异常确需采用疏通、补孔等措施时，应经现场爆破工程技术人员同意，并有相应记录。

（11）有水的炮孔应采取相应措施，确保炸药装填到位。

（12）炮孔填塞段有水时，应采取相应措施，确保填塞质量。

（13）填塞前应对填塞长度进行测量，填塞长度不满足设计要求时，需采取相应措施，应经现场爆破工程技术人员同意，做好记录。

（14）炸药进入作业区后，应迅速分发到各装药孔口或装药洞口，不应在作业区临时集中堆放大量炸药，不得将雷管和炸药混合堆放。分组进行药包加工、装药时，每组至少有一名爆破员或爆破工程技术人员。

（15）敷设起爆网路时，无关人员应撤至装药警戒线外。

（16）安全防护措施应满足设计要求，并经爆破工程技术人员验收合格。有爆破安全监理的，还应经监理机构验收合格。

（17）安全防护作业应有保证起爆网路安全的措施。

（18）起爆站应设在避爆掩体内，或设在警戒区外安全地点，起爆器应由当班爆破员专人负责。

（19）爆破警戒范围内人员未撤至爆破安全区前，严禁将爆破母线与起爆设备连接。

（20）混装车辆、设备的操作人员应经培训考核合格后方可进行操作，混装炸药作业前，操作人员应对所有设备进行检查，确认安全后方可起动。

（21）爆破作业过程中，如发现险情，应立即报告现场指挥组长或指挥人；发现重大险情、危及人员安全的，应立即撤离相关人员并报告爆破作业单位、建设单位和公安机关。

（22）需夜间开展预装药作业的爆破作业项目，夜间照明应覆盖整个爆破区域及周边一定范围，并针对夜间特殊情况确定安全监管措施，根据爆破作业区域实际情况安排巡逻警戒人员。

（23）电子雷管发生不能起爆的情况时，应及时上报属地公安机关，并留存报告记录。

4. 爆破警戒和信号

（1）警戒距离由爆破设计确定且应满足《爆破安全规程》（GB 6722—2014）中 13.6 条的相关规定。

（2）警戒设置。

① 爆破器材现场存放、装药、爆破警戒范围由爆破技术负责人或爆破工程技术人员确定，警戒区边界设置警戒点和明显警示标志。警戒范围较小区域可以使用警戒带，其他区域可使用带有警戒标志的红旗或红色警示灯。

② 警戒点应定员、定岗、定责，相邻警戒点应能通视，警戒点应形成封闭的警戒区，禁止无关人员和车辆进入。

（3）警戒信号。

① 预警信号：预警信号发出后爆破警戒范围内开始清场工作。声音信号为一长一短连续警笛声，时长不少于 1 min。视觉信号为挥舞黄色警戒旗。

② 起爆信号：起爆信号应在确认人员全部撤离爆破警戒区，所有警戒人员到位，具备安全起爆条件时发出。起爆信号与预警信号间隔时长不少于 5 min。声音信号为短促连续警笛声，时长不少于 1 min。视觉信号为挥舞红色警戒旗。起爆信号发出后指挥人员应再次确认达到安全起爆条件后，下达起爆指令。

③ 解除信号：解除信号在指挥人员确认爆破现场安全后发出。解除信号未发出，岗哨不得撤离，禁止非检查人员进入爆破警戒区域。声音信号为连续长警笛声，时长为 0.5 min。视觉信号为挥舞绿色警戒旗。

④ 各类信号均应使爆破警戒区域及附近人员能清楚地听到或者看到。

5. 爆后检查

（1）确认爆破点安全后，经指挥人员同意，准许检查人员进入爆区检查。检查内容、要求及盲炮处理，按照《爆破安全规程》（GB 6722—2014）中 6.8 条的规定处理。还应做好以下残留爆破器材的检查工作：

① 爆破作业单位应安排人员加强对挖装及弃渣现场的巡查；

② 爆破作业单位应告知挖运及渣土外运人员发现有残留爆破器材时，须及时通知爆破作业单位；

③ 发现残留爆破器材应收集上缴，集中销毁。

（2）发现盲炮时应保护作业现场，及时报告项目技术负责人，由项目技术负责人组织制定盲炮处理实施方案。有爆破安全监理的，盲炮处理实施方案还应经监理机构同意。

课后习题

问答题

1. 在爆破作业中，哪些行为是违法的？请列举三个例子。
2. 在进行爆破作业时，如何正确使用炸药和雷管？
3. 爆破作业中，如何预防早爆和拒爆？请分别列举两个措施。
4. 爆破作业后，如何检查和处理未爆炸的雷管或炸药？

项目 5　施工安全管理

任务 5.1　明（盖）挖施工安全管理

学习目标

（1）熟悉基坑明（盖）挖法的主要内容；
（2）了解明（盖）挖法施工的主要风险源；
（3）掌握明（盖）挖法施工风险的主要控制措施。

任务描述

2017 年 5 月 10 日下午，某地铁集团发出停工通知："认真对照施工组织设计检查，彻底清查安全隐患。"停工通知发出后，基坑现场依然进行土方开挖，5 月 10 日晚上，某市政工程有限公司现场生产经理郑某交代现场工长魏某于次日带工人下基坑进行抽排水、检查钢支撑、钢围檩作业。5 月 11 日上午 7 点多，魏某安排杂工班班长陈某等 5 人下基坑作业。事故发生前，某建筑工程有限公司（土方分包单位）正在开挖面挖土，有 4 台挖掘机在作业，坡顶有泥头车在装土，某市政工程有限公司陈某等 5 名工人在基坑内作业，其中徐某在 15 轴附近第 4 层钢围檩托架上用砂浆抹墙，钟某、赵某亮在下方拌砂浆，赵某福在检查 15～16 轴之间的钢围檩，陈某在基坑底排水。作业现场坑底有积水，垫层浇筑接近 14 轴，土方挖到底至 15 轴附近（垫层未施工）。11 日上午 10 时左右，基坑内 15～18 轴附近北侧土体突然发生滑塌，滑塌土方约 200 m^3，导致 15 轴第 4 层钢管支撑移位，造成在基坑 15 轴附近的 3 名作业人员（钟某、赵某亮、赵某福）瞬间被埋（后确认死亡），徐某轻伤，陈某未受伤。

针对该事故的教训，试简述明挖施工中存在哪些风险源，应如何应对。

任务实施

5.1.1　明（盖）挖施工安全管理

1. 明（盖）挖法简介

明（盖）挖法是修建地下工程的常用施工方法，按其主体结构的施作顺序，明（盖）挖法又可分为明挖顺作法、盖挖顺作法、盖挖逆作法、盖挖半逆作法等，后 3 种方法又可统称为盖挖法。

明（盖）挖法基坑常见的支护形式有桩（墙）＋内支撑体系和桩（墙）+锚杆（索）

体系，对于现场条件比较宽裕的区段，明挖顺作法基坑也常采用放坡开挖或土钉墙支护（见图 5.1.1）。

明（盖）挖区间隧道及车站主体结构多采用矩形框架结构，部分采用拱形结构。常用的结构形式有单层单跨、单层多跨、多层单跨、多层多跨等不同的结构形式。图 5.1.2 和图 5.1.3 分别为典型的明挖区间和车站结构。

(a) 内支撑体系　　(b) 外支撑体系

图 5.1.1　明（盖）挖基坑支护形式

图 5.1.2　地铁明挖区间隧道

图 5.1.3　地铁明挖车站

1）明挖顺作法

明挖顺作法是先从地表面向下开挖基坑至基底设计标高，然后在基坑内的预定位置由下而上地建造主体结构及其防水措施，最后回填土并恢复路面。

明挖施工一般可以分为四大步骤：围护结构施工—内部土石方开挖—工程结构施工—管线恢复及覆土。明挖区间隧道和明挖车站的施工步骤基本相似，但区间隧道的主体结构较为简单。

施工方法应根据地质条件、围护结构的形式确定。对地下水位较高的区域，为避免土方开挖时基坑中水土流失对周围环境的不利影响，在施工过程中可以采取坑外降水或坑内降水。内部土石方开挖时根据土质情况采取纵向分段、竖向分层、横向分块的开挖方式；同时考虑一定的空间及时间效应，应减少基底土体暴露时间，尽快施作主体结构。主体结构一般采用现浇整体式钢筋混凝土框架结构。

明（盖）挖区间隧道及车站多采用矩形框架结构，部分采用拱形结构。根据功能要求及周围环境影响，可以采用单层单跨、单层多跨、多层单跨、多层多跨等不同的结构形式。侧式车站一般采用双跨结构，岛式车站多采用三跨结构，在道路狭窄和场地受限的地段修建地铁车站，也可采用上下行重叠的结构。

2）盖挖顺作法

当路面交通不能长期中断时，可采用盖挖顺作法施工。该方法在现有道路上，按车站或区间宽度，在地表面完成围护结构后，以定型的预制标准覆盖结构（包括型钢纵、横梁和路面板）置于围护结构上充当临时路面维持交通，由盖板往下依次进行开挖和支护，直至达到设计标高。开挖完成后由下而上施作主体结构和防水措施，回填土并恢复管线，最后拆除围护结构的外露部分并恢复路面。

3）盖挖逆作法

如遇开挖面较大、顶板覆土较浅、沿线建筑物过近，为防止施工过程中地表沉陷对邻近建筑物产生影响，可采用盖挖逆作法施工。盖挖逆作法的施工步骤为：先在地表面向下做基坑的围护结构和中间桩柱，基坑围护结构多采用地下连续墙、钻孔灌注桩或人工挖孔桩，中间桩柱则多利用主体结构本身的中间立柱以降低工程造价；随后开挖表层土至主体结构顶板底面标高处，利用未开挖的土体作为土模浇筑顶板，待回填土后将道路复原，恢复交通；最后在顶板覆盖下，自上而下逐层开挖并施作主体结构和防水措施直至底板。

4）盖挖半逆作法

盖挖半逆作法与盖挖逆作法的区别仅在于，待顶板完成及恢复路面后，向下挖土至设计标高后先浇筑底板，再依次向上逐层浇筑侧墙和楼板。在盖挖半逆作法施工中，一般都需设置横撑并施加预应力。

2. 明（盖）挖施工特点

1）明挖施工特点

（1）对周边环境影响较大。明挖顺作法由于要在主体结构修筑完成后才回填土并恢复路面，施工过程中，较长时间地隔断地面交通，对地面交通影响大；明挖结构与暗挖结构相比，明挖结构施工需对顶板上方的管线进行拆除改移。

（2）受地质条件影响较大。软弱地层地段对深挖基坑的稳定及变形控制要求高；硬岩地层地段对市内基坑爆破的噪声及震速控制要求高；在地下水位较高地段施工时，地下水的过量抽排易造成基坑失稳及周边建筑物变形，对基坑施工的安全影响很大。

（3）易受暴雨、台风等外界自然因素影响。

（4）明挖散口开挖法占用场地大、挖方量及填方量大。

（5）施工速度快、工期短，易于保证工程质量，工程造价低。

2）盖挖施工特点

盖挖顺作法与明挖顺作法在施工顺序上和技术难度上差别不大，仅挖土、出土和结构施工等因受盖板的限制，无法使用大型机具，需要采用特殊的小型、高效机具和精心组织施工。

盖挖逆作法、盖挖半逆作法与明挖顺作法相比，除施工顺序不同外，还具有以下特点：

（1）对围护结构和中间桩柱的沉降量控制严格，以减小对顶板结构受力变形的不良影响；

（2）中间柱如为永久结构，则其安装就位困难，施工精度要求高；

（3）为保证不同时期施工的构件间相互连接，应将施工误差控制在较小范围内，并有可靠的连接构造措施；

（4）除在非常软弱的地层中，一般不需再设置临时横撑，不仅可节省大量钢材，也为施工提供了方便；

（5）与盖挖顺作法一样，其挖土和出土速度成为决定工程进度的关键因素。

5.1.2　明（盖）挖施工安全策划重点

明（盖）挖施工技术是一项常见的车站及区间施工技术，在地铁施工中应用广泛。明（盖）挖施工的安全策划重点包括以下几个方面。

（1）项目开工前，要确定安全目标，设置项目安全生产管理机构，健全项目安全管理体系；配备专职安全生产管理人员，制定满足施工要求的各项安全管理制度。

（2）做好前期调查工作，包括地下（地上）管线、地下（地上）建（构）筑物、地下空洞、地面交通状况等；根据勘查资料及现场调查情况制定管线和建（构）筑物保护方案。

（3）根据现场调查情况，结合设计文件，对周围环境及工程本身存在的各种风险因素进一步辨识、评估，确定（或完善）安全风险等级，实行分级管理。

（4）在市区进行明（盖）挖法施工，往往涉及占用交通道路问题。施工前，要详细调查施工区周边道路交通情况，包括路面结构层、路基情况、马路宽度、车流状况（尤其是早晚高峰车流情况）、公共交通站点设置情况、交通设施情况等，根据调查情况及结构施工占路要求，制定交通导行方案，上报交管局审批，方案审批后，要在交警的指导下进行导行。

（5）与暗挖法、盾构法相比，明（盖）挖施工场区面积大，且不同的施工阶段，有不同的场区布置要求，涉及场区建设的工作量大；盖挖法一般实行分幅倒边施工，场区占地窄小，占用周期短，临时构筑物较多。因此，明（盖）挖施工场区布置设计与建设更多地关系到安全、文明施工，这是安全策划的一个重点。

（6）针对明（盖）挖法涉及的深基坑支护工程、土方开挖工程、主体结构高大模板工程、起重吊装工程、爆破工程、降水工程等危险性较大的专项工程，在施工前要单独编制安全专项施工方案。专项施工方案应当经专家评审，经施工单位技术负责人、总监理工程师签字后实施。

（7）针对工程地质风险、周边环境风险、基坑开挖及支护风险等，编制工程项目安全事故应急救援预案，建立应急救援组织机构，配备救援器材、设备和应急救援人员，并定期组织演练。

（8）明（盖）挖法修建地铁结构，施工交叉作业多，如围护桩与降水井的交叉施工、土方开挖与支护体系设置的交叉施工、支护体系设置（拆除）与主体结构施工间的交叉。若这些交叉施工安排不当，容易引发安全事故。施工前，要在施工组织设计上给予充分的考虑；施工过程中，要设置专门的调度人员，统一协调现场的工作。

（9）做好施工的垂直运输方式（塔吊运输、物料提升架、移动式吊车、门龙吊等）和垂直运输设备选型工作；如采用移动式汽车吊、腰带吊等作为垂直运输工具，要设固定作业区，不可在基坑边随意行走，并进行基坑受力验算；如采用塔吊运输，要设置固定基础，并进行抗倾覆验算；施工过程中，要合理设置机械垂直运输线路与人员上下行走线路，以防相互影响，发生事故。

（10）盖挖逆作法中桩（柱）施工是重点和难点，要做好设计计算与现场施工的质量控制工作，防止发生整体沉降过大、差异沉降超标现象，进而引起结构变形。

（11）要做好盖挖顺作法施工路面铺盖系统的承载能力设计，同时，要根据设计要求控制好现场实际加载，防止荷载过大引起铺盖系统变形，引发事故。

5.1.3 明（盖）挖施工风险源

明（盖）挖施工一般可以分为 5 个阶段：前期准备阶段；围护桩（墙）及降水井施工阶段；内部土石方开挖及支撑体系设置阶段；主体结构施工阶段；顶板覆土及管线恢复阶段。如果是明（盖）挖车站，还有内部结构、机电安装及装修阶段。明（盖）挖施工各阶段的主要风险源如下：

1. 前期准备阶段

由于地铁大部分在闹市区修建，为了方便市民出行，车站通常设在交叉路口，施工对路面交通及地下管线影响较大。管线拆除改移、管线保护过程中，措施不当会引发管线破裂风险；交通导行不力，会引起交通拥堵，严重时，会引发交通事故风险。

2. 围护桩（墙）及降水井施工阶段

（1）钻孔桩和连续墙施工时，因前期调研不详，施工时，探孔挖掘不对位，造成钻机破坏地下管线风险。

（2）桩基施工阶段，往往是见缝插针式施工，桩基周边管线还未来得及处理，就开始施工，大型机械行走在管线所在区的地面上进行钻孔作业，易造成浅层管线压裂风险。

（3）施钻（抓）孔时，因措施不当会引起场孔，造成地表沉陷，进雨引起周边地下管线破坏风险。

（4）因拼装钢筋笼、护筒、灌混凝土导管等操作不当，易引起人身伤害风险。

（5）人工挖孔桩施工时，易发生地面坠物、起吊工具失灵、孔内浊气中毒等风险。

（6）钻孔桩垂直度超标，侵入结构，基坑开挖时未采取措施，擅自切除围护结构，易造成基坑失稳风险。

（7）围护结构施工质量差，承载力不够，引起基坑失稳风险。

（8）降水井施工质量差，达不到抽水能力要求。

3. 内部土石方开挖及支撑体系设置阶段

基坑开挖期间，环境风险与基坑自身风险相互影响，互为作用。基坑开挖是个卸载过程，是对地层原有结构的破坏和扰动，土体结构的原平衡状态遭到破坏，会引起土体内应力场的变化，它的后果是使基坑内的土体向开挖方向滑动，产生坑底土体的回弹和围护挡土结构的内移。围护挡土结构位移，会引起周边地表沉降。地表沉降超过一定数值，会引起管线、建（构）筑物破坏，而上水、排水管线的破裂导致水渗入基坑周边土体或灌入基坑，又加速基坑的破坏。所以，基坑施工风险是一个综合风险，任何一道工序的风险，有时直接影响到全局，必须引起重视。

（1）桩（墙）＋内支撑体系基坑，支撑加工（预制）质量不合格、支撑架设不及时、支撑脱落，易引起基坑失稳风险；支撑围檩架设后与桩间不密贴，未采取措施，围檩与桩受力不均，无法形成整体受力，易引起基坑变形风险；角部支撑围檩，未设抗剪墩，围檩未焊成整体，加预应力后，易引起滑动失稳风险；主体结构混凝土未达到强度要求即拆撑、支撑拆除与支撑替换不连贯，容易造成基坑失稳和结构破坏风险。

（2）桩（墙）+锚杆（索）支撑体系基坑，锚杆（索）钻孔进入饱和粉细砂层中，易引起流砂、管涌风险；锚杆（索）未打设，或虽已打设但未张拉就开挖下部土体，易引起基坑失稳风险。

（3）基坑周边超载（如围挡内重型机械在坑边行走、堆载；围挡外社会车辆通行，与坑边较近，但未按设计限重通行）引起基坑失稳，进而引起坍塌事故。

（4）软弱地层开挖易引起基底隆起、基坑周边地表沉陷、管线下沉超标破坏、周围建筑物倾斜（开裂）等风险；在软弱地层、粉细砂层、厚回填土地层中，采用放坡开挖或土钉墙支护，易发生土体滑坡风险；饱和粉细砂地层，在降水或加固不到位的情况下，易从桩间或基坑底部发生流砂、管涌风险；基坑周边存在的水和地下空洞对土层结构变化特别敏感，施工前未处理或处理不当，易引起地层陷落、周边地下管线破裂、周边建筑物破坏风险。

（5）处于岩石地层的基坑开挖，岩石爆破开挖存在飞岩伤人风险。

（6）土钉墙施工时，下列施工行为易造成塌方风险：

① 未按施工方案中设定的步距开挖，开挖步距太大；

② 开挖后，未及时支护，土坡暴露时间太长；

③ 上层土钉注浆体强度、喷射混凝土强度还未达到要求，就开挖下层土方。

（7）土方开挖期间，因与支护体系交叉施工，施工作业机械较多，所以，机械伤害也是这个阶段的主要风险。

（8）明（盖）挖基坑施工作业面大，暴露时间长（从开挖到结构完成的整个过程），部分作业需在坑边进行，如基坑监测、吊装作业，所以，临边防护风险也是明（盖）挖法的主要风险。

（9）雨季基坑开挖，排水不当，坑外土体受到冲刷，坑内土体受水浸泡，易引起基坑失稳风险。

4. 主体结构施工阶段

（1）钢筋垂直运输过程中，可能发生钢筋散落和碰撞伤人。

（2）高大侧墙模板、三脚架在吊运、安装及拆除过程中，由于滑落、跨期及拆除顺序不当，易造成伤人事故。

（3）脚手架运输、搭设及拆除过程中发生坠物、高空坠落及脚手架坍塌事故。

（4）施工垂直运输（尤其是竖井），由于提升钢丝绳断裂、吊桶坠落或吊桶内泥土溢出，或者垂直作业上下无隔离防护措施，可能造成误入危险区的人员伤亡。

（5）深基坑、竖井、预留洞周边易发生人员和物体坠落风险。

5. 顶板覆土及管线恢复阶段

在顶板覆土及管线恢复阶段，施工人员需要特别注意覆土的均匀性，确保压力分布均衡，以防止因覆土不均匀而导致压力失衡或坍塌事故的发生。同时，在管线恢复阶段，要确保管线安装到位，不仅要注意管线本身的连接质量，还要注意管线的周围填土和加固，以免管线恢复不到位导致泄漏风险的存在。这两个阶段的安全措施至关重要，只有保证顶板覆土和管线恢复工作的准确性和完整性，才能有效降低施工过程中发生意外的风险，确保施工现场的安全稳定。同时，施工人员还需密切配合，保持沟通和协调，共同致力于施工安全事故的预防和控制，为工程的顺利进行和施工过程中的风险管理提供有力保障。

5.1.4 明（盖）挖施工风险控制措施

地铁明（盖）挖施工过程中，影响和制约安全生产的风险较多，这里着重针对不良地质条件、土体开挖、边坡支护（围护支撑）、结构工程、防水工程、降水、周边建（构）筑物等重大风险源和主要分部分项工程，给出相应的施工风险控制措施。

1. 不良地质条件的控制措施

不良地质条件下的深基坑施工前，应组织有设计施工经验的岩土工程专家对基坑工程的设计方案和施工方案进行评审。在施工时应严格按设计进行施工，围护结构、软弱地层加固等施工工艺和质量需满足设计和相关规范的要求。

针对地下水位过高的地段，需制定合理的降排水方案。降排水不仅可以改善作业工人基坑下的劳动条件，同时也能避免基底土体泡水软化，提高土体强度，减少回弹、减小基坑变形，从而起到稳定基坑的重要作用。但是，不合理的降排水也可能造成地面和周边建（构）筑物开裂、地基超限沉降。

2. 地下水及降水风险控制措施

开挖低于地下水位的基坑（槽）、管沟时，应根据工程地质条件、水文地质条件和工程周边环境条件、开挖范围和深度，并结合基坑支护和基础施工方案，综合分析、确定地下水的控制措施，可分别选用集水坑降水、井点降水或两者结合等措施降低地下水位，施工期间应保证地下水位经常低于开挖底面 0.5 m 以上。当因降水而危及基坑和工程周边环境安全时，宜采用截水或回灌方法。截水后，当基坑中的水量或水压较大时，宜采用基坑内降水。基坑开挖后发现有地下水，应及时排走，采取降水、注浆堵水和基底引排等措施做到基底无水。地下水控制方法及其适用条件见表 5.1.1。

表 5.1.1 地下水控制方法及其适用条件

<table>
<tr><th colspan="2">方法名称</th><th>土类</th><th>渗透系数/（m/d）</th><th>降水深度/m</th><th>水文地质特征</th></tr>
<tr><td colspan="2">集水明排</td><td rowspan="3">填土、粉土、黏性土、砂土</td><td>＜20</td><td>＜5</td><td rowspan="3">上层滞水或水量不大的潜水</td></tr>
<tr><td rowspan="3">降水</td><td>真空井点</td><td>0.1～20</td><td>单级＜6
多级＜20</td></tr>
<tr><td>喷射井点</td><td>0.1～20</td><td>＜20</td></tr>
<tr><td>管井</td><td>粉土、砂土、碎石土、溶岩、破碎带</td><td>1.0～200</td><td>＞5</td><td>含水丰富的潜水、承压水、裂隙水</td></tr>
<tr><td colspan="2">截水</td><td>黏性土、粉土、砂土、碎石土、岩溶岩</td><td>不限</td><td>不限</td><td></td></tr>
<tr><td colspan="2">回灌</td><td>填土、粉土、砂土、碎石土</td><td>0.1～200</td><td>不限</td><td></td></tr>
</table>

当基坑底为隔水层且层底作用有承压水时，应进行坑底突涌验算，必要时可采取水平封底隔渗或钻孔减压措施保证坑底土层稳定。

降水前，应考虑在降水影响范围内的已有建（构）筑物可能产生的附加沉降、位移或供水井水位下降，以及在岩溶土洞发育地区可能引起的地面沉陷，必要时应采取适当的防护措施；在降水期间，应定期进行沉降和水位观测并做出记录；基坑顶四周地面应设置截水沟；基坑壁（边坡）处如有阴沟或局部渗水，应在渗水处设置过滤层，防止土粒流失，并应设法注浆堵截或引出坡外，防止边坡受冲刷而塌。

采用集水坑降水时，集水坑和集水沟一般应设在基础范围以外，防止地基土结构遭受破坏；大型基坑可在中间加设小支沟与边沟连通。

采用井点降水时，应根据含水层土的类别及其渗透系数、要求降水深度、工程特点、施工设备条件和施工期限等因素进行技术经济比较，选择适当的井点装置。

（1）在第一个管井井点或第一组轻型井点安装完毕后，应立即进行抽水试验，如不符合要求，应根据试验结果对设计参数作适当调整。采用真空泵抽水时，管路系统应严密，确保无漏水或漏气现象，经试运转后，方可正式使用。抽水设备的电气部分需做好防止漏电的保护措施，严格执行接地、接零和使用漏电开关三项要求。

（2）井点降水工作结束后所留的井孔，需用砂或黏土填实。如井孔位于建（构）筑物基础以下，且设计对地基有特殊要求，应按设计要求回填。

采用回灌时，应符合下列要求：为减小施工过程中降水对周围环境的影响，应在降水井管与建筑物、管线、路面之间设置回灌井点，补充该处的地下水，使地下水位基本保持不变；回灌水宜采用清水，以免阻塞井点；回灌水量和压力大小，均须通过计算，并通过对观测井的观测加以调整，既要保证隔水帷幕的隔水效果，又要防止回灌水外溢而影响基坑内正常作业；回灌与降水井点之间的距离一般应不小于 6 m，防止降水、回灌相通；回灌与降水的起动和停止应同步；回灌井点的埋设深度应根据透水层深度来决定，保证基坑的施工安全和回灌效果。

3. 止水帷幕施工风险控制措施

止水帷幕是在工程主体外围进行止水的施工方法，其作用是通过土体固结或素混凝土桩（墙）形成止水墙，阻断基坑内外的水层交流，其形式主要有压密注浆、高压旋喷桩、水泥土搅拌桩、素混凝土灌注桩（或连续墙）等。止水帷幕施工风险主要体现在因止水帷幕方案选择不当、施工质量达不到设计要求等原因导致止水失效而引发基坑事故、止水帷幕施工过程中因操作不当等引起人身伤害或地下管线破坏等风险。

止水帷幕方案选择必须根据工程地质和水文地质、基坑围护结构类型、基坑开挖深度、基坑降水设计等情况，选择一种或几种组合的帷幕方案。止水帷幕设计厚度、深度要考虑施工偏差，要注意和围护结构有效结合。

压密注浆帷幕施工宜采取分段后退式注浆，通过现场注浆试验选择适宜的浆液配比、注浆压力、凝结时间、分段长度等注浆参数，并要对注浆效果进行检测。

高压旋喷桩帷幕施工应根据设计情况，选择单管、双管或三管旋喷工艺，应通过现场试桩选择适宜的浆液配比、旋喷压力、旋喷提升速度、喷嘴直径等施工参数。水泥土搅拌桩帷幕一般选用深层水泥搅拌桩机施工，应严格控制桩机定位、浆液制备、喷浆压力、下沉和提升速度及次数等施工参数。

止水帷幕施工前应做好地下管线及构筑物调查、探测等工作，避免构筑物受损、燃气爆炸、触电等事故发生。压密注浆、高压旋喷桩及搅拌桩施工时，管道连接应牢固可靠，避免软管甩出和浆液飞溅伤人；接近地表时，应停止压浆；操作人员需戴防护眼镜，防止浆液射入眼睛内。

4. 土体开挖风险控制措施

土体开挖施工前，要编制土方工程施工方案，主要包括施工准备、围护结构施工、开挖方法、降（排）水、放坡或边坡支护等。施工前，应通过建设单位组织的工程周边环境资料及其交底，了解地下管线、人防工程及其他构筑物情况和具体位置；作业过程中，应尽量避开管线和构筑物，当地下构筑物外露或者下穿构筑物时，需进行加固保护。在电力、通信电缆和燃气、热力、给水排水等管线的安全保护范围内挖土时，需征得管线单位同意，并在主管单位人员监护下采取人工开挖。

基坑开挖时应遵循“分层分段、先撑后挖、严禁超挖、对称限时”的原则，其挖土方法和支撑顺序应符合设计要求。加强对基坑及周边环境的监测，并根据监测信息及时调整开挖方案，实施信息化的动态施工。若开挖槽、坑、沟深度超过 1.5 m，需根据土质和深度情况按规定进行放坡或加可靠支撑。开挖前，应验算边坡的稳定性，根据规定和计算确定挖土机和堆土离边坡的安全距离。遇边坡不稳、有危险征兆时，需立即撤离现场，并及时报告施工负责人，采取安全可靠排险措施后，方可继续挖土。石方爆破时应遵守爆破作业的有关规定。当开挖深度超过 2 m 时，需在周边设置牢固的防护栏杆，并拉挂安全网。

合理安排施工项目，防止挖方超挖或铺填厚度超标。挖土过程中遇有古墓、地下管线或其他不能辨认的异物、液体或气体时，应立即停止作业，并报告施工负责人，待查明处理后，方可继续。夜晚施工时，施工现场应根据需要安设照明设施，在危险地段应设置红灯警示。

从竖井吊运土石至地面时，钢丝绳索、滑轮、钩子、吊斗等垂直运输设备、工具应完好坚固。起吊、垂直运送时，下方不能站人。配合机械挖土清理槽底作业时，严禁进入铲斗回转半径范围内。须待挖掘机停止作业后，方准进入铲斗回转半径范围内清土。

5. 围护（支护）结构施工风险控制措施

为防止边坡开挖过程中周围土体坍塌，开挖中有下列情况之一时，应设置坑壁支护结构：

（1）因放坡开挖工程量过大而不符合技术经济要求；

（2）因附近有建（构）筑物而不能放坡开挖；

（3）边坡处于容易丧失稳定的松散土或饱和软土地段；

（4）地下水丰富而又不宜采用井点降水的场地。

常见的基坑围护结构有连续墙、桩（钢板桩、钢筋混凝土预制桩或灌注桩、旋喷桩、搅拌桩等）和喷锚（杆、索），应根据基坑周边环境、开挖深度、工程地质与水文地质、施工作业设备和施工季节等条件进行选择。软土场地可采用深层搅拌、注浆、间隔、换填或全部加固等方法对局部或整个基坑底土进行加固，或采用降水措施提高基坑内侧被动抗力。内支撑常见的有钢管支撑、钢筋混凝土支撑或两者结合，在地质条件复杂、周边环境沉降控制严格的场合，内支撑的第一道或多道宜采用钢筋混凝土支撑。应限制使用木支撑，可用时也只能用松木或杉木。

钢支撑应严格按设计要求的材料、尺寸进行加工制作、安装和拆卸；根据工程所处环境特点和钢支撑布置形式合理选择钢支撑的吊装和施加力的设备，做好设备进场、安装、调试等工作；进场钢支撑应有合格证，拼装和检测合格后方可投入使用。基坑施工时应按先撑后挖的原则，及时安装。对需要预加力的钢支撑，按设计轴力施加，同时根据监测情况、支护结构变形情况等及时调整预加力。施工期间不能对钢支撑施加其他荷载，以免钢支撑侧向失稳。对钢支撑需采取可靠的拉吊措施，防止因支护（或围护）结构变形和施工撞击而发生支撑脱落。随着开挖的进行，支撑结构可能发生变形，故应经常检查，如有松动、变形迹象，应及时进行加固或更换。

采用钢板桩、钢筋混凝土预制桩或灌注桩作支护结构时，根据地质情况选择合适的类型；桩的制作、运输，打桩或灌注桩的施工安全要求应按相关规范的要求执行。施工过程中尽量减少振动和噪声对邻近建（构）筑物、仪器设备和环境的影响；开挖时应防止桩身、支撑受到损伤或碰撞；采用钢筋混凝土灌注桩时，应在桩的混凝土强度达到设计强度等级后再挖土；拔除桩后产生的孔穴应及时回填和修饰。

连续墙施工应按地下工程安全规程实施，挖槽的平面位置、深度、宽度和垂直度需符合设计要求；成槽开孔时设专人指挥，在开挖前应对作业影响范围内地下管线、地下构筑物的分布情况进行详细了解，并检查施工电缆线是否损伤，转向时注意尾部的电源线是否有碰撞现象；成槽中暂停作业时，将抓斗提到地面停放，长时间暂停时应将设备转移到离槽段 10 m 以外区域；抓斗入槽和出槽提升速度不应太快，防止抓斗钩住导墙根部造成事故；整个施工过程要注意泥浆恶化，特别大雨天气等要及时调整泥浆比重，避免出现孔；潜水电钻等水下电气设备应有安全保险装置，严防漏电，电缆收放应与钻进同步进行，严防拉断电缆造成事故；钻进速度和电流大小应严格控制，遇有地下障碍物要妥善处理，禁止超负荷载强行钻进。

锚杆（索）施工时，锚杆（索）选用的材料和规格应符合设计要求，使用前应清除油污和浮锈，以便增强黏结的握裹力；钻孔时不能损坏已有的管沟、电缆等地下埋设物；应经常检查锚头是否紧固和锚杆（索）周围的土质情况。

用旋喷桩、搅拌桩作支护结构时，施钻前摸清地下管线埋设情况，以防止因管线受损发生事故；压缩机管道的耐久性应符合要求，管道连接应牢固可靠，防止软管破裂、接头断开，导致浆液飞溅和软管甩出伤人；操作人员需戴防护眼镜，防止浆液射入眼睛内，如有浆液射入眼睛内，需进行充分冲洗，并及时到医院治疗；使用高压泵前，应对安全阀进行检查和测定，其运行须安全可靠；施工完毕或下班后，需将机具、管道冲洗干净。

采用锚杆喷射混凝土作支护结构时，施工前应检查和处理锚喷支护作业区的危石；施工机具应设置在安全地带，各种设备应处于完好状态，张拉设备应牢靠，张拉时应采取防范措施，防止夹具飞出伤人；机械设备的运转部位应有安全防护装置；喷射混凝土施工用的工作台应牢固可靠，并应设置安全栏杆。另外，还应避免操作人员的皮肤与速凝剂等直接接触。

锚杆钻机应安设安全可靠的反力装置，防止钻机反弹伤人；在有地下承压水地层中钻进时，孔口需安设可靠的防喷装置，一旦发生漏水、涌砂，能及时堵住孔口。喷射机、水箱、风包、注浆罐等应进行密封性能和耐压试验，合格后方可使用。向锚杆孔注浆时，注浆缝内应保持一定数量的砂浆，以防罐体放空，砂浆喷出伤人。喷射作业中处理堵管时，应将输料管顺直，需紧按喷头防止摆动伤人，疏通管路的工作风压不能超过 0.4 MPa。喷射混凝土施工作业中，应采取措施，防止钢纤维扎伤操作人员，还要经常检查出料弯头、输料管、注浆管和管路接头等有无磨薄、击穿或松落现象，发现问题，应及时处理。处理机械故障时，需使设备断电、停风；向施工设备送电、送风前，应通知有关人员。

施工中，还应定期检查电源电路和设备的电气部件；电气设备应设接地、接零，并由持证人员操作，电缆、电线需架空。总之，要严格遵守规范的有关规定，确保用电安全。

开挖完成后拆除支撑前，主体结构强度应达到设计和规范的要求，并按设计要求完成传力构造的施工。按结构回筑或土体回填的次序依次拆除支撑，多层支撑应自下而上逐层拆除。当采用爆破法拆除混凝土支撑时，宜先将支撑端部与围檩交接处的混凝土去除，以避免支撑爆破时的冲击波通过围模和围护结构直接传到坑外。

支撑拆除应先拆除联系杆件，后拆除主要受力杆件。在拆除支撑的同时，应加强对支护结构、主体结构、周围环境的监测，发现问题及时调整施工方案。

在拔除钢板桩、SMW 工法型钢时，应注意对周围建（构）筑物的保护。若附近有重要建筑物或地下管线，应对拔出后产生的空洞进行填充（如注入水泥浆等），使土体密实，以减小对周围环境的影响。

此外，采用盖挖法施工时还要注意：盖挖法施工，结构顶板或铺盖系统坐落在支护结构上，地面荷载通过顶板或铺盖传递到支护结构上。所以，支护结构既受侧压力，也承受竖向荷载作用，基坑支护设计时应进行支护桩（墙）侧压力和竖向荷载验算；采用钢筋混凝土灌注桩或连续墙时，应在桩的混凝土强度达到设计强度等级后，方可挖土。

6. 结构工程施工风险控制措施

1）钢筋工程安全控制措施

钢筋工程由钢筋运输与堆放、钢筋加工、钢筋绑扎与安装组成，施工作业中的违规操作是造成事故的主要原因。因此，在施工前，项目技术管理人员应进行安全技术交底，向作业人员详细讲解钢筋工程作业危险与预防措施、安全操作规程及标准和安全注意事项，施工人员在施工过程中要严格遵守。

2）脚手架工程安全控制措施

脚手架搭设或拆除人员属于建筑施工特种作业人员（建筑架子工），需经建设行政主管部门考核合格，取得操作资格证书后方可上岗作业。脚手架搭设与拆除前，需制定施工方案和安全技术措施。大雾及雨、雪天气和六级以上大风时，不能进行脚手架上的高处作业。

拆除脚手架时，需由 2～3 人协同操作；拆除作业区的周围及进出口处，需派专人探望，拆除大片架子时应加临时围栏，严禁非作业区人员进入危险区域。拆除应由上而下按层逐步进行，先拆护身栏、脚手板和横向水平杆，再依次拆剪刀撑的上部扣件和接杆。拆除全部剪刀撑前，需搭设临时加固斜支撑，预防脚手架倾倒。

3）模板工程安全控制措施

（1）模板安装。

模板质量对施工安全和施工质量非常重要，作业前应认真检查模板、支撑等构件是否合格。地面上的支撑场地需平整坚实，模板工程作业高度在 2 m 以上时，需设置安全防护措施。

地下工程模板安装前，需检查基坑边坡的稳定状况，基坑上口边沿 1 m 以内不能堆放模板及材料。向基坑内运送模板构件时，严禁抛掷。使用起重机械运送时，下方操作人员需远离危险区域。操作人员登高需走人行梯道，禁止利用模板支撑攀登上下。

（2）模板拆除。

拆模时混凝土强度需满足要求；拆模的顺序和方法，应按照先支后拆、后支先拆的顺序；先拆非承重模板，后拆承重模板及支撑；在拆除用小钢模板支撑的顶板模板时，严禁将支柱全部拆除后一次性拉拽拆除。已进行拆除的模板，须一次连续拆除完后方可停歇，严禁留下安全隐患。

拆模作业时，需设警戒区，严禁下方有人进入；拆模作业人员需站在平稳牢固的地方，保持自身平衡，以防失稳坠落；不能正对模板，不进行扯拉动作，以防受到打击；严禁用吊车直接吊除没有松动的模板；吊运大型整体模板时须挂结牢固，且保持平衡点；吊装、运大钢模板时需用卡环连接，就位后需拉接牢固方可卸除吊环。拆除的模板支撑等材料，需边拆、边清、边运、边码垛。

属于高支模的模板工程，施工前需编制专项方案，经审批后实施。

4）混凝土工程安全控制措施

（1）材料运输。

使用汽车、罐车运送混凝土时，现场道路应平整坚实，现场指挥人员应站在车辆侧面。卸料时，车轮应挡掩。使用手推车运输混凝土时，装运混凝土高度应低于车厢 5～10 cm；使用井架、龙门架等垂直运送混凝土时，手推车车把不能超出吊盘（笼）以外，车轮应挡掩，稳起稳落；使用塔吊运送混凝土时，小车需焊有牢固吊环，吊点不得少于 4 个，并保持车身平衡；使用专用吊斗时，吊环应牢固可靠，吊索具应符合起重机械安全规程要求。

（2）混凝土浇筑与振捣。

浇筑混凝土前，钢筋、模板等隐蔽工程须经监理验收合格并取得浇灌令后方可进行。浇筑作业需设专人指挥，分工明确。混凝土振捣器使用前需经过电工检查确认合格后方可使用，操作人员严格遵守安全用电规章制度，并做好安全防护，防止触电。浇灌混凝土使用的溜槽节间必须连接牢靠；操作部位应设防护栏，作业人员不能直接站在溜放槽帮上操作。

浇筑 2 m 高度以上框架柱、梁混凝土时，作业人员应站在脚手架或平台上作业，不能直接站在模板或支撑上操作，不能直接在钢筋上踩踏、行走。泵送管接口、安全阀、管架等需安装牢固，输送前应试送，检修时需卸压。浇筑混凝土时，要防止局部堆积、超载，以免模板失稳、坍塌。

（3）混凝土养护。

使用覆盖物养护混凝土时，预留孔洞需按规定装设牢固盖板或围栏，并设安全标志。蒸汽养护、操作和冬季施工测温人员，不能在混凝土养护坑（池）边沿站立或行走，应注意脚下孔洞与磕绊物等。

7. 防水工程施工风险控制措施

1）总体要求

防水材料应采用符合施工安全和环保要求的材料，落实防火、防中毒措施。

2）防止火灾安全措施

施工现场和配料场地（特别是用火点、高温热源处）配备灭火器材，用火点四周 3 m 以内和下方（包括孔洞、裂缝的下方）火星飘落范围内不能有可燃物，必要时使用防火毯等不燃物覆盖。钢材切割、钢筋焊接等作业要远离防水层，近距离作业时要有防火隔离措施。装卸溶剂的容器，需配有软垫，不准猛推猛撞；在使用后，容器盖需及时盖严。

3）防止中毒安全措施

在密闭、半密闭或空间狭小场所进行有毒、有害的防水材料作业或防水层热熔焊接作业时，要保持通风良好，作业人员正确选用和佩戴防护面具，作业时间不宜过长，且应轮换作业，防止中毒。

4）防止高坠的措施

对高处作业面周围边沿和预留孔洞，需按洞口、临边防护规定进行安全防护。雨、雪、霜天应待基面干燥后方可施工。遇六级以上大风时，应停止室外作业。铺贴垂直墙面卷材，其高度超过 1.5 m 时，应搭设牢固的脚手架。

8. 工程周边环境保护

1）周边建筑物保护

采用明（盖）挖法施工时，为减小对周边建（构）筑物的影响，应根据基坑安全等级和有关规程采取相应的防护措施，包括不良地质条件下的围护结构选型、围护结构施工、地下水控制方式、基坑开挖和支撑架设的时空效应控制等控制措施，以及采取隔离桩保护、动态跟踪注浆保护等辅助措施。基坑施工过程中，要加强监测和信息化反馈，根据基坑的安全等级，确定监测的报警值，并根据分级预警，采取相应的控制措施。基坑的安全等级根据基坑的开挖深度、地下水埋深、地质情况、周边环境保护要求等分为不同等级，基坑的安全等级划分参照国家和地方基坑规范的规定。

2）管线保护

采用明（盖）挖法施工时，基坑范围内的管线需改移或采取悬吊、架空等措施，实现对基坑影响范围内地下管线的保护。施工前应对地下管线的相对位置、埋深、类型等进行详细调查，对基坑开挖及结构施工过程中的地面沉降量进行检算、预测，依次对地下管线的沉降量进行预测。施工过程中，对管线进行监控量测，并根据量测结果及时调整、完善保护方案。

9. 盖挖逆作法中桩施工风险控制措施

盖挖逆作法中桩一般采用机械成孔下钻或人工挖孔法成孔，并进行孔下安装钢管柱（钢筋笼）。人工挖孔和孔下安装钢管柱（钢筋笼）是工程的难点和风险点，施工过程中应做好以下风险控制措施。

（1）联络与监护。桩施工作业人员要做好安全防护措施，佩戴相应的安全防护用具，采用有线或无线对讲机、步话机等良好的通信设备或其他可靠的联络通信办法与孔外人员随时保持联系。孔外作业人员连续作业时间不能超过 2 h，并设专人监护。

（2）防孔壁坍塌。护壁混凝土强度应为 C20 以上、厚度不小于 15 cm，在护壁混凝土达到规定强度和养护时间后方可进行土方开挖。孔边 2 m 内不能堆土（物料），机动车辆通行时，应做出预防措施或暂停孔内作业，以防挤压塌孔。

（3）防触电。检查桩孔及施工工具，所有电气设备需装有漏电保护装置，孔下照明使用安全电压灯具（应不大于 36 V，宜使用 12 V 安全电压）；使用专用防水电缆；抽水时人员应离开孔内。

（4）防物体打击。井口第一护壁应高出地面 25 cm；挖出的土方应及时运走，孔边 2 m 内不能堆土（物料）；桶装泥石不能过满，井口人员不能手拿工具等；设安全防护半圆板，孔内、护筒下作业人员均需戴安全帽、系安全绳。桩孔内需放爬梯，并随挖孔深度增加放长至工作面。人员需从专用爬梯上下，严禁搭乘起重设施上下。桩孔施工所使用的电葫芦、吊笼、钢丝绳等需经检验合格，同时应配备自动卡紧保险装置，以应对突然停电。电葫芦宜用按钮式开关，上班前、下班后均应有专人检查并加足润滑油；保证开关灵活、准确，链无损、有保险扣且不打死结，钢丝绳无断丝。支撑架应加固稳定，使用前需检查其安全起吊能力。

（5）防中毒与窒息。作业前将桩孔内的积水抽干，打开孔盖进行通风，经有害气体检测仪检测合格（有害气体浓度、氧气浓度满足标准）后方可下孔作业。当桩孔开挖深度超过 5 m 时，应采用地面风机不间断地向孔底送风，风量不宜少于 25 L/s。地面储备防毒面具（氧气面具）和急救用氧气。

（6）防高坠。现场立警示牌，在桩口处设置防护栏、网，且高度不低于 1.2 m。孔内或护筒下无人作业时，需将孔口盖严、盖牢。

（7）防涌砂涌水。施工前应进行专项安全论证，必要时采取降水。作业过程中孔内设置应急爬梯。

（8）周边环境保护。桩孔开挖后，现场人员应注意观察地面和建（构）筑物的变化。

10. 盖挖垂直运输风险控制措施

盖挖顺作法是先铺盖后通过竖井开挖，施工垂直运输均通过竖井进行，垂直运输过程中需重点关注以下几点。

（1）竖井提升架及设备需经专业施工队安装，并经有关部门验收合格后方可使用，提升操作人员需持有特种操作证，否则不能上岗。竖井提升设备中需安装限位器防止提升过度绞断钢丝绳，造成吊斗坠落。

（2）竖井用钢丝绳应根据使用类别及安全系数确定，允许载重量根据安全系数核定，在使用现场挂牌标明；提升吊斗的钢丝绳偏角不应超过 1.5°；吊装时设防护平台或防护网，使用前对钢丝绳、卡具等进行检查验收，符合要求后才能使用；提升设备各部分，需设专人检查，发现问题应责成专人限期处理并做好记录。

（3）竖井上下设置联动电铃及信号灯，吊放吊斗上下要有统一的信号，有专人指挥，下部人员要避在安全处。吊斗上粘有泥块需铲除时，应将吊斗放在地上铲除，严禁悬空铲泥。

（4）当提升或制动钢丝绳直径减少 10%时，或出现锈蚀严重、点蚀麻坑或外层钢丝松动现象时，需更换。竖井提升装置的连接装置，应根据装置类别选用安全系数适当的装置，使用前用其最大静荷重两倍的拉力进行试验。

（5）竖井中每一主要提升装置配两名司机，一名司机负责开车，另一名司机负责监护，工作中司机不能离开工作岗位和调节制动闸。所有人员应通过扶梯上下，扶梯设防护栏杆。

（6）电动葫芦露天作业时应搭设防护棚，竖井口应设挡水墙，竖井内应设集水坑并备足抽水设施。

11. 地面交通风险控制措施

地面交通对邻近道路的明（盖）挖施工造成的风险主要表现在路面车辆、行人影响道路上施工围挡及围挡内作业人员的安全、路面车辆等交通荷载影响基坑围护结构稳定性。

明（盖）挖施工围挡必须按照设计要求和城市道路设施管理机构及交管部门规定的地域、范围、时间与要求进行装设。围挡装置应整齐稳固，安置的位置应以不妨碍道路交通和行人通过为原则，除出入口外必须连续封闭，保证施工现场与外界隔离。围挡前应做好交通导向标志，施工时应指派专人维持交通秩序。

地面交通荷载对明（盖）挖基坑围护结构的影响主要来自静载产生的竖向压力及由于车辆行走引起的地面振动。基坑围护结构设计时要考虑交通道路与基坑距离、车速、车型、车流量等对基坑稳定性的影响，以选择合适的围护结构嵌固深度。富水软弱地层深基坑工程的施工阶段遇交通高峰期时，应加强对围护结构的监控量测或采取一定的控制交通量的方法。

5.1.5 典型案例

1. 某地铁车站风井基坑破坏事故

某地铁车站风井基坑发生支撑和围檩失稳、基坑坍塌事故。该车站外包尺寸总长193 m，宽 20.2 m，车站及风井围护结构均采用地下连续墙、钢管内支撑体系，采用明挖顺作法施工。2003 年 3 月 26 日晚，该地铁车站风井基坑进行挖土支撑施工，晚上12 时第四道两根钢支撑的土方开挖完毕，次日凌晨 1 时左右进行安装施工，此时第三道钢支撑的部分钢围檩出现变形。27 日早上 5 时左右，围护结构发生响声，同时第三道支撑和围檩发生明显位移。现场负责人立即命令基坑内人员马上撤离，之后紧急回填土，当土方回填 20 m 左右时，基坑支护体系失稳。事故发生过程中，没有人员伤亡，无管线损坏。

1）原因分析

造成此次事故的原因主要有以下三点：

（1）地质原因：该车站基础以下地层中存在暗浜（暗浜指原有大小河浜、水塘由于各种原因被填埋而形成的一种不良地质现象），施工前未对暗浜进行详细的地质勘察，未采取相应的处理和加固措施，给工程施工留下了安全隐患。

（2）气候原因：施工期间正好遇上连续降雨天气，雨水渗入边坡土体，增加了边坡的重量并起到了软化作用，降低了边坡土体的抗剪强度，导致边坡产生滑动。

（3）施工原因：在上层土体加固强度不足的情况下即进行下层土体开挖，造成超挖失稳。规范规定，上层注浆体及喷射混凝土面层达到设计强度的 70%后方可开挖下层土方，而本案例未严格按照规范要求进行，这是导致事故发生的直接原因。

2）控制措施

当发现支撑和围檩发生响声和产生位移时，果断命令基坑内施工人员马上撤离，同时将基坑周围的机械设备等立即撤离，避免人员伤亡和设备损失。事故发生后用黄砂回填基坑，至 28 日凌晨 2 时 30 分，约 6 000 m^3 黄砂回填完毕，排除了险情。

对基坑周围土体下陷和土体浮动区域进行浆液灌注，填充土体裂隙并加固土体，阻止土体变形的进一步发展。对变形后的 2#风井基坑进行现场勘察测量，分析变形状况和影响范围，同时进行跟踪监测，了解变形趋势。

2. 某地铁车站基坑大面积塌方事故

2008 年 11 月 15 日 15 时 15 分左右，某地铁车站 2#基坑施工现场发生大面积坍塌事故，造成人员伤亡，直接经济损失约 4 961 万元。根据调查，事故发生前，第一施工段木工、钢筋工正在作业；第三施工段由杂工进行基坑基底清理，技术人员安装接地铜条；第四施工段正在安装支撑、施加预应力；第五、六施工段坑内两台挖掘机（一台为 SH120，另一台为 PC60）正在进行第 5 层土方开挖。15 时 15 分左右，一声巨响之后，2#基坑部分支撑破坏，西侧中部地下连续墙横线断裂并向基坑内侧倾斜，长度约为 75 m，东侧地下连续墙也向基坑内侧位移。经勘测，西侧墙体横向断裂处最大位移约为 7.5 m。东侧地下连续墙最大位移约为 3.5 m。由于基坑两侧土体中大量淤泥涌入坑内，位于基坑西侧的风情大道随即出现场陷，最大深度约为 6.5 m。路面塌陷导致地下污水等管道破裂，基坑东侧河道的河水倒灌，造成基坑和地面坍塌处进水，基坑内最大水深约为 9 m。49 名正在作业施工的人员除部分自行逃生或被营救外，1 人当场死亡，1 人送医院后不治身亡，另有 19 人被埋压。与此同时，风情大道路面上 11 辆正等待绿灯信号的车辆随路面一起下沉，多数车辆受损，数十名司乘人员及时逃离现场，2 人受轻伤。

1）原因分析

施工单位违规施工、冒险作业，施工过程中基坑严重超挖，支撑体系存在严重缺陷，且钢管支撑架设不及时，垫层未及时浇筑，加之基坑监测失效，未采取有效补救措施，引起局部范围地下连续墙产生过大侧向位移，造成支撑轴力过大及严重偏心，部分钢管支撑失稳，基坑支撑体系整体破坏，两侧地下连续墙向坑内产生严重位移，其中西侧中部墙体横向断裂并倒塌，基坑周边地面塌陷。

2）控制措施

为确保救援工作的顺利进行和防止发生次生灾害，现场指挥部及时调集相关专家到场，根据现场情况制定了填堵抽水、卸土减载、清理支护、加强监测等相应处置措施，施工单位积极配合事故救援工作，根据现场指挥部决策，迅速调集周边施工单位装备机械和力量到场，参加抢险救援工作。在现场指挥部和相关专家的正确指挥下，开展事故救援工作，避免发生衍生事故和次生灾害。

由于坍塌后涌入基坑内的泥土方量较大，加之受损基坑连续墙受两侧压力影响，位移严重，为防止再次发生事故，减少损失，基坑两侧需实施钢筋混凝土桩加固。根据专家建议，事故抢险救援工作于 2008 年 11 月底暂时停止。2009 年 3 月中旬完成基坑围护桩工程施工后，于 3 月 24 日重新开挖清理基坑。

课后习题

一、选择题

1. 回灌与降水井点之间的距离一般应不少于（　　），防止降水、回灌相通。

A. 4 m　　B. 6 m　　C. 8 m　　D. 10 m

2. 喷射作业中处理堵管时，应将输料管顺直，须紧按喷头防止摆动伤人，疏通管路的工作风压不能超过（　　）。

A. 0.4 MPa　　B. 0.6 MPa　　C. 0.8 MPa　　D. 1.0 MPa

二、判断题

1. 当因降水而危及基坑和工程周边环境安全时，宜采用截水或回灌方法。（　　）

2. 高处作业可以在未固定的脚手架上作业；人员可以在不稳定的结构上快速通过。（　　）

任务 5.2　暗挖施工安全管理

学习目标

（1）熟悉隧道围岩稳定和开挖的主要内容；
（2）了解洞内运输安全管理的有关知识；
（3）熟悉隧道监控安全管理的主要内容；
（4）熟悉支护加固安全管理的主要内容。

任务描述

2016 年 10 月 19 日上午 6 时，6 名挖掘工人从 2 号竖井进入左线隧道 166 m 处掌子面，开始注浆加固砂体作业，注完浆后进行人工挖掘作业。8 时许，挖掘机司机秦某山进入现场用挖掘机往四轮翻斗车上装运砂土。8 时 45 分许，2 名挖掘工人黄某俊、樊某龙离开掌子面到竖井取钢筋和架子等作业用品，挖掘机司机秦某山发现施工掌子面上部有砂土擦落的现象，急忙喊正在作业的 4 名工人紧急撤离，同时工人刘某山也发现超前小导管脱落，迅速跳下平台撤离，另外 3 人（樊某军在作业台下，刘某、冯某超在作业台上）在撤离过程中，距掌子面约 5 m 的上下台阶交界处拱顶整体断裂，3 人瞬间被断口处泄漏的砂土埋住。

试简述对于此类事故，应对作业人员开展哪些相关的安全培训工作。

任务实施

5.2.1　暗挖施工概述

1. 暗挖施工简介

暗挖施工是不挖开地面，全部在地下进行开挖和修筑衬砌结构的隧道施工方法。区间隧道施工常用的开挖方法有台阶法、CD 工法、CRD 工法、双侧壁导坑法（又称眼镜工法）等（见图 5.2.1）。车站等跨隧道多采用桩洞法（PBA 工法）（见图 5.2.2）、中洞法（见图 5.2.3）或侧洞法等。应根据工程特点、围岩情况、环境要求及施工单位的自身条件等，选择合适的开挖方法及支护方式。

城市隧道多在城市区域内施工，对地表沉降的控制要求比较严格，因此要加强地层的预支护和预加固。采用的施工措施主要有超前小导管预注浆、开挖面深孔注浆、大管棚超前支护等。

暗挖法适用在埋深较浅、松散不稳定的土层和软弱破碎岩层内施工。暗挖法是按照“新奥法”原理进行设计和施工，以加固、处理软弱地层为前提，采用足够大刚度的复合衬砌（由初期支护、二次衬砌及中间防水层组成）为基本支护结构的一种隧道施工方法。它通过施工监测来指导设计与施工，保证施工安全，控制地表沉降。暗挖法的施工控制要点可以概括为“管超前、严注浆、短开挖、强支护、快封闭、勤量测”，主要工序包括地层的预加固和预处理、隧道开挖和初期支护、防水施工、二次衬砌、监控量测等。

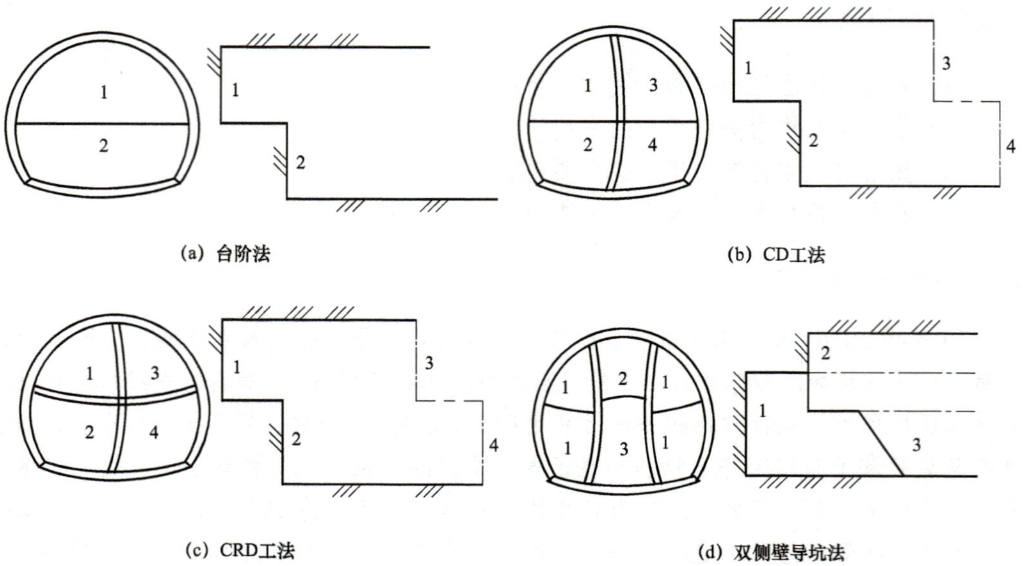

图 5.2.1　区间隧道暗挖施工工法及工序示意图

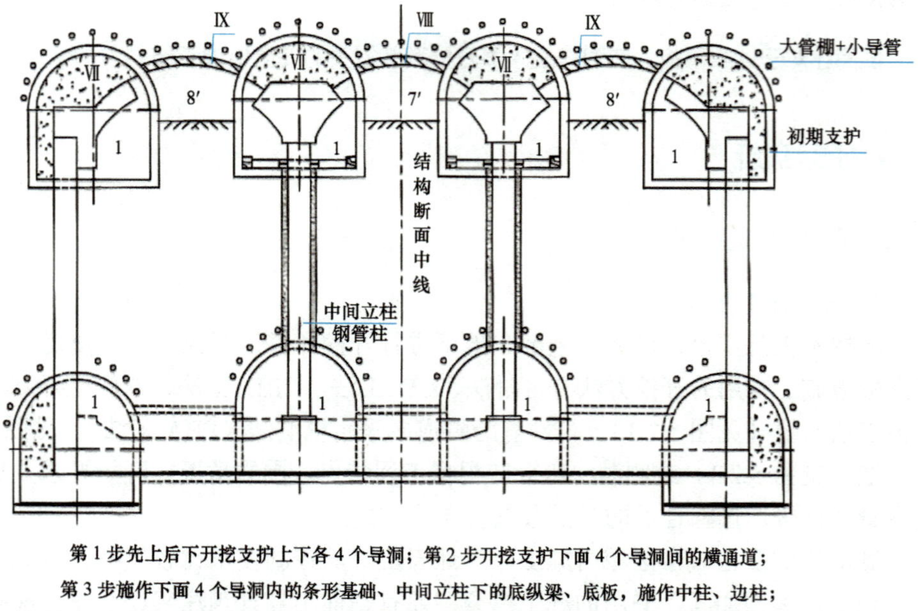

第 1 步先上后下开挖支护上下各 4 个导洞；第 2 步开挖支护下面 4 个导洞间的横通道；
第 3 步施作下面 4 个导洞内的条形基础、中间立柱下的底纵梁、底板，施作中柱、边柱；
第 4 步施工钢管柱及顶纵梁、边桩上梁；第 5 步开挖支护中跨、边跨的拱部：第 6 步施作拱部二衬；
第 7 步向下开挖至站厅板底板标高，施工中层板、纵梁、内衬墙；
第 8 步向下开挖至底板底标高，施作底板及内衬墙。

图 5.2.2　桩洞法（PBA 工法）施工车站工序示意图

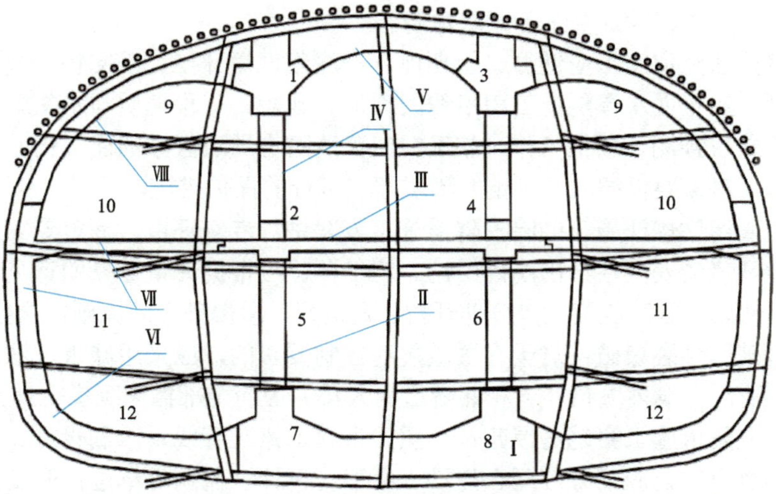

第 1 步开挖支护中洞 1；第 2 步开挖支护中洞 2；第 3 步开挖支护中洞 3；第 4 步开挖支护中洞 4；第 5 步开挖支护中洞 5；第 6 步开挖支护中洞 6；第 7 步开挖支护中洞 7；第 8 步开挖支护中洞 8；第 9 步分段拆除临时支护，施作中洞底梁、底板；第 10 步中洞钢管柱就位、固定；第 11 步分段拆除临时支护，施作中洞中板、浇筑钢管混凝土；第 12 步分段拆除临时支护，施作中拱、顶梁；第 13 步对称开挖支护两侧洞 9；第 14 步对称开挖支护两侧洞 10；第 15 步对称开挖支护两侧洞 11；第 16 步对称开挖支护两侧洞 12；第 17 步分段拆除临时支护，对称施作两侧洞仰拱；第 18 步分段拆除临时支护，对称施作两侧洞站厅层边墙及拱部两侧洞站台层侧墙及中板；第 19 步分段拆除临时支护，对称施作两侧洞站厅边墙及拱部。

图 5.2.3 中洞法施工车站工序示意图

2. 暗挖施工特点

（1）受工程地质和水文地质影响较大，风险因素具有隐蔽性、复杂性和不确定性。

（2）工程周边环境［地下及地上建（构）筑物、地下管线等］与暗挖施工相互影响，相互干扰比较大，容易引起连锁反应。

（3）暗挖施工作业面相对狭小，作业环境条件差，施工机械化程度较低，对安全管理要求高。

与明挖法相比，暗挖法的最大优点是避免了大量拆迁、改建工作，减少了对周围环境的粉尘污染和噪声影响，对城市交通的干扰小。

5.2.2 暗挖施工安全策划重点

区间隧道及车站暗挖施工的安全策划主要包括暗挖施工风险的识别、分析、评估、控制等，策划重点是针对暗挖施工的地质、结构及工法、施工组织、工程周边环境等方面，对存在的各种风险因素进行辨识，形成工程风险清单，并在施工前及施工过程中，根据工程条件、施工方法及设备，按照工程进度和工序，对工程风险清单进行评估和整理，确定工程的主要风险及风险等级，对重大风险进行梳理和分析，制定相应的风险控制措施和应急预案。

根据暗挖施工的特点，暗挖施工的风险管理和安全策划重点应包括以下内容。

（1）建立健全安全的保证体系，设置安全管理机构，制定完善的安全管理制度。配置安全经理（或安全总监）及足够数量的安全管理人员，每个暗挖施工工点配备至少一名岩土专业工程师，并进行跟班检查。

（2）暗挖法隧道施工应遵循“管超前、严注浆、短开挖、强支护、快封闭、勤量测”的原则。应全面掌握隧道工程沿线的地形、地貌、工程地质与水文地质的情况，并做好超前地质预测、预报工作。施工前应查清隧道周边区域的建（构）筑物和地下管线的状况，对需要保护的，制定并落实翔实可行的保护措施。

（3）对采用钻爆法施工的暗挖隧道施工方案进行专家评审，评审专家应当对隧道和工程周边环境的安全性给出明确结论。施工单位应根据评审专家的意见修改、完善施工方案。钻爆法施工应遵循“分部开挖、短进尺、弱爆破”的原则，根据围岩特征，采用光面爆破或预裂爆破；对于有爆破震速控制要求的，应采用减震方法进行爆破。洞内爆破作业时，洞内人员（含相邻隧道内人员）应当全部撤离到安全地点。

（4）暗挖隧道施工穿越房屋建筑、重要市政道路与管线、水利设施、渠河湖海、原有铁路和隧道的，施工方应配合建设、勘察、设计、监理等单位，开工前对施工条件进行评估。

（5）按技术标准和设计要求进行施工监测。

（6）软弱围岩、地层多变、上软下硬和浅埋地段隧道开挖时，应采取掌子面地质素描、钻孔等手段进行超前地质预报，必要时，采用地面补充勘探、物理勘探等手段，掌握开挖面前方的岩层和地下水的情况。对于上软下硬地层、软弱地层等部位施工时应进行超前加固、短开挖、弱爆破、少扰动、强支护。

（7）采用台阶法、CD 工法、CRD 工法、双侧壁导坑法等，开挖时应预留足够的变形量，防止初期支护侵入限界，同时防止过大超挖。对于超挖部分应采用喷射混凝土回填，不能随意采用片石、木材等回填。采用分部开挖时，初期支护拱脚、墙脚应牢固，分部开挖下部时，应左右错开，挖一棉，支一棉。拱部风化球状体宜分块处理，防止塌方。格栅或型钢支撑架设间距、喷射混凝土厚度、锚杆长度和数量等应符合设计要求。拆除临时支护时，拆除长度和顺序应按设计执行，并根据变形测量数据分析、判定拆除时间和拆除部位的安全性。

（8）竖井与横通道交叉洞室、横通道与隧道交叉洞室部位、隧道变断面等应采取强支护，并尽早做好二次衬砌。小净距双隧道施工，需前后错开施工，后行隧道开挖应在先行隧道初期支护封闭后进行。

（9）隧道内需进行机械通风，对于可能存在有害气体的地段需进行气体监测，并加强施工通风。对于地下水的处理，条件允许降水的，可采取降水措施；不允许降水的，应采取注浆堵水，并加强洞内排水措施。

（10）重视隧道信息化施工，应根据量测成果和地质超前预测、预报成果进行分析判断，掌握围岩、水文与初期支护动态信息以指导施工、验证设计，必要时据此修正设计。主管工程师应当对每日的监测数据进行分析、判断，对变形超限情况提出对策。出现围岩、初支突变或大变形时，需分析原因，采取加固措施，在确认稳定后方可施工。强化信息报送，隧道施工出现事故或险情时，要第一时间报省安监机构和主管部门，在事态稳定后，提交事故或险情处理情况报告。强化应急管理，针对可能发生的大变形、坍塌、涌泥、涌砂、流井、周边建（构）筑物和管线损毁等工程风险制定应急预案，配备好抢险材料、器材、设备和交通警戒标志，设置逃生道路，并对应急预案进行演练。

5.2.3 暗挖施工风险源

1. 暗挖施工应重点关注的安全风险因素

影响暗挖施工安全的因素主要有不良地质风险、超前支护施工风险、隧道土石方开挖风险、初期支护施工风险、二次衬砌施工风险、地下水控制风险、周边环境影响风险等。

上述潜在的不安全因素会引起隧道施工中发生透水、坍塌、机械伤害、中毒等意外并可能导致地面建筑物、道路、地下构筑物及地下管线等遭受损害。一旦发生此类事故，会造成较大损失，因此需重点关注，提前制定防范措施。

2. 暗挖施工安全风险因素辨识

暗挖施工安全风险因素辨识应查阅有关文件资料，识别与各类施工作业和管理活动有关的所有危险源与环境因素。暗挖施工安全风险源识别可从以下几个方面进行。

（1）查看地质水文勘察资料及地下管线布置情况，确认是否编制专项安全施工方案及监控量测方案，方案设计中是否有地下管线等建（构）筑物改移或加固方案、监控量测方案和安全防范等安全技术措施。当地铁穿越铁路、轨道交通、房屋等建（构）筑物时，确认是否制定相应的防护措施，并经管理单位同意。

（2）确认施工图设计中是否建立完整的测量和监控量测系统，对隧道位置及工程结构和施工影响区内的地表、建（构）筑物、地下管线等设施的沉降、变形、变位等方面进行监测；当监控量测数据超过设计或方案规定时，确认是否采取安全技术措施，保持施工和建（构）筑物、地下设施的结构安全。

（3）确认竖井设计是否满足安全施工的要求。确认施工中选用的起重、开挖、运输等设备参数是否满足暗挖施工的需要。确认暗挖施工的辅助措施，如超前支护、注浆加固、降水等措施是否安全有效。查阅关于钢筋、模板、混凝土、防水等工程安全检查的记录、文件，看是否满足暗挖施工安全的需要。

暗挖施工过程中由于施工方法和技术措施不当造成的危险源和危害因素详见表A–3。

除表 A–3 中列出的各分部分项工程的危险源和危害因素外，一些危险源存在于多项分部工程中，也要给予重视和保持警惕，包括以下内容：施工机具使用前未对机具进行详细检查引起机械伤害；设备操作工未经过培训，无证上岗引起机械伤害；提升设备及其吊索具、保险装置未按规定定期检测和保养引起双重伤害；施工机械作业中不符合用电操作规定引起触电；作业现场未遵守用火管理规定引起火灾，现场未按规定配备消防器材导致未能及时控制火灾；施工作业人员未按规定佩戴安全防护用品。

5.2.4 暗挖施工风险控制措施

暗挖施工过程中，影响和制约安全的风险较多。这里重点针对不良地质条件、超前支护、隧道开挖、隧道运输、初期支护、二次衬砌、地下水控制、穿越建（构）筑物、穿越江河等重大风险源和主要分部分项工程的施工风险，给出相应的控制措施。

1. 不良地质条件控制措施

1）总体要求

地质条件是暗挖隧道设计与施工的基础资料。在施工过程中，要将地质预报纳入隧道施工工序中，做到提早防、提前防。在设计方案审查阶段，针对不良地质地段，应在地质详细勘察或补充勘察的基础上，结合断面形式、规模、工程类比和必要的结构计算对设计方案进行审查，同时结合类似地质条件下和已开挖隧道的施工经验，修正设计方案，并编制专项施工方案。

对地下水位过高地段，采用降、堵、泄等方法处理，以提高围岩的自稳能力，提高喷射混凝土质量，防止发生流砂、突水、突泥事故。对松散无胶结岩层，低强度岩层，开挖后会发生大变形的岩层，有可能发生突泥、突水的岩层等，均可采取超前小导管预注浆、全断面注浆等预加固地层与改良地层措施。

2）隧道塌方防范措施

塌方是隧道暗挖法施工中最常见的一种风险。施工过程中需根据施工现场的实际情况对施工专项方案进行动态管理，必要时调整施工方案，做到工序紧凑，不跨工序施工，及时封闭，确保每道工序的施工质量。

坚持“以地质为先导”的原则，采用掌子面地质素描、地质雷达等手段超前预报地层情况，时刻掌握隧道的地质状况，异常地质地段要有特殊的超前支护、初期支护措施和开挖方法，严格控制每循环进尺，开挖成型后及时进行初期支护，确保工序衔接。尽早施作并及时封闭成环，以改善受力条件，对特殊地段缩小钢格栅的间距，加强初期支护。切实做好隧道注浆堵水工序，防止地下水流失或因涌水造成的塌方事故。掌子面准备喷浆机、木材、型钢、网片、沙包等应急材料，一旦出现塌方征兆，立即喷浆封闭掌子面，并停止开挖，在采取可行的加固方案后方可开工。遇到有严重险情时，作业人员应先行撤离、紧急避险。

加强监测，开挖初期支护后，量测拱顶下沉及墙腰的收敛、地面下沉与隆起值和格栅钢架内力，及时对数据进行分析，发现异常情况立即上报，并采取应急防治措施。

3）隧道冒顶、片帮处理措施

冒顶、片帮是隧道暗挖法施工中比较常见的一种风险。发生隧道冒顶、片帮时应立即上报，并马上组织调配抢险机械设备、抢险物资及抢险人员；当险情危及（地面、地下）设备、车辆及人身安全时，人员及设备要撤离危险区，设置警戒线，防止其他人员或社会车辆进入危险区域。

用方木、工字钢等支撑塌方掌子面，及时挂网喷射混凝土封闭塌方土体并对距离掌子面 5 m 范围内的初期支护采用工字钢支撑进行加固，喷射混凝土封闭后在塌方段径向打设注浆小导管并及时注浆回填，待土体达到强度后方可破开工作面。开挖过程中采取增加小导管数量，调整超前支护注浆的浆液类型、配比及注浆压力、持压时间等措施，控制开挖进尺，避免开挖临空时间过长，防止类似事故再次发生。

对于重大塌方段，如对路面、管线及周边建筑物造成影响，应立即对事故现场采取回填处理，回填后应对回填区进行注浆加固，并及时恢复路面交通。

4）隧道涌（突）水防范及处理措施

防止隧道涌（突）水的有效措施有以下几种，针对不同情况往往需要多种措施组合使用。

（1）超前钻孔探水法。超前钻孔探水法是在洞内掌子面上超前钻孔（在掌子面钻3～5个15 m超前深孔）进行探水，提前预报，防止突水。这是最直接有效的探水手段。

（2）红外超前探水。红外探测是根据红外异常来确定含水断层、含水熔岩、地下小河等的存在。在复杂的地质条件下，特别是熔岩发育地区，相对掘进隧道的隐伏水体或含水构造，除了出现在掘进前方之外，还可能出现在顶板上方、底板下方、两边墙外部。针对复杂水文地质特点，红外探测仪可实现全空间、全方位探测。

（3）超前预加固。探明隧道开挖范围内富含地下水时，可对该地层进行超前预加固处理。超前预加固主要采用超前深孔注浆、管棚加固、小导管注浆等方式，对富水、有突水可能或存在承压水的地段，采用挤压劈裂注浆以防止突水；在破碎围岩地段，采用渗透填充注浆对围岩进行加固。施工前要编制掌子面超前注浆加固止水方案并经审批，施工中严格按审批方案执行。

（4）留核心土。含水地段隧道开挖时，采用短台阶环形留核心土开挖，每次注浆根据注浆效果来确定是否补注及确定开挖长度。在富水或承压水段开挖时，每循环要留6 m的止浆岩盘；一般注浆段开挖，每循环要留2～3 m的止浆岩盘。

（5）隧道基底先铺。进行衬砌时，富水破碎地段一定要坚持铺底先行，防止隧道基底被水浸泡软化，影响初支施工安全与结构可靠度。

当发生隧道涌（突）水事故时，隧道内掌子面立即停止作业，切断电源，所有人员撤至地面等待命令。当即确保作业人员安全的前提下，立即对掌子面挂网、喷射混凝土，当出水较大时应集中排水，及时架设格栅，对坍体进行封堵和反压。在堵水时应随时观察洞内情况，防止掌子面或其他地方出现坍塌；从封堵墙位置打设超前大管棚，注入水泥水玻璃双液浆加固周围土体；开挖掘进隧道上台阶时，应加密格栅钢架，加强初期支护，开挖下台阶时支护要紧跟，在初支后及时进行二次衬砌施工；密切关注水情变化，严密监控隧道内环境。

5）瓦斯隧道安全预防措施

（1）进入隧道施工前，应检测开挖面附近20 m范围内、断面变化处、导坑上部、衬砌与未衬砌交界处上部、衬砌台车内部、拱部塌穴等易积聚瓦斯部位，机电设备及开关附近20 m范围内，岩石裂隙，溶洞，采空区，通风不良地段等部位的瓦斯浓度。隧道内瓦斯浓度限值及超限处理措施应符合表5.2.1的规定。

表5.2.1 隧道内瓦斯浓度限值及超限处理措施

序号	地点	限值	超限处理措施
1	低瓦斯工区任意处	0.5%	超限处20 m范围内立即停工，查明原因，加强通风、监测
2	局部瓦斯积聚（体积大于0.5 m^3）	2.0%	附近20 m范围内停工，断电，撤人，进行处理，加强通风
3	开挖工作面风流中	1.0%	停止电钻钻孔
4	爆破后工作面风流	1.0%	继续通风，人员不得进入

续表

序号	地点	限值	超限处理措施
5	局部通风机及电气开关 20 m 范围内	0.5%	停机不得起动
6	钻孔排放瓦斯时回流中	1.5%	撤人，停电，调整风量
7	竣工后洞内任意处	0.5%	查明渗漏点，向设计方反映，增加运营通风设备

（2）通风设施应保持良好状态，并配置一套备用通风装置；各工作面应独立通风，严禁两个作业面之间串联通风。

（3）瓦斯检测应至少选择两种方法相互验证，当瓦斯含量低于 0.5%时，应每 0.5～1 h 检测一次；当瓦斯含量高于 0.5%时，应随时检测，发现问题立刻报告。煤与瓦斯含量较大，变化异常时，应加大检测频率。

（4）洞口 20 m 范围内严禁明火；严禁穿戴易产生静电的服装和设备进入瓦斯工区；严格放炮管理，使用经过许可的炸药。

（5）高瓦斯工作区和瓦斯突出工区电气设备与作业机械必须使用防爆型。

2. 超前支护风险控制措施

1）总体要求

对于围岩自稳时间小于初期支护完成时间的地段，应根据地质条件、开挖方式、进度要求、使用机械情况，对围岩采取锚杆或导管超前支护、导管周边注浆等安全技术措施。当围岩整体稳定难以控制或上部有特殊要求时，可采用管棚超前支护。

采用超前锚杆支护时，一般宜采用钻孔注浆锚杆支护，其孔位布设、长度、夹角、材料规格、锚杆预加拉力等参数应符合设计要求。当采用导管超前支护时，导管既作为注浆导管，又起超前锚杆作用。导管规格、间距、长度、外插角及注浆要求应符合设计规定；导管超前支护施工前应将工作面封闭严密、牢固，清理干净，并测设钻孔位置后方可施工。当采用管棚超前支护时，一般用钻机成孔或将管棚随钻直接打入地层；管棚超前支护施工前应封闭工作面，并测定孔位；管棚钢管规格、管棚孔位、间距、钻孔深度、角度及注浆材料需符合设计要求。

施工期间，尤其在注浆时，应对支护的工作状态进行检查；当发现支护变形或损坏时，应立即停止注浆，并采取措施；注浆结束 4 h 后，方可进行掌子面的开挖。浆液配置或存放过程中应设专人管理，对有腐蚀性的配剂应严格按操作规定试配；注浆前应对注浆管路、压力表、注浆设备等进行认真检查；注浆时应按设计压力分级逐步升压，根据注浆量、注浆压力进行双控以确定结束注浆时间；拔出注浆管时不能将管口朝向操作人员，注浆液不慎溅入眼中时应尽快用清水冲洗或寻求医生帮助。注浆过程中，严格控制注浆压力，保证浆液的渗透范围，防止出现结构变形、串浆，危及地下、地面建（构）筑物的异常现象。钻孔作业中，不能靠近钻杆和机械传动部分；钻孔中遇到障碍，需停止钻进作业，待采取措施并确认安全后，方可继续钻进。钻孔中发生大量突泥、涌水时，应集中全力及时注浆封堵。加强统一指挥，在钻注作业中发生异常情况时，要及时处理，确保安全。

2）超前锚杆支护

在未扰动而破碎的岩层、结构面裂隙发育的块状岩层或松散渗水的岩层中，宜采用钻孔注浆超前锚杆支护，锚杆的尾部支撑需坚固可靠。锚杆间距应根据围岩状况确定，地质情况变化时，锚杆参数也应改变。

3）导管注浆超前支护

当在软弱、松散岩土层中开挖隧道时，需先加固地层，而后开工。导管安设前应先测出钻设位置后方可施工。采用钻孔施工时，其孔眼深度应大于导管长度；采用锤击或钻机顶入时，其顶入长度不小于管长的 90%。注浆前应喷射混凝土封闭作业面，防止漏浆，喷层厚度不宜小于 50 mm。选择注浆材料时，应根据地质条件、注浆目的和注浆工艺等全面考虑。注浆结束后应检查其效果，不合格时应补浆。注浆达到需要的强度后方可进行开挖。注浆施工期间，应监测地下水是否受污染，防止注浆浆液溢出地面或超出注浆范围，如有污染，应采取措施。

4）管棚超前支护

在软弱土层围岩、破碎岩层中开挖浅埋大跨度地下洞室时，应采用管棚超前支护技术。

管棚钢管环向布设间距对防止上方土体坍落及松弛有很大影响，施工中需根据结构埋深、地层情况、周围结构物状况等选择合理间距。在铁路、公路等正下方施工时，要采用刚度大的大、中直径钢管连续布设。

在软弱破碎地带，为避免钻进过程产生坍孔，常以钢管代替钻杆，在钢管前端镶焊钻具直接钻进，并随钻进入钢管，直至设计深度。大管棚钢管接长时需连接牢固。钻孔完毕后应检查其位置、方向、深度、角度是否符合设计要求，并做好检查记录，符合要求后方可安装管棚。管棚安装后，应及时隔孔向钢管内及周围压注水泥浆或水泥砂浆，使钢管与周围岩体密实，并增加钢管的刚度。注浆时钢管尾部应设止浆塞，并在止浆塞上设注浆孔和排气孔，当排气孔出浆后，应立即停止注浆。

3. 隧道开挖风险控制措施

1）土质隧道开挖风险控制措施

（1）土质隧道开挖方法应根据围岩级别、断面大小、埋置深度及地面环境等条件，经过技术、经济比较后确定，必要时根据现场监测结果调整开挖方案。

（2）地下水位较高时，可在隧道开挖前采用降水井降水，设排水沟抽水、注浆、水泥搅拌桩或旋喷桩加固地层等方式降水或堵水，以确保隧道开挖掌子面和隧道底部的土体稳定及施工安全。

（3）开挖过程中，应加强开挖面的地质素描和超前地质预报工作。隧道开挖应连续进行，每次开挖长度应严格按照设计要求、土质情况确定，并严格控制。停止掘进时，对不稳定的围岩应采取临时封堵或支护措施；开挖后，应及时进行初期支护。采用分部开挖时，应在初期支护喷射混凝土强度达到设计强度的 70%以上后，方可进行下一分部的开挖。

（4）隧道施工严格控制超挖、欠挖。超挖部分应及时用同级混凝土回填并注浆，以尽快稳定围岩变形，欠挖部分应挖除。当隧底地质软弱、下沉超限时，应及时对隧底进行加固处理。

（5）隧道开挖过程中，监控量测工作应及时跟进，实施信息化施工。

2）爆破开挖风险控制措施

爆破作业应按现行国家标准《爆破安全规程》（GB 6722—2014）要求，编制爆破设计方案，制定相应的技术措施。方案应经过专家评审和施工单位技术负责人、监理项目部总监审批。爆破作业应根据地形、地质和施工地区环境的具体情况，采取相应的防护措施。

钻眼前，应检查工作环境的安全状态，清除开挖工作面浮石及瞎炮；凿岩机的支架在碴堆上钻眼时，应保持碴堆的稳定；用电钻钻眼时，不能用手导引回转的钎子或用电钻处理被夹住的钎子；不得在残眼中钻眼。

爆破器材应由装炮负责人按一次需用量提取，随用随取。放炮后的剩余材料，应经专人检查核对后及时交还入库。

装药前，非装药人员应撤离装药地点；装药区内禁止烟火；装药完毕后，应检查并记录装炮个数、地点；不能使用金属器皿装药；起爆药包应在现场装药时制作。

起爆前应做好下列防护工作：

（1）起爆应由值班人员监督和统一指挥；

（2）洞内爆破时，所有人员需撤离，撤离的安全距离应为：独头隧道内不小于200 m；相邻上下隧道内不小于100 m；相邻隧道、横通道及横洞间不小于50 m；双线上断面开挖时不小于400 m；双线全断面开挖时不小于500 m。

爆破后需加强通风排烟，在施工方案确定的时间（一般为15 min）后检查人员方可进入开挖面检查。检查内容包括：有无瞎炮；有无残余炸药或雷管；顶板及两帮有无松动围岩；支撑有无损坏与变形。

当两个相向贯通开挖的开挖面之间的距离只剩下15 m时，只允许从一个开挖面掘进贯通，另一端应停止工作并撤走人员和机具设备，在安全距离处设置警告标志。

3）变断面开挖风险控制措施

暗挖隧道在辅助通道与正线连接段、正线不同工法转换连接段、人防段等存在隧道断面变化的情况，隧道变断面施工应编制专项施工方案，加强施工监测，严格控制拱顶下沉及结构失稳，确保隧道断面衔接和工法转换顺利过渡。

针对隧道断面变化的不同形式，采用大断面向小断面过渡或小断面向大断面过渡的方法。大断面向小断面变化难度较小，将大断面隧道施工到设计里程后，喷射混凝土封闭掌子面，再破口进入小断面施工即可实现。对Ⅰ、Ⅱ级围岩，采用锚杆、钢筋网、喷射混凝土封闭掌子面；对Ⅲ～Ⅴ级围岩，采用系统锚杆或超前导管注浆、型钢拱架、钢筋网、喷射混凝土封闭掌子面。

若小断面向大断面变化的幅度不大，可采用提前渐变，逐渐加高、加宽即可实现；若变化幅度较大，则要采用增加横通道、小导洞、将施工顺序转换成由大到小施工，再对大断面反向施工等措施进行处理。在Ⅲ～Ⅴ级围岩地段，必须采取大管棚或超前小导管、加密钢架、加密监测等加强措施。

4. 隧道运输风险控制措施

1）竖井垂直运输

暗挖法的垂直运输均通过竖井进行，风险控制措施参照暗挖法中垂直运输部分。

2）洞内运输

洞内运输包括破土、施工人员、构件、施工机械和爆破用品运输。装碴作业应符合下列规定：装碴机械在操作中，其回转范围内不能有人通过；装碴时若发现碴堆中有残留的炸药、雷管，应立即处理；机械装碴的辅助人员，应随时留心装碴和运输机械的运行情况，防止挤碰。

在洞口、平交道口、狭窄的施工场地，应设置缓行标志，必要时应设专人指挥交通；凡接近车辆限界的施工设备与机械，均应在其外缘设置低压红色闪光灯，显示限界；车辆行驶时，严禁超车；会车时，两车间的安全距离应大于 50 cm；同向行驶的车辆，两车间的距离应大于 20 m；洞内能见度较差时，应补充照明；洞内倒车应由专人指挥。采用无轨运输方式运送碴土时，无轨运输车辆限制速度应符合表 5.2.2 的规定。

表 5.2.2　无轨运输车辆限制速度　　单位：km/h

项目	作业地段	非作业地段	成洞地段
正常行车	10	20	20
有牵引车	5	15	15
会车	5	10	10

采用有轨运输方式运送碴土时，行车速度与列车间距应符合表 5.2.3 的规定。

表 5.2.3　有轨运输行车速度与列车间距

牵引方式	最大行车速度/（km/h）		列车间距/m
	洞外与成洞地段	洞内施工地段	
机动车牵引	15	5	＞60

机动车牵引运输应符合下列规定：非值班司机不能驾驶机动车；司机不能擅离工作岗位；当离开时，应切断电源，拧紧车闸，亮开车灯；列车制动距离，运送物料时不能超过 40 m，运送人员时不能超过 20 m。

使用人行车运送人员时，发车前应检查各车的连接装置、轮轴和车闸等；列车速度不能超过 10 km/h：乘车人员所携带的工具和物件不能露出车外；列车运行中和尚未停稳前，人员不能上下；机车和车辆之间严禁搭人。

爆破器材的运输应由专人护送，雷管与炸药分别运送，雷管应装在绝缘箱内运送；运送前应通知卷扬机司机和井口上下的联络员；运送硝化甘油炸药或雷管时，罐笼内只准放一层炸药箱或只放雷管，罐笼提升的速度不能大于 2 m/s；运送其他炸药时，炸药箱堆放的高度不能超过罐笼高度的 2/3，且不能高于 1.2 m；在装有炸药的罐笼或吊桶内，除爆破工或护送人员外，不能有其他人员；在交接班、人员上下井的时间内，不能运送；爆破器材不能放在井口房、井底车场或其他隧道内。

5. 初期支护风险控制措施

1）总体要求

隧道开挖时，需在开挖过程中及时施作支撑与初期支护，确保施工安全。初期支护需有足够的强度和刚度，以保持围岩的稳定性和施工的安全性。喷锚构筑法施工采用的支护形式主要有“锚杆+钢筋网+喷射混凝土”“钢架（格栅）+钢筋网+喷射混凝土”和“钢架（格栅）+锚杆+钢筋网+喷射混凝土”联合支护三种，施工作业时应视不同地质条件和围岩稳定程度合理选用。施工期间，应对支护的工作状态进行定期和不定期的检查。在不良地质地段，应有专人检查。当发现支护开裂、变形或损坏时，应立即修整加固。初期支护应预埋注浆管，结构完成后，及时注浆加固，填充注浆滞后开挖面的距离不能大于 5 m。暂停施工时，应将支护直抵开挖面。

构件支撑的立柱不能置于虚碴和活动石块上。在软弱围岩地段，立柱底面应加设垫板或垫梁。钢拱架就位后，支撑需稳固，及时按设计要求焊（栓）连接成稳定整体。正洞与辅助坑道的连接处，应加强支护。需爆破作业时，喷射混凝土凝固到下一循环放炮间隔时间，应不小于 3 h。喷射混凝土作业应加强通风、照明，采取防尘措施降低粉尘浓度，作业人员佩戴防尘口罩。

在隧道施工过程中，应对地面、地层和支护结构的动态进行监测和控制，并及时反馈信息。

2）锚杆网喷混凝土支护

安装锚杆及钢筋网时，作业人员之间应协调动作，在本排锚杆或本片钢筋网未安装完毕，或与相邻的钢筋网和锚杆未连接稳妥之前，不能擅自取消临时支撑。工作人员加强个人防护，眼睛或皮肤接触浆液时，应立即用清水或生理盐水彻底冲洗 20 min，严重者送医院治疗。

对所需湿喷机需实行定机、定人、定岗位的“三定”制度，认真执行安全操作、保养和交接班制度。湿喷机应布置在安全地带，喷射机注浆罐、风包等均应安装压力表、安全阀，并在使用前进行耐压试验，合格后方可使用。

锚喷作业前需检查管道、现场环境、接头、压力表及安全阀，确认安全后方可进行操作。喷射作业场地要做到机械布置得当，运输道路畅通，风、水、电位置合理，线路顺直互不干扰，管线路应不漏风、不漏水、不漏电，场地整洁无积水。喷射作业时应随时检查开挖面情况，防止出现掉块（块石、碎石掉落）、隧道墙壁或孔部出现空鼓或裂缝、冒顶（隧道顶部发生塌方或坍塌）等现象，地质稳定性较差时可先初喷一层混凝土封闭开挖面，然后再喷射至设计厚度。

在碴堆上作业时，应避免踩踏活动的岩块；在梯、架上作业时，梯、架安置应稳妥，且有专人监护。清除开挖面上的松动岩体、开裂的喷混凝土时，人员不能处于被清除物的正下方。手持喷射器作业时，喷口严禁对着人使用、放置，理顺输料管，严禁碾压、踩踏管路；非操作手不能动用喷射头。喷射机开机时应先送风，在开机后送料，结束时待料喷完，先停机后关风。工作中应经常检查输料管出料弯管有无磨薄击穿及连接不牢的现象，发现问题及时处理。当喷嘴不出料时，检查输料管是否堵塞，且一定要避开有人的地方，严防高压水、高压风及其他喷射物突然喷出伤人。作业中如发生风、水、输料管路堵塞或爆裂，需依次停止风、水、料的输送。

当发生支护体系变形、开裂等险情时，应采取补救措施。险情危急时，应将人员撤出危险区。

3）钢拱支撑网喷混凝土支护

当要求初期支护有较高的早期强度和刚度时，应优先采用各种型钢拱架设计。钢拱支撑的拱脚应设在稳定的岩层或为扩大承压面而设置的垫板上，保证拱脚稳定不下沉。严禁在软土地层超挖拱脚后用松土回填。

拱架或墙架安设后，纵向需连接牢固，构成整体。纵向连接可采用拉杆或钢筋焊接连接，其设置应符合设计和规范要求。

焊接连接钢筋时，保证电焊机和焊接导线绝缘良好，同时电焊机需按要求接零，并安装漏电保护器和二次降压保护器，焊接人员应戴绝缘手套和穿绝缘鞋，在潮湿地段电焊时应站在干燥的木板或绝缘板上进行焊接；洞内电源线布置及低压配电箱位置应符合安全用电要求，防止电源线剥皮漏电。

格栅架立时非操作人员不能停留在掌子面，确保施工操作空间，并有专人负责指挥，统一操作。

高处作业时，作业人员应系好安全绳，做好其临边作业的安全防护，间距空隙均应符合相关要求。在脚手架上施工时，搬料上架前，应提前检查保证脚手架牢固可靠，并有防护栏，搬料时由专人指挥协调作业，防止出现滑落伤人事故。不能在脚手架上集中堆放钢筋或其他物品，应随用随时调运。

4）临时支护结构拆除

对于暗挖复合式衬砌隧道，初期支护受力最为危险的时期是为修筑二衬而分段拆除初支临时支撑结构的过程。临时支撑结构拆除打破了初期支护结构系统原有的平衡，若拆除方式不当，会造成初期支护变形过大或局部内力超过承载极限，从而发生安全事故。

根据施工需要进行临时支撑结构拆除时，要编制专项拆除方案或包括临时支护拆除方案的二衬施工方案，结合力学计算分析制定合理的拆除顺序、分段拆除长度、倒撑、二衬施工时机等技术措施，并制定有针对性的安全保障措施和应急预案。

临时支护结构拆除前，应进行技术及安全交底并检查现场具备下列条件后，方可实施拆除作业：经监测，施工现场初期支护变形已稳定，地表沉降已稳定；施工现场所需人员、设备和材料工具齐全；各种应急物资已到位，拆除应急的设备齐全并状况良好。

临时支护结构拆除过程中，加强地面沉降及洞内拱顶沉降和收敛的监测，如监测结果超过设计要求，应及时采取措施，分析原因，调整施工方法，必要时采取加固措施，确保隧道结构及人员安全。

6. 二次衬砌风险控制措施

1）总体要求

衬砌工作台上应做好安全防护措施。工作台、跳板、脚手架的承载重量，应在现场挂牌标明。吊装拱架、模板时，作业场所应设专人监护。复合式衬砌防水层的施工台架应牢固，台架下净空应满足施工需要，作业时应设警示标志或专人防护。检查、维修混凝土机械、压浆机械及管路时，应停机并切断电源、风源。

2）现浇混凝土衬砌

现浇混凝土衬砌一般在隧道初期支护变形稳定后进行，施工前按设计要求分段去除初期支护的临时支撑。

模板及其支撑体系的强度、刚度、稳定性应满足施工阶段荷载的要求，并在施工设计时制定支设、移动、拆除作业的安全技术措施。模板及其支撑体系支设完成后，应进行检查、验收，确认合格并形成文件后，方可浇筑混凝土。使用模板台车和滑模时，应进行专项设计，规定相应的安全操作细则。拱墙模板架及台车下应留足施工净空，衬砌作业点应设明显的界限及缓行标志。

钢筋绑扎工程，钢筋骨架呈不稳定状态时，需设临时支撑架。钢筋骨架未形成整体且稳定前，严禁拆除临时支撑架。有外包防水措施的，须在绑扎二衬钢筋之前按设计和规范及时施作防水层。

每仓端部和浇筑口封堵模板需安装牢固，不能漏浆。作业中发现模板发生位移或变形时，应立即停止浇筑，经修理、加固，确认安全后，方可恢复作业。拆卸混凝土输送管道时，应先停机。

3）仰拱与隧底施工

仰拱上的运输道路应搭设牢固，当向隧道下卸混凝土时，非卸车人员应避让至安全地点。当施工伸仰拱超前边墙时，应加强隧道侧壁的临时支护。

7. 地下水控制风险控制措施

1）总体要求

暗挖法施工不允许带水作业。如果不疏干含水地层，带水作业是非常危险的，开挖面的稳定将时刻受到威胁，甚至引起塌方。将地下水尤其是上层带水处理好，是非常关键的环节。含水的松散破碎地层应采用降低地下水位的排水方法，不宜采用集中宣泄排水的方法。当降水方案不能满足要求时，应在开挖前进行帷幕预注浆，加固地层等堵水处理。根据水文、地质钻孔和调查资料，预计有大量涌水，或虽涌水量不大，但开挖后可能引起大规模塌方时，应在开挖前进行注浆堵水，加固围岩。

当浅埋隧道处于富水地层中，地层的渗透性较好，不会因降水而引起地面过大沉降时，为了保持开挖面的干燥或少水状态，以便安全快速施工，可在施工前降水。降水方法有洞内降水和地面降水两种。

2）洞内轻型井点降水

洞内轻型井点降水主要适用于渗透系数为 0.1～80 m/d 的砂、粗砂和细砂等地层，其降低地下水位的深度受诸多条件的限制，尤其受设备条件的限制，一般单层井点系统能降低地下水位 3～6 m。

在隧道内实施井点成孔时，应注意选择轻型、便捷的设备，注意操作安全。井点成孔时要避免坍孔等造成水土流失，加剧隧道沉降；抽水时应控制泥砂含量和降水速度，严格监控隧道沉降、地表沉降和周边建（构）筑物的变形。

洞内井点降水对隧道施工干扰大，应合理组织施工，确保作业安全。

3）地面深孔井点降水

当暗挖隧道埋设较浅、地面施工场地容许时，为了减少洞内轻型井点降水对施工的干扰，可采用地面深孔井点降水的方法。

地面深孔井点降水一般包括大型钻机成孔、下井管、回填滤料、洗井等过程，应严格作业规程，保证安全。成井后，应做好井口围蔽，防止行人等坠落；对位于道路上的井点，可采取暗管排水，井口按市政管线要求处理，满足行车要求。

地面深孔井点降水的影响范围较大，应严格控制出水中的含泥、砂率，并对暗挖隧道及周边环境严密监测，必要时采取地下水回灌等措施。

8. 穿越建（构）筑物风险控制措施

1）总体要求

地铁穿越工程是指地铁施工时需上穿、下穿或侧穿地铁既有线路、铁路隧道、铁道路线、立交桥梁、人行天桥、房屋、地下管线、城市道路或其他城市建（构）筑物等。

地铁穿越工程应按被穿越工程的重要程度、穿越类型、周边环境条件等情况分成不同等级，并针对不同等级设计监测方案。对于不同的既有建（构）筑物和不同的穿越条件，将穿越工程的环境安全风险等级划分为4个等级，见表5.2.4。

表5.2.4 穿越工程环境安全风险管理

环境安全风险等级	穿越条件描述	监测管理
特级	下穿既有轨道线路（含铁路）的新建工程	专项监测设计
一级	下穿既有建（构）筑物、上穿既有轨道线路的新建工程	专项监测设计
二级	侧穿或邻近既有建（构）筑物、下穿重要市政管线的新建工程	根据工程具体条件和市政管线的运营状况调整监测方案
三级	下穿一般市政管线及其他市政基础设施的新建工程	根据工程具体条件和市政管线的运营状况调整监测方案

施工时应将建（构）筑物的安全监测作为监测重点，施工前需制定可靠的专项施工方案和应急预案，施工时遵循“短进尺、强支护、勤量测”的原则，应先超前支护和注浆加固土体，并经检验强度符合设计要求后方可开挖。施工支护参数、施工工序和量测等要紧密结合，确保施工过程和建（构）筑物安全。

2）地表建（构）筑物变形防范措施

对建（构）筑物的保护主要是控制基坑与建筑物之间的土体变形位移，采用注浆方法加固土体或加隔离桩、墙，提高基础抵抗变形能力，确保建（构）筑物结构安全。施工时应严格施工工艺，采取小分块、短进尺、快封闭的手段，以减少对地层的扰动，对隧道拱脚变形采取注浆加固或其他有效措施，拱部采用管棚和导管联合超前支护形式，并采用全断面注浆通过；及时进行初期支护及二衬背后注浆处理；加强监控量测，变形过大时及时调整加固措施，如适当减小格栅钢架间距、增加临时支撑强化支护、径向设导管注浆等。

3）地下管线的安全保护变形防范措施

施工单位应根据建设单位提供的地下管线资料，在施工前对施工影响范围采用管线探测仪进行核查，再利用人工挖槽等方法进一步明确有无其他管线通过，确定管线的各种参数。地下管线的保护根据管线的类型和风险大小分别采取不同的保护方式。

对于具备迁改条件的管线可以对其进行迁改；对于不能迁改的地下管线，保护措施有地层加固、支护或悬吊保护等。管线保护需从控制施工引起的地层变形入手，将管线的被动变形控制在允许范围内，这是保护地层受变形管线影响的关键。同时，加强地面沉降监测，尤其对沉降敏感的管线要单独布点监测，并根据监测结果及时分析评估施工对管线的影响，根据施工和变形情况调节观测的频率，及时反馈信息指导施工，确保管线保护管理在可控状态下有效进行。

9. 穿越江河风险控制措施

穿越江河时应截流或导流，水底隧道的围岩需结构紧密，自稳能力强。施工前应按要求将围岩节理裂隙进行填充封闭、对松散软弱岩层进行预加固，施工中应遵循“超前探、严注浆、弱爆破、短进尺、强支护、重排水”的原则。

将超前地质预报作为施工工序纳入施工管理，超前探明隧道前方地质情况，特别是渗水情况，为防止涌水事故制定措施提供依据。也可以通过超前钻探探明地质条件，依据探孔中的渗水量确定采取何种方式进行注浆堵水，将渗水量控制在规定范围内，确保隧道施工安全。注浆堵水措施包括隧道超前小导管注浆、超前帷幕注浆、围岩面的裂缝或裂隙注浆、初期支护背后回填注浆、二衬背后回填注浆等。

隧道内要安设高扬程、大流量的排水设备，并考虑备用和维修的数量，为施工排水和可能出现的涌水提供安全预案，确保施工安全。

5.2.5 典型案例

1. 某地铁车站西南暗挖风道塌方事故

2004 年 10 月 6 日，某地铁车站西南暗挖风道拱部于 17:30 在开挖过程中，在靠近中隔墙处发生塌方，塌方范围为宽 3 m、纵向长 2 m、高度约 2.5 m。塌方发生后，施工单位立即组织人员将掌子面封闭，并架设方木支撑，安放注浆管。在封闭掌子面的过程中，发生第二次塌方，塌方高度增加至 4 m，掉落的土体为松散砂层，未发现漏水。

1）原因分析

塌方掌子面施工部位位于隧道渐变地段，坡度为 0.64:1，同时也在转弯地段，转弯角度为 143°，该部位拱部为松散的细砂层，由于地面绿化带经常浇水，致使该部分砂层含水率较高，砂层自稳性差，从已架立好的格栅背后滑移，造成塌方，并带动掌子面发生第二次塌方。超前小导管外插角较大，不能完全起到管棚的作用，超前注浆采用酸性水玻璃，具有一定的时效性，由于此段隧道施工较为复杂，开挖时间较长，导致土体因浆液失效而产生滑移，洞内塌方发生后，未采取有效的措施隔离地面绿化带自动喷水设施，致使上层土体在下层塌方后失稳。

2）控制措施

掌子面封闭后，经现场研究，决定在地面采用洛阳铲孔，从地面回填，回填后通过洞内预埋的注浆管注水泥砂浆，铲孔的同时先对洞内的其他地段进行注浆。但由于地下管线密布，没有铲孔位置，经过 10 月 7 日、8 日、9 日连续 3 个夜间在地面铲孔失败后，决定采用从洞内直接注水泥砂浆的方案。10 月 10 日开始注水泥砂浆，10 月 11 日 9:00，在注浆过程中，发现掌子面正上方地面（自行车道与机动车道之间绿化带）发生沉陷，随后出现南北向长 3 m、东西向长 2 m、深 1.5 m 的陷坑。施工单位立即对陷坑进行回填砂卵石处理，并预埋注浆管，10:20 处理完毕，在处理过程中未发现有积水和管线破坏情况。陷坑内有 12 条电缆线，主要为公交车电缆与路灯电缆，有一座公共电车电缆井向北倾斜 20 cm，电缆为直埋电缆，未发现破损；陷坑东侧有一雨水方沟，西侧有一污水方沟，均未发现有开裂现象。10 月 11 日夜间对地面回填部分注浆并修复电缆井，10 月 12 日，地面注浆完成。

针对地层情况与施工条件，将超前小导管长度加长至 5 m，每榀排一次，环向间距缩小至 15 cm，并在掌子面增设两排注浆管进行掌子面注浆，开挖前先用洛阳铲进行超前探孔探测，确定土体稳定后再进行开挖。

3）预防对策

要避免此类事故发生，需在设计阶段加强对地质情况的勘察和对地面情况的调查，施工过程中加强监控、量测，通过反馈的数据分析隧道及土体的稳定情况。同时要完善应急预案，准备应急抢险物资，发现异常情况应及时处理。

2. 地铁某区间旁通道渗水事故

2005 年 12 月 7 日，某地铁盾构区旁通道采用暗挖法开挖时出现渗水、隧道管片开裂、地面沉降，用水泥袋封堵无效。到夜间渗水进一步扩大，伴有流砂涌出。12 月 8 日旁通道正上方有地面沉降及爆陷现象。旁通道位于地下 16 m，接近微承压水层，施工采用上方搅拌并加固、暗挖法开挖，备有钢板门（封堵门），旁通道长 5 m，事故发生时正开挖到 2.4 m 处。

事故发生后，施工单位采取了一系列止水措施，通过堵住旁通道封堵门，防止流砂进入隧道，同时从旁通道上方注入止水材料（遇水膨胀的聚氨酯），堵住渗水通道；调动武警官兵、消防队员，进行隧道内抽水，将抽出的水引到路边工作井内，再通过地面送到下水道中；为防止隧道盾构管片破裂，将旁通道周围的管片用木桩撑住。同时进行地面加固，采用压密注浆的方法弥补地层沉降，并填充管片周围缝隙。对承压水层进行地面井点降水，降低水压，减小隧道裂缝渗水压力，并降低对隧道管片的压力。处理过程中重点监测管片变形和地下水压力，及时调整抢险方案。采取以上抢险措施后，险情得到控制，未有人员伤亡。

1）原因分析

造成此事故的原因是多方面的，地段地质复杂是事故发生的直接原因，旁通道所处的第 2 层土砂较重、厚度大、承压水头高，并含有沼气等不良地质现象。

对水泥搅拌土加固体虽进行了检测验收，土体的加固强度也达到设计指标，但水泥搅拌加固体中存在薄弱部位。加固体中的薄弱环节在高承压水和有压沼气的作用下形成通道，流砂从通道中涌出（突涌），造成险情。

2）预防对策

遇到此类地质情况复杂的工程，应加强地质勘探、设计、施工管理，对含承压水、沼气等复杂地质条件下地层加固、旁通道开挖方案进行详细设计。此次事故中，旁通道防护门对控制险情发展起到了重要作用，可作为后续工程借鉴的经验；施工前制定完善的应急预案，应急物资的储备和运输应能适应抢险的需要。

课后习题

判断题

1. 当两个相向贯通开挖的开挖面之间的距离只剩下 50 m 时，只允许从一个开挖面掘进贯通，另一端应停止工作并撤走人员和机具设备，在安全距离处设置警告标志。（ ）

2. 当发现支护开裂、变形或损坏时，应立即修整加固。初期支护应预埋注浆管，结构完成后，及时注浆加固，填充注浆滞后开挖面的距离不能大于 5 m。（ ）

3. 需爆破作业时，喷射混凝土终凝到下一循环放炮间隔时间应不小于 5 h。（ ）

任务5.3 盾构施工安全管理

学习目标

（1）掌握盾构施工的基本原理及特点；
（2）了解盾构施工的主要风险源；
（3）掌握盾构施工风险的主要控制措施。

任务描述

2011年5月6日7时30分许，天津地铁2号线建国道—天津站区间，左线掘进（289.2+0.2）m、右线掘进（247.2+0.6）m时，右线盾构因螺旋机被水泥土固结块卡死无法运转。在开启观察孔进行处理时，发生螺旋机观察孔突沙涌水事件。由于该地段的地质异常复杂，突泥及涌水较大，导致地面塌陷，且左线掘进快于右线35环，左线线路高程高于右线，致使左右线隧道均发生局部管片变形破损开裂，最终左右线隧道均封堵回填，两台盾构埋于地下，建天区间左右线重新改线施工，构成责任事故（无人员伤亡）。

试简述在盾构施工过程应该采取哪些有效措施以应对施工中存在的风险源。

任务实施

5.3.1 盾构施工概述

1. 盾构施工基本原理

盾构施工是先在隧道某段的一端建造竖井或基坑，以供盾构（见图5.3.1）安装就位。盾构从竖井或基坑的墙壁预留孔处出发，在地层中沿着设计轴线，向另一端竖井或基坑的设计预留孔洞推进。盾构推进中所受到的地层阻力，通过盾构千斤顶传至盾构尾部已拼装的预制管片上。盾构大多为圆形，外壳由钢筒组成，钢筒直径稍大于隧道衬砌的外径。在钢筒的前面设置各种类型的支撑和开挖土体的装置，在钢筒中段内沿周边安装顶进所需的千斤顶，钢筒尾部是具有一定空间的壳体，在盾尾内可以安置数环拼成的隧道衬砌环。在盾构推进过程中不断从开挖面排出适量的土方。盾构每推进一环距离，就在盾尾支护下拼装一环衬砌，并及时向盾尾后面的衬砌环外周的空隙中压注浆体，以防止隧道及地面下沉。

图5.3.1 盾构

盾构法是一项综合性的施工技术，它除土方开挖、正面支护和隧道衬砌结构安装等主要作业外，还需要其他施工技术密切配合才能顺利施工，如地下水的降低，防止隧道及地面沉陷的土壤加固措施，隧道衬砌结构的制造，隧道内的运输，衬砌与地层间的充填，衬砌的防水与堵漏，开挖土方的运输及处理方法，施工测量、变形监测，合理的施工布置等。盾构施工过程示意图如图 5.3.2 所示。

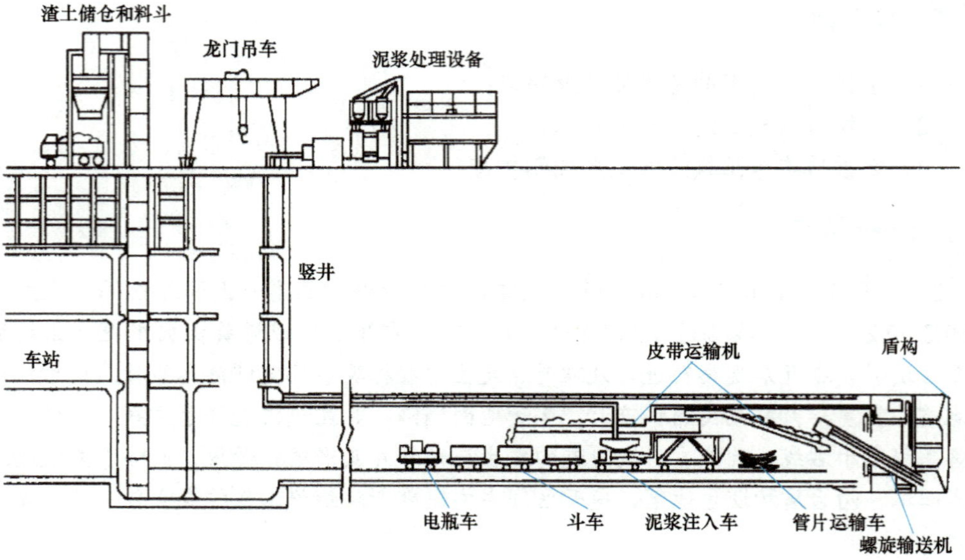

图 5.3.2 盾构施工过程示意图

2. 盾构施工的特点

1）盾构施工的优点

（1）对环境影响小。除竖井外，施工作业均在地下进行，既不影响地面交通，又可减少噪声和振动影响。

（2）施工不受地形、地貌、江河水域等地表环境的限制。

（3）地表占地面积小，征地费用少。

（4）隧道的施工费用受埋深的影响不大，适宜于建造覆土较深的隧道。在土质差、水位高的地方建设埋深较大的隧道，盾构法有较好的技术经济优越性。

（5）施工不受风雨气候条件影响。

（6）修筑的隧道抗地震性能极好。

（7）对地层的适应性宽，软土、砂卵石、软岩直至岩层均可。

因此，盾构法已在城市隧道（地铁隧道，污水排放隧道，引水、供水隧道，江河湖海底隧道，电力、电讯、供气及共同沟工程等隧道）建造中确定了绝对的统治地位，有人将其称为城市隧道工法。

2）盾构施工的缺点

（1）当隧道曲线半径过小时，施工较为困难。

（2）在陆地建造隧道时，如隧道覆土太浅，开挖面稳定甚为困难，甚至不能施工；当在水下时，如覆土太浅则盾构施工不够安全，要确保一定厚度的覆土。

（3）竖井施工时有噪声和振动，需有解决措施。

（4）盾构施工中采用全气压方法疏干和稳定地层，对劳动保护要求较高，施工条件差。

（5）盾构施工时隧道上方一定范围内的地表沉陷尚难完全防止，特别是在饱和含水松软的土层中，要采取严密的技术措施才能将沉陷限制在很小的范围内。

（6）在饱和含水地层中，盾构施工所用的拼装衬砌，对达到整体结构防水性的技术要求较高。

（7）用气压施工时，在周围有发生缺氧和枯井的危险，必须采取相应措施。

5.3.2　盾构施工安全策划重点

盾构施工是一项先进的隧道施工技术，开挖面处在盾构体的保护下，可以最大限度地避免土体失稳或冒顶带来的人身伤亡事故。近年来，盾构施工技术在北京、上海、广州和深圳等城市的地铁工程中得到了较为广泛的应用。结合该工法特点，盾构施工的安全策划重点应该放在以下几个方面：

（1）盾构重量大、体积大、设备贵重，其吊装属于大型设备吊装，甚至需要两台以上起重机械协同作业，且作业在盾构井附近进行，安全风险大。因此，在吊装作业过程中应严格遵守起重作业操作规程。

（2）盾构采用高压输供电系统，对高压用电安全需引起高度重视，施工过程中要严格遵守安全用电规定。

（3）盾构集成化、系统化程度高，科技含量高，使用不当会影响整体系统运行，造成较大的安全隐患。因此，要求施工作业和机械操作人员具有较高的素质，具备相应的施工经验，熟悉相关的施工要点。

（4）机械作业多，协调性要求较高，不但对施工作业人员的素质要求高，而且要求施工管理人员具备丰富的盾构施工经验，熟悉整个施工流程，以便更好地管理、协调施工进程。

（5）盾构施工安全与地层地质水文的适应性关系密切，需在地质勘察及盾构选型方面做好工作。

（6）盾构施工通常处于恶劣环境，如下穿水体、桥梁、道路、危旧民房、铁路、既有地铁线路等，这在一定程度上增加了安全管理难度。

5.3.3　盾构施工风险源

盾构施工按阶段划分为施工前期、盾构井施工及始发端头加固期、盾构进场及组装期、盾构始发期、盾构正式掘进期、盾构接收及解体运输、附属结构施工期。施工前期、盾构井施工及始发端头加固期的安全风险和管理同明挖法施工，但盾构端头加固是保证盾构始发和接收的重要环节，要特别注意和严格控制施工质量；联络通道等附属结构施工多采用暗挖法施工，其安全风险及管理与隧道暗挖法基本相同，但要特别注意开马头门的安全。各阶段的主要安全风险因素识别源汇总于表 A–4。

除表 A–4 中所列的风险源以外，有些风险源存在于施工的多个阶段，也应予以关注。

（1）盾构装车、卸车和组装时的吊装伤害。比如，在基座构件、反力架构件、土斗、管片、渣土或浆液的吊装及盾构的组装过程中，应注意避免重型设备砸伤人员，以及由于吊车支垫位置地基承载力不足而造成吊车倾覆等事故的发生。

（2）高空作业坠落伤害。盾构机械的体积较大，工作面相对于底面来说比较高，容易发生高空作业坠落伤害。如进行反力架、洞口密封、除通风设备与风筒安装、盾构组装、调试、设备维修及盾构解体等作业时，需要注意防止坠落伤害的发生。

（3）触电伤害。盾构施工的各个过程都需要用电（包括高压电或一些临时用电）。盾构施工用电应重点注意以下方面：基座焊接、反力架焊接、洞口密封安装焊接、盾构解体切割或焊接时的用电伤害；机械操作不当碰坏高压电缆造成伤害；供电系统（发电机、变电站、架空线、埋地线、配电箱）不符合安全规范造成伤害；使用临时用电设备和照明造成伤害；用电设备或其防护设施不符合安全规范造成伤害；非电工操作或电工违规操作造成伤害；设备修理与维护时未断电、无人监护，或者未悬挂“正检修作业，不能合闸”标志造成意外合闸引起的触电伤害。

5.3.4 盾构施工风险控制措施

针对盾构施工不同阶段的工程特点，下面给出各分部分项工程的施工风险控制措施。

1. 风险控制的总体要求

盾构施工前，应详细核对设计图纸和相关技术文件，同时对施工现场进行调查研究，针对盾构工程制定相应的安全技术措施；盾构施工通过风险较大的地段时，应对施工安全技术措施做专题研究，采取切实可靠的技术、设备和防护措施；单项工程开工前，应制定安全操作细则，向施工人员进行安全技术交底。对于盾构进出洞、开仓换刀等风险大的施工，应进行施工前条件验收。

盾构工程施工的辅助结构、临时工程及大型设施等，均应按有关规定做好安全防护，安全防护设施完成后，需经检验合格。

1）起重吊装作业安全防护措施

（1）起重作业属于特种作业，信号司索工、司机应持建设行政主管部门颁发的建筑施工特种作业人员操作资格证。同时，应安排专人进行安全监控；设吊装作业警戒区，无关人员不能进入。

（2）在进行起重吊装作业前，应对钢丝绳、钢丝夹、吊钩等索具装备进行检查，根据索具受损程度对其起吊能力进行折减和检算，对磨损严重的索具及时更换，以保证施工过程中的吊装安全。

（3）吊装过程中提升和降落速度要均匀，动作要平稳，严禁忽快忽慢、突然制动和左右回转；严禁在运行中对起重机进行修理、调整和保养作业；在起重满负荷或接近满负荷时不能同时进行两种动作。使用汽车吊时，起重机行驶和工作的场地应平坦坚实，保证在工作时不沉陷；视土质情况，起重机的作业位置应离盾构井有必要的安全距离。

2）焊接作业安全防护措施

（1）焊接作业人员需是经过电、气焊专业培训和考试合格，取得特种作业操作资格证的电、气焊工并持证上岗；电焊作业人员作业时应使用头罩或手持面罩，穿干燥工作服、绝缘鞋，戴耐火、绝缘防护手套等。电焊机应安装二次侧降压保护器，气瓶应经定期检测合格。施工现场应配备两个以上的合格灭火器，现场派人监控。

（2）电焊作业时，如遇到以下情况应切断电源：改变电焊机接头时；更换焊件需要改接二次回路时；转移工作地点搬运焊机时；焊机发生故障需要进行检修时；更换保险装置时；工作完毕或临时离开操作现场时。气焊作业前，明火作业区外 2 m 内和作业点下部应清除易燃物，电缆、管线及可燃或怕热物体需用阻燃布严密覆盖；作业时氧气瓶与焊炬、割炬及其他明火的距离应大于 10 m，与乙炔瓶的距离不小于 5 m。

3）施工现场用电安全防护措施

施工现场用电应严格执行《施工现场临时用电安全技术规范》（JGJ 46—2005）等有关安全用电规定和规范标准，电工每天对现场用电设备、设施、线路进行两次例行巡视检查，发现问题及时停电并监护，同时报电气管理人员处理。

4）盾构选型

盾构的性能及其与地质条件、工程条件的适应性是盾构隧道施工成败的关键。盾构选型是盾构施工的第一步，也是盾构施工最基础和最关键的一步，往往决定着盾构施工的成败。盾构选型应充分考虑地质水文条件、现场施工环境条件、施工水平、安全要求、环境保护、当地法律法规等各种因素，应注意以下几个方面。

（1）盾构选型前，应充分收集工程地质及水文地质等工程现场资料，对盾构厂商所生产的盾构在同类或类似工程中的使用情况进行详细的实地考察，组织经验丰富的土建、机械、电气等专业技术人员根据工程实际情况编制盾构技术性能需求文件，必要时邀请专家进行评审。

（2）采用盾构的类型、动力驱动设备、主轴承、密封系统、注浆系统、应急设备应作为盾构选型的关键要素。

（3）盾构选型需适应地质和水文条件，对于地下水位较高环境，应优先选用泥水平衡型盾构。

5）盾构端头井地层加固

盾构端头井土体加固质量效果往往直接影响盾构始发或接收的成败。因此，加强盾构端头井土体加固施工管理和加固质量效果检验是盾构施工安全管理中的一项重要任务，主要有以下措施。

（1）熟悉设计图纸及文件，对端头土体、地质情况进行详细调查、勘察，分析加固方案的预期加固效果，特别是边角部位的加固效果，分析加固效果对盾构施工的影响，并根据实际情况建议调整设计或制定应急措施。

（2）盾构端头井土体加固的方法有很多，有冻结法、旋喷加固法、静压注浆法、索桩法、玻璃纤维桩法、钢板桩法及各种组合方法，以适应不同的地质条件。应根据实际情况及设计要求选择适用方法。

（3）施工前应根据设计资料及现场实际勘察编制详细、可行、可靠的施工方案，对于高水位及重大工程盾构端头土体加固方案，应请经验丰富的专家进行论证，所有方案需施工单位技术负责人和总监审批后执行。

（4）在施工过程中严格按要求进行施工，采取中间检验和旁站监督对过程施工质量进行严格控制。

（5）盾构端头井主体加固完成且龄期达到设计要求后，按照设计文件或施工方案设计的检验方法进行加固效果检测。经检测验收合格后方可进行盾构始发或接收的工作；检测不合格的，应制定补强加固方案，按规定程序申报审批后进行补强加固，直至强度及渗透系数等参数达到规定的要求。

（6）盾构始发或接收过程中，应派专人 24 h 巡视端头加固土体有无异常变化，如有异常现象，应立即停止掘进，研究并采取应急措施防止情况恶化。

（7）盾构端头井处地下水位较高时，加固段内外一定距离处应设置水位观测孔，及时观测水位变化，并制定应对措施。

2. 盾构进场及其组装风险控制措施

1）盾构进场

盾构进场运输前，应制定盾构进场方案，成立盾构进场指挥小组，委托有资质的大件运输公司承担盾构进场运输任务，组织运输公司调查清楚运输路线沿线桥梁、道路的限高、限宽、限重、道路的拐弯半径和坡度及架空管线的限高等条件，选择合适的运输车辆；对现场构配件存放地的基础进行预处理，清除影响吊装存放的障碍物。盾构吊装（盾构构件装卸车、下井）作业（见图 5.3.3）的安全要求见前述“总体要求”内容。

2）盾构组装

盾构组装前应由相关技术和生产管理人员编制可行性施工方案，内容包括吊车配置、吊点的设置、吊装设备的组装顺序、吊装平面布置图。在组装前应召开组装交底会，明确参施人员的职责和任务及需要注意的事项，对新型盾构应征询盾构制造商的意见。组装前安排好设备的组装顺序，并严格按顺序进行组装。组装中的盾构如图 5.3.4 所示。

图 5.3.3　正在吊装的盾构

图 5.3.4　正在组装的盾构

3. 盾构始发作业风险控制措施

1）盾构始发基座安装

盾构始发基座（见图 5.3.5）安装前需进行平面位置和高程的精确测量定位，避免由于始发基座安装位置的偏差引起安全隐患。对于新型基座，应进行详细设计和受力计算，强度和稳定性应符合规范和盾构始发要求。应严格控制基座的焊接质量，确保盾构始发安全。

2）盾构反力架施工

盾构反力架（见图 5.3.6）是提供盾构始发反力的重大构件，其安全性直接影响盾构的始发安全，在安装和使用过程中需确保反力架的安全。反力架应根据现场使用受力状态进行受力和变形核算，核算安全合格后方可使用；反力架定位和焊接质量直接影响盾构始发的安全，需对其严格把关。

图 5.3.5　盾构始发基座

图 5.3.6　盾构反力架

盾构反力架施工中，施工作业人员除应满足总体要求中对施工作业人员的要求外，在高于 2 m（含）的高空作业时，需系好合格的安全带。同时，盾构端头井边 1 m 以内不能堆土、堆料、停置机具，四周应设高 1.2 m 以上的安全栏杆。

3）洞口密封施工

洞口密封是盾构施工进出洞防止流砂流水的关键设施，对始发安全非常重要。洞口密封的安装应严格按设计的技术要求和质量要求进行施工；需对现场施工人员进行进场安全教育和安全考核；严格按照施工交底各步骤执行，确保施工安全；井边及墙体禁止悬挂杂物，严禁在孔口临边堆料、安放机具；轨道平台表面用大板或方木铺严绑实，无探头板。

4）始发推进

受基座、反力架及洞口端头土体加固情况等诸多因素的影响，同时施工操作人员对地层也需要一个适应过程，盾构始发推进时，盾构的姿态往往不稳，盾构的合理施工参数尚需摸索。这个阶段是盾构施工的关键环节，其安全性至关重要。

盾构始发应制定专项方案，必要时还应进行专家论证；始发前应对盾构操作手和其他现场操作人员进行技术交底和安全交底。盾构始发期间，项目经理和总工程师需时刻关注始发参数，特别是关注始发推力和出土量；始发期间如有紧急情况发生，应立即停机，经排除故障和采用妥善措施后方可继续推进。

4. 盾构掘进风险控制措施

1）推进施工

盾构操作与施工人员需经培训合格后方可持证上岗，盾构操作手原则上应具备大专以上学历。与操作无关的人员严禁进入主控室，非司机严禁操作任何操作手柄及按钮。在掘进过程中，受地质条件变化、盾构自身设备状态和地表沉降变化等影响，需要对盾构施工参数（出土量、土压力、推进速度、注浆量、注浆压力）进行大的调整时，应按施工组织设计规定的程序进行，如有必要，还需召开专家论证会，严禁擅自调整。

2）管片吊运及拼装

管片拼装机需由专人负责，严格执行三定制度（定机、定人、定岗位）和操作规程，其他人员禁止操作；所有动力设备在接通电源前，液压控制阀的手柄应在“终止”位置上；在隧道内用管片吊车运输管片时，需保证吊具与管片连接牢固；在吊运管片时要注意检查吊具是否完好，防止吊具在吊装或拼装时脱落、断裂；定期对管片吊具进行检查，以保证吊具的安全性；管片在运至拼转区过程中，管片运输区内严禁站人；起动拼装机前，拼装机操作人员应对旋转范围内空间进行观察，在确认没有人员及障碍物时方可操作，拼装机作业前先进行试运转，确认安全后方可作业；在拼装管片时，非拼装作业人员应退出管片拼装区，拼装机工作范围内严禁站人；如拼装机在操作过程中发生异常，应立即停止拼装作业，查明原因，进行相应处理，使其恢复至正常工作状态后方可继续施工。

3）背后注浆（同步注浆）

背后注浆也称同步注浆。盾构施工过程中，在盾构开挖外径与盾构外壳之间一般有 20～40 cm 的间隙，它是盾构施工中地层损失的主要组成部分，在掘进过程中需要对管片外侧的环形空隙进行注浆。背后注浆是控制地表沉降的关键工序，其安全管理措施主要有：

（1）设计和优化浆液的配合比，使其与地层状况和推进参数相匹配。

（2）严格按设计和施工方案确定的背后注浆压力、注浆量等参数进行施工，并根据洞内管片衬砌变形和地面及周围构筑物变形监测结果，及时进行信息反馈，修正注浆参数和施工方法，发现情况及时解决，保证施工质量。

（3）需有专人维护注浆设备及仪器仪表的正常运转，确保背后注浆连续正常进行。

（4）停止注浆或因设备损坏需长时间停用注浆设备时，应立即派人员及时清理注浆设备及管道，防止浆液堵塞管路。

（5）注浆设备的易损件应备足，以便损坏后及时更换。

（6）采用加大注浆泵压力疏通管道时，畅通的瞬间，管道内的砂浆将会高速喷出，极易对周围的人员造成伤害。因此，在管道出口处要选用结实、坚固的编织物或加帆布，并用铁丝绑扎牢固，操作人员不可求快，压力要逐渐增加，不可突然急剧加压。

（7）检查注浆压力表是否准确、有效。注浆中常常发生堵管造成压力表失效，致使一些注浆操作是在没有压力表的情况下“盲”注或仅凭经验来完成的。如果注浆压力大幅度超出容许范围，将会造成管片错台、开裂和漏水，重者会直接将管片压脱掉入隧道中，造成严重事故。

（8）由于背后注浆不到位、掘进过程中地层局部沉降形成地层内局部空洞等原因，在盾构通过一定距离后，可能会产生地面沉降过大甚至塌陷。因此，宜在盾构通过地段进行地层空洞的探测和处理。

4）土体改良

为改善盾构刀盘前方土体的可塑状态，减少对刀具、刀盘及泥渣输送设备的磨损，维护刀盘前方土体压力稳定，盾构刀盘前方通常需加入添加剂对土体进行改良。若土体改良效果较差，会造成刀具刀盘磨损较大，刀盘前方较难建立土压，从而使推进困难。为有效地使用好添加剂，保证土体改良效果，应注意以下事项。

（1）应根据具体的工程地质、土质、水文情况选择添加剂。要注意即使产品属同一类型但属不同产地或厂商的，有时差异性也会较大，应通过试配试验选择适应工程的产品。

（2）由于盾构掘进过程中地质情况在不断变化，应根据地质条件分段选择适用的添加剂和配合比或发泡率。

（3）施工过程中应对添加剂配合比和发泡率情况进行记录和分析，根据使用情况由技术管理人员进行调整。

（4）每个工程施工完成后，应及时分析和总结添加剂使用情况，以供后续工程参考。

5）纠偏、线形控制及曲线段推进控制

由于各种条件的限制，盾构隧道不总是直线形，常需要盾构在曲线上推进。同时，施工过程中由于盾构推进受地层、液压系统、管片拼装误差等各种因素影响，会使隧道的线形在一定程度上偏离隧道设计轴线。所以，需要严格控制推进线形，通过纠偏来控制推进线路，特别是在曲线段，避免超出设计允许误差。盾构线形控制主要靠控制测量、推进、管片拼装等作业的精度及纠偏来实现。线形控制及曲线段推进控制的措施如下。

（1）为确保隧道沿设计轴线推进，需建立一套严密的人工测量和自动测量控制系统，严格控制测量精度。

（2）盾构隧道控制性测量数据及输入计算机的测量数据，需按程序进行审核及审批；数据输入计算机时要实行“双人确认制”。

（3）合理设置洞内的测量控制点及导线，根据工程的实际情况合理控制测量和复核的频率。

（4）在掘进过程中严格控制千斤顶的行程、油压和油量，根据测量结果及时调整盾构和管片的位置和姿态。

（5）按“勤纠偏、小纠偏”的原则，通过计算合理选择和控制各千斤顶的行程量，使盾构和隧道轴线沿设计轴线，在容许偏差范围内平缓推进，切不可纠偏幅度过大。

（6）盾构进入曲线段前，不可通过在外侧超挖来实现转弯施工，否则易造成盾构偏出外侧曲线。

（7）在曲线段施工时，尽量利用盾构自身千斤顶的纠偏能力进行纠偏，只有在小半径曲线下才允许使用仿形刀进行超挖纠偏。

（8）在曲线段掘进时，管片单侧偏压受力易变形，因此应及时进行背后注浆，可用早强快凝浆液。

6）防喷涌

喷涌发生后，一方面，会造成盾构前方泄压，使前方工作面不稳定，可能引发掘进面上塌方；另一方面，喷涌发生后在管片拼装区集积大量的泥渣，清理工作量极大，往往需要较长时间，而长时间无法恢复管片拼装和正常推进，会引发注浆系统堵塞等其他问题。在盾构施工过程中，应采取以下措施防止喷涌发生。

（1）在盾构选型和掘进时，应注意防喷涌应急装置的设置。

（2）选择适当的土体改良添加剂，调整土体的可塑状态，防止渣土含水率过大增

加喷涌的风险。

（3）控制推进质量，防止强推猛推使前方工作面因土压力过大而产生喷涌。

（4）操作螺旋输送机等渣土输送设备时，开启速率应稳定而平缓地增加，不能猛开猛关。

（5）开启螺旋输送机时，在泥土出口处应有专人监督，发现喷涌预兆时，及时发信号给操作室，要求立即关闭螺旋输送机。

（6）发生喷涌时，应立即关闭螺旋输送机，及时清理喷涌渣土，尽快恢复推进。

7）防盾尾漏浆、漏水

当盾尾或盾尾处其他密封装置损坏后，盾尾会出现漏浆、漏水，浆液流失引起注浆不实，导致地面产生较大沉降，严重时会造成盾尾涌浆漏水，导致无法正常推进或淹没盾构的事故。防止盾尾漏浆及漏水的主要措施如下所述。

（1）在盾构选型时，选择声誉较好和质量有保证的盾构厂商和盾构，选择可靠和耐用的盾尾密封。

（2）盾构组装和使用过程中，应防止损坏盾尾密封装置，损坏后应及时更换，防止异物进入盾尾中。当有异物进入盾尾时，应及时清理。

（3）在地下水位较高的工程中，盾构应考虑设有可靠的盾尾应急密封装置，有条件时应设置多道防线。

（4）当盾构施工距离较长，需中途更换盾尾刷等盾尾密封装置时，更换的地点、时机应提前做好计划，更换的盾尾密封装置需保证质量。

（5）背后注浆时禁止采用过大的注浆压力，以免注坏盾尾密封装置。

（6）盾构掘进过程中，应派专人对盾尾注脂系统进行查看和维护，及时加注油脂。注入的油脂需保证质量，不能使用有杂质的油脂。

（7）盾构推进过程中，避免纠偏量过大造成盾尾密封装置受挤压破坏。

8）压气作业

盾构更换刀具或出现故障时，人员需要进入前舱作业。为平衡外侧土体压力，需向刀盘舱内注入空气，使其压力升高。操作人员进入这样密闭的环境中工作时，由于刀盘舱内空间狭窄，压入空气的质量也可能含有一定的杂质，工作面环境温度很高，操作人员很容易出现不适。因此，压气作业是盾构安全施工中值得特别注意的风险源。

盾构施工中尽量避免和减少在不良地质条件下进入刀盘舱的作业，尽可能在基本可以自稳的地层中进行开舱作业，这样可以不用进行压气作业。压气作业也要根据地质条件的变化，选择适当的时机，提前或推迟进入刀盘舱内，预见性地安排更换刀具。

要挑选身体健康、强壮的工人作为进入刀盘舱的操作人员，确保其对恶劣环境有足够的抵抗力。一般压气作业一人一天作业时间不宜超过 4 h。

压气作业务必选用无油型空压机，确保空气质量，并准备好通信工具，不间断地保持联络。

此外，还应做好应急准备，必要时能在减压舱（刀盘与盾构前体间的密封过渡通道）内抢救伤员，并与有关医院签好急救协议。有条件的要配备专用的流动医疗舱，以便在送往医院的过程中，保持伤员所受体外压力差基本一致。

9）刀具更换

更换刀具时，需要操作人员进入刀盘舱。刀盘舱内空间狭窄，不能多人同时作业，也很难借助机械；刀盘舱内往往又比较湿滑，刀盘舱下部充满泥土或泥浆，刀盘开口处还可能有不稳定岩土掉入。因此，刀盘舱存在较大的安全风险。在岩石强度较高的地层中，需要更换滚刀时，由于滚刀重量大、四周光滑、没有固定点、搬运困难，其安装和拆卸比刮刀、割刀的更困难，安全风险更大。另外，如果作业人员在搬运刀具过程中遇岩土掉块等意外打击，极易失衡，轻则将刀具掉入刀盘舱内，要花费相当长的时间才能将其打捞上来，重则人被滚刀击伤，甚至有可能滑入刀盘舱底部，被滚刀二次击伤，造成严重后果。因此，进入刀盘舱内更换刀具是盾构施工过程中一项相对比较危险的作业。

在刀具更换作业前，应制定详细的作业方案，对刀具更换的每个细节进行部署，并由技术负责人进行交底。作业前应切断盾构的驱动电源，主控室和刀盘舱作业区均须有人监护。

当地质条件不好、开挖面地层有可能失稳时，应预先采取注浆或洞内加支撑等办法对地层进行加固处理，防止岩土掉块对作业人员造成伤害。此外，还要对刀盘舱内的积土、游泥或泥浆进行清理，尽量保持刀盘舱内作业空间位置，搭设稳固的临时支架和作业平台并提供充足的照明。

选派技术娴熟、配合默契的作业人员进行刀具更换以尽量缩短盾构停止时间，防止土体失稳。软土地层中盾构停止时间一般不要超过两天。如有土体严重失稳，可分次完成刀具更换。一般此时土体强度不大，盾构可掘进数环后再更换另一批刀具。

应尽量借助机械装置安装和拆卸滚刀，比如合理运用葫芦等起重装置、滑轨等移动装置及支架等固定装置。刀盘舱内潮湿、水气大，随着温度的升高会产生雾化现象，对电气设备绝缘性能要求高，故应选用 24 V 以下的安全电压。刀盘意外转动伤人在盾构施工过程中常有发生，因此，重新起动盾构时应确认刀盘舱内没有操作人员且工具材料已被全部回收。

10）施工用电

盾构掘进用电一般采用双回路专供电缆，供电电压达 10 kV。隧道内环境潮湿，随着盾构向前不断推进，高压电缆也要经过多次连接，接头应选用优质的专用接驳器。电缆要在隧道内固定好，并留有一定活动余地；电缆悬挂高度合适，至少要比运输车辆高，防止运输车辆脱轨后击断电缆，造成严重后果。

除了盾构用电之外，盾构隧道施工其他临时用电也很多，需采用“三级配电二级保护”，尤其要配备足够的分配电箱。分配电箱要用铁皮制作，不能用木板或胶板等其他材料代替。要真正做到“一机、一闸、一箱、一漏”，一箱多机、一箱多闸等现象极易合错闸，从而导致触电事故。

11）隧道运输

和隧道其他工法施工不同，中小直径的盾构隧道几乎均采用轨道运输系统。由于盾构的掘进速度很快，运输往往是限制施工速度的一个瓶颈。因此，运输车辆一般设计得较长，渣土斗也设计得很大，占用了隧道很大空间。管片底部为圆弧形，对轨枕的稳定性有一定影响，运输车辆容易脱轨，有可能威胁人行道上人员的安全，尤其是碰到盾构专用高压电缆时，后果更是不堪设想。因此，轨道运输系统要严格按有关技术规范执行，对轨距、轨道高差、弧度、接缝等重要参数要重点检查；轨枕应保证足够的刚度，并和管片上的螺栓保持固定或焊接，避免滑动变形。

隧道内运输容易引发安全事故，且一旦发生安全事故，后果大多比较严重。因此，严禁各类人员搭乘管片车进出隧道，严禁人员挤在操作室内。如隧道距离较长，应设计、使用专门的人员运输车辆，车辆应外设围栏。在盾构位置，电瓶车与盾构之间几乎没有空隙，非常狭窄，稍不注意，人员易被挤卡在中间。

吊运管片的吊带应认真保管，专物专用，不能用于吊运其他构件（尤其是铁件），以免损坏。管片吊运时，其他小件不应在管片上放置随同吊运下井。吊运构件时应支垫稳固，捆绑牢固。

水平运输发车前，应检查并确认电瓶车和平板车拖挂装置、制动装置、电缆接头等连接良好，经试运行情况良好方可进行操作。禁止运载超宽物体，禁止两辆板车同时运载同一超长物体。

12）隧道通风及防噪声

盾构仅推进系统往往就要消耗 1 000 kW 以上的功率，机内持续高温，当遇到较硬或耐磨性较高的岩石时，机内温度可超过 50 ℃。隧道内环境具有湿、闷、热的特点，在南方施工时尤为突出。尽管盾构配备了送风系统以降低温度，但隧道内温度与地面相比还是要高很多。如有必要，除送风系统外，可增设抽风系统或冷却系统，加强空气对流。

盾构在推进过程中，噪声常达到 80 dB 以上，作业人员因长时间处于高噪声环境下易产生疲劳感而诱发安全事故。因此作业人员要佩戴耳塞，并保证足够的休息时间，每天上班时间应不超过 8 h。

13）不良地质条件下的施工

（1）地下水。在富水地层盾构施工时，应勘察地下水的埋深、水压、流速和地层的渗流系数等，制定专项施工方案，必要时经专家论证、技术负责人审批后再实施。盾构施工过程中，应加强盾构姿态、排土和注浆的控制，防止盾尾刷的磨损和流砂的喷涌。

（2）孤石。在盾构施工前，发现孤石时，应尽可能调查出孤石的位置、大小、强度等影响盾构施工的因素，有条件的尽可能提前进行处理；需穿过时，应制定专项施工方案，必要时经专家论证、技术负责人审批后再实施。在盾构施工过程中，应密切注意盾构施工参数的变化，研究采取相应措施。

（3）砂卵石地层。卵石坚硬，不易破碎，砂中的石英对刀具的磨损较严重，渣土不易改良。因此砂卵石地层中盾构掘进是盾构施工的一大难题。

在盾构施工前，应尽可能调查砂卵石地层位置、层厚，砂卵石级配和最大粒径等影响盾构施工的因素，以便采取相应的应对措施。掘进过程中应根据经验和盾构施工的参数提前选择更换刀具的合理位置，不能让盾构带病工作。盾构掘进过程中，要加强盾构掘进参数的管理，发现异常需立即停机分析原因，排除故障后方可继续推进。须进行刀具更换时，应想尽办法更换完刀具后才能施工。

（4）厚回填土。回填土土质松散，易坍塌，地层沉降反映到地表的速度快，因此盾构在厚回填土中施工安全风险较大。在盾构施工前，应尽可能调查厚回填土地层位置、层厚等影响盾构施工的因素，以便采取应对措施。若条件允许，宜对回填土进行加固处理，加固的范围和强度以不影响盾构施工为准。在回填土层盾构施工时，不应在渣土改良剂中加过多的水。宜在不引起过大的地表隆起和管片承载力允许的情况下适当提高总推力，以提高土仓内及工作面的压力，维持土体的稳定。在盾构施工期间，应加强地面的监测和巡视，发现异常应立即研究采取相应的应急措施。

（5）瓦斯。若施工区域的地层中富含瓦斯，所有用于盾构地下施工用的机械设备及用电设备等，需具有防爆和防瓦斯的功能。所有下井工作人员的用具和服装需符合防瓦斯规范要求，下井和作业需按防瓦斯相关规范进行，禁止携带火源和易燃易爆物品下井，应有专项管理制度和专门的监管人员进行严格管理。施工中加强通风管理工作，确保施工工作面瓦斯浓度不超标。设专职的瓦斯检查员按规范对各工作面进行瓦斯检测，一旦超标，应立即通知作业人员停止作业。

（6）有毒气体及污染土。在盾构施工前，对可能存在有毒气体及污染土的地层，应采取调查和勘察等各种手段，将有毒气体及污染土的地层位置、深度、范围、数量、浓度等调查清楚。对有毒气体及污染土地层，应请专门的部门处理完成并经检验合格后方可进场施工。有毒气体及污染土地层处理，应有安全措施和防止二次污染的措施。在施工中应设专人进行有毒气体及污染土的地层检测工作，若检查出有毒气体及污染土，应立即上报并采取处理措施。除此之外，应有防止有毒气体及污染土地层的应急措施，要配备防毒面罩等设备和设施。

14）穿越工程周边环境的施工

盾构施工在控制地表沉降方面具有独特优势，因而在地铁隧道需穿越道路、重要管线、危旧民房、铁路、桥梁、高压线塔、文物、河流及湖泊等风险源地段时常被采用。尽管如此，盾构穿越这些地段时，仍应高度关注。

在盾构施工前，应对盾构沿线工程周边环境进行调查、分析和分级管理。对于重大风险源，施工前建设单位宜请有经验和有资质的单位对建（构）筑物进行评估，并提出沉降控制指标和建议处理措施；施工单位应编制专项施工方案，并与产权单位、建设单位、设计单位及监理单位会审，必要时应请专家进行论证。在有条件时，宜进行建（构）筑物、地基基础或地层的预加固处理，以提高建（构）筑物本身的抗沉降变形的能力。

在盾构施工过程中，应严格控制盾构的掘进参数，加强建（构）筑物及地表的监控量测和巡视管理，监控量测数据和巡视信息应及时反馈，以指导施工，一旦发现建（构）筑物异常，应立即研究采取相应的应急措施。

5. 盾构接收及解体运输风险控制措施

1）盾构接收

盾构接收施工主要包括接收端土体加固、接收基座安装、接收洞门密封和止水设施安装、洞门桩留除和接收段推进施工。在整个接收过程中应加强对各参数的观察与控制，发现异常及时汇报，待确认安全后再继续施工。

在接收端土体的加固经检验达到设计强度后，才能开始进行此段的掘进施工；接收施工阶段实行地面隆沉的24 h监控，并应尽快将结果送达项目经理及总工，确保及时调整施工参数。接收基座在盾构到达前要提前安装好；接收洞门密封和止水设施的安装经验收合格后，方可进行盾构接收作业；盾构刀盘距接收洞门 5 m 前搭好洞门凿桩的脚手架，将洞门松动物清理干净，并确认洞门防水物件已做好保护，盾构刀盘距接收洞门小于 5 m 以后须确保接收洞门四周 5 m 范围内不能有人。

在盾构刀盘通过洞门时，需要停止刀盘的转动，并在此之前解除盾构推进与刀盘转动的联锁。从盾构出洞门至全部被推上接收基座的整个过程，都须慢速前进，且需有专人指挥。技术员、专职安全员应旁站观察盾构的姿态、接收基座的状态、洞门密封装置状态、盾尾管片间隙（不小于 12 mm），发现异常情况立即通知盾构操作手停止前进。需经技术员、专职安全员对盾构接收基座的位置、固定情况进行最终核实且符合要求后，盾构方可进入基座。盾构在被推上基座的过程中，距盾构接收基座 5 m 范围内不能有人；洞门注浆作业前须进一步紧固洞门密封装置，确保其不漏浆，并撤出洞门 5 m 范围内人员，盾尾出洞门密封装置前 1 m，须全部完成注浆作业，之后盾构应及时全部出洞，以防盾尾被浆液固定住。

2）盾构解体运输

将台车间的连接放松并将各台车进行可靠定位后，方可解除台车间的管线连接，以确保其解除时台车不会滑移。台车一般不随盾构主机同步移动，若需移动，应由电瓶车牵引或推移，移动前后注意检查两者的连接和台车的固定，以确保台车不发生滑移、跑车；在拆除皮带架、拉杆及管片运输架前需确认已有可靠的吊拉设施吊住，并确保拆除过程中不会坠落；盾构调头过程中须有专人指挥，不能随意靠近盾构设备，并须有专人观察设备在调头过程中的状态，发现异常或不安全现象须立即停止移动，待处理后方可继续作业；电缆的拆除应由持有上岗证的专业电工完成，拆除电缆前应先确认已经断电。有压力管道、设备拆除时，需先松动连接，待压力释放后方可拆除连接，作业人员面部不能正对接口。

在台车运输通道内运输设备、行车时，运输段通道内不能有人，且有信号工指挥，发现异常情况立即停止前进；进入盾构隧道运输道内作业需经当班负责人同意，并按其安排的时间及范围作业，作业过程中须有专人注意观察，发现异常立即将人员撤至安全地点；隧道内严禁吸烟，使用明火作业（如气割、电焊）需经当班负责人批准并清除作业点 10 m 范围内易燃物品（如油等）后方可作业，作业前还须准备好灭火器材，并有专人负责消防工作。

5.3.5 典型案例

1. 地铁成功下穿某古塔

1）工程简介

某古塔修建于元初，迄今有 770 多年的历史。该塔由于具有重要的文物价值，备受建设单位、设计单位、监理单位、政府部门和社会各界的普遍关注，被评定为某地铁线施工的特级风险源。古塔为砖结构，塔高约 15.9 m，向东偏南倾斜约 3°，塔在平面上向东与右线盾构隧道重叠 0.8 m，结构右下方有 1.5 m×2.0 m 的人防通道。

设计单位综合理论计算、工程类比及评估单位的建议提出的控制标准为+10～–15 mm。盾构工程实施过程中，通过对古塔塔身的加固、人防结构的处理，并利用已累积的盾构下穿危旧民房的经验，制定了左、右线盾构下穿古塔的技术措施。盾构下穿后，地面最大沉降量仅为 4.0 mm，远小于设计要求，古塔基础最大差异沉降为 2.8 mm，也远小于设定的 5 mm。实践表明，盾构下穿特级风险源古塔施工是成功的。

2）工程经验总结

（1）技术方面。

建设单位会集专家、设计单位、监理单位和施工单位多次召开专家论证会，对古塔进行分析，经综合评价确定古塔为特级风险源并按照相关程序进行管理。设计单位和施工单位分别编制了专项设计方案和专项施工方案，施工单位邀请地铁施工方面及文物古建筑方面的专家进行专项施工方案论证，专项设计方案和专项施工方案经建设单位技术委员会组织专家评审后完善、实施。专项施工方案采取了塔身保护、隔离桩、注浆加固、优化施工参数及补充二次背后注浆等施工技术措施。同时，施工单位还制定了专项监控量测方案，加大监测频率，每天测量 2 次。这些技术措施为工程的顺利实施提供了技术保障。

（2）管理方面。

在施工前，利用职工夜校对作业人员进行安全教育和培训，对施工人员和管理人员进行了全面的专项方案的书面和口头交底，对安全技术措施和安全要求作了详细解说，使每一位施工人员和管理人员明确工程的重要性和各自的安全职责。并根据制定的应急救援预案进行了现场演练，提高了作业人员的安全意识。每班作业前进行安全教育，提高作业人员的安全意识。施工期间，要求项目经理部主要管理人员轮班值班，项目部主要管理人员 24 h 在岗。加强地面 24 h 巡视，保持地面地下的通信畅通，以便有情况及时联系。

2. 地铁某盾构工程沉陷事故

1）事故概况

2005 年 8 月 22 日某盾构工程，在始发掘进过程中，盾构在拼装管片时突然出现铰接异常，由上短下长变为上长下短，出土中发现黑色淤泥，与地质报告情况不符，盾构开始下沉。盾构继续推进，在推出距离始发地点 8 m 后，地面房屋（饭店）墙体出现裂缝，地面出现沉陷区，沉陷区位于盾构隧道上方，且沉降量较大。经探测，周围地层松软、潜水大，周边各类井都灌满水。

施工单位在事发当天对饭店沉陷处进行了注浆回填加固处理，采取了调整壁后浆液配合比、优化施工参数、快速脱离此地层等措施，同时加密监测，监测数据及时反馈，保证了房屋及地面人员的安全。

2）原因分析

（1）技术方面。

根据地质报告，隧道穿过地层主要为砂层，隧道上方主要为杂填土、粉质黏土、黏质粉土，盾构上方为粉质黏土。但从实际开挖土体来看，开挖面主要为淤泥层，土体松软且含水率较大（地层松软）。由于轨道交通工程详勘地质钻孔间距一般在 25～50 m，正好没有反映出该处的地质情况，造成盾构施工的问题。

（2）管理方面。

事故也暴露出了盾构施工管理上的一些问题。在发现铰接异常，出土与地质报告不符、盾构开始下沉之后，应立即停机，及时撤离人员，采取地面保护措施，待处于安全稳定状态后方可继续推进。但施工方发现异常后却继续推进，这显然是不合适的，暴露出施工方管理上的漏洞和施工技术人员责任心不强等问题。所幸未塌方，未造成房屋倒塌和人员伤亡。

虽然盾构施工中存在环境和地质的众多不确定性因素，但是精细化管理和高度的责任感完全可以在很大程度上避免事故的发生。从本案例看，参建各方均应加大管理力度，增强管理人员的责任感。

3）预防对策

要想避免此类事故发生，需做好以下工作。

（1）加强地质勘察，施工单位进场后，要详细调查沿线地面及地下建（构）筑物的情况，对必要地段进行补充地质勘察。

（2）施工前，应对地下管线、枯井、雨污水井、渗井、地下空洞、地下水囊、防空洞等不利环境因素进行勘测和调查。根据勘测和调查结果，有条件的，应提前采取预处理措施。

（3）施工中加强施工控制，密切注意推进参数变化异常情况，有情况及时上报，且应立即采取适当的措施。

（4）加强施工人员和管理人员的责任心，提高安全意识。

（5）施工前应制定各种应急措施，并做好演练，出现问题能有条不紊地化解紧急危机，减少损失。

（6）建立并加强地面 24 h 巡视制度，保证地下、地面通信畅通。

课后习题

简答题

1. 盾构进场组装时应如何进行风险控制?
2. 盾构到达及解体运输时应采取哪些风险控制措施?

附录 A　施工安全风险因素识别表

表 A–1 为施工现场检查评分记录表。表 A–2 为明（盖）挖施工安全风险因素识别一览表。表 A–3 为暗挖施工安全风险因素识别一览表。表 A–4 为盾构施工安全风险因素识别一览表。

表 A–1　施工现场检查评分记录表

施工单位：　　　　　　　　工程名称：　　　　　　　　　　　　年　　月　　日

序号	检查项目		检查情况	标准分值	评定分值
1	现场状况	施工现场大门和围挡牢固整齐，符合要求		5	
2		临设工程牢固整齐，材质符合要求		5	
3		工地主要出入口有施工单位标牌		4	
4		大门内有一图三板		8	
5		现场道路运输平整、畅通，有排水措施		5	
6		料具和构配件码放整齐，符合要求		5	
7		楼梯、休息板、阳台不得堆放材料和杂物		5	
8		施工现场内无随地大小便痕迹		5	
9		建筑物内外零散碎料和垃圾渣土清理及时		5	
10		成品保护措施健全有效		5	
11		责任区分片包干、个人岗位责任制健全		4	
12		施工区和生活区有明确划分		4	
13	资料	施工组织设计编制、审批手续齐全，内容科学合理		10	
14		施工组织设计变更手续齐全，有原审批人签字		5	
15		流水段、工程流程、设备配置符合施工组织设计		5	
16		季节性施工方案和措施齐全，针对性强，切实可行		5	
17		施工平面布置图符合规定，现场状况与图相符		10	
18	职工应知考核			5	

应得分：　　　　　实得分：　　　　　得分率：　　　　　折合标准分值：

检查员签字：

表 A-2　明（盖）挖施工安全风险因素识别一览表

序号	风险类别	危险源和危害因素
1	地质风险	1. 富水软弱地层，处理不当，引起管涌、基底隆起，导致坍塌事故发生； 2. 软土引起地面沉陷及建（构）筑物沉降，导致坍塌事故发生
2	土体开挖	1. 开挖前未摸清地下管线、未制定应急措施； 2. 地下管线和地下障碍物未经查明即机械挖土； 3. 土方施工时，放坡和支护不符合规定引起坍塌事故； 4. 在沟、坑、槽边堆土、堆料、停置机具引起坍塌事故； 5. 软土开挖，影响周边建（构）筑物安全引起坍塌事故； 6. 未设置有效的排水挡水设施引起坍塌事故； 7. 挖土机械碰到降水井、支撑，挖土时动作过大引起坍塌事故； 8. 岩石爆破时飞石伤人
3	边坡支护（围护结构）	1. 支护设施已发生变形，未采取有效措施调整引起坍塌； 2. 深基坑施工，没有防止邻近建筑物沉降的措施； 3. 未按规定进行支护变形监测； 4. 未按规定对邻近建（构）筑物进行沉降监测； 5. 基坑内作业人员无安全立足点； 6. 围护结构插入深度不足，引起围护结构失稳； 7. 内支撑加设不及时或锚索拉锚力不足，引起围护结构失稳； 8. 围护结构的止水效果不好，导致大量泥沙涌入基坑，引起围护结构失稳
4	结构工程	4.1　钢筋工程
		1. 切割机无火星挡板，附近堆放易燃物品； 2. 起吊钢筋规格、长短不一造成物体碰撞； 3. 钢筋回转碰到电线引发触电伤害； 4. 起吊钢筋下方站人； 5. 起吊钢筋捆扎不牢
		4.2　模板工程
		1. 模板不按规定存放，引起坍塌、倒塌； 2. 混凝土强度未达到规定即开始拆模； 3. 现浇混凝土模板支撑系统未经验收； 4. 支模、拆模过程无专人监护； 5. 作业面空洞和临边防护不符合要求； 6. 拆模后未及时封盖预留洞口，导致人员从洞口坠落； 7. 拆下的模板未及时运走，未集中堆放

续表

序号	风险类别	危险源和危害因素
4	结构工程	4.3　混凝土工程 1. 高处混凝土施工作业缺少防护、无安全带引发高处坠落； 2. 插入式振动器电缆线被挤压引起漏电伤人； 3. 对混凝土输送未制定有针对性的安全措施； 4. 用电缆线拖拉或吊挂插入式振动器触电； 5. 混凝土滑槽未固定牢靠； 6. 泵送混凝土架子搭设不牢靠
5	防水工程	1. 防水作业区域空气不流通，引发窒息； 2. 使用有害有毒材料，无劳动防护用品； 3. 未制定紧急事故的处理措施； 4. 易燃易爆物施工时无防火、防爆措施
6	地下水控制	1. 井口及井点管的位置未做出明显标志； 2. 井点施工前未对地下障碍和管线位置做确认； 3. 过量抽水，造成周边建（构）筑物下沉； 4. 管线开裂或破坏； 5. 周边建（构）筑物发生沉降、开裂、倾斜
7	中桩施工（盖挖）	1. 孔下安装钢管柱，无通风措施； 2. 护壁混凝土强度未达到规定养护时间，就进行下一步土方开挖
8	土方和材料通过竖井垂直运输（盖挖）	1. 垂直运输采用龙门架等起重设备时无专人指挥； 2. 土斗或材料升降过程中，井下作业人员未撤离至安全地带； 3. 材料、堆土等荷载距离竖井边小于 2 m，高度超过 1.5 m； 4. 吊重物时钢丝绳不垂直或超过电动葫芦额定重载； 5. 吊起物落地后在未确认稳固的情况下摘钩
9	盖挖下土方及材料水平运输	1. 运输车辆制动失效，人料混载、超载、超宽、超高运输； 2. 洞内倒车与转向时未开灯鸣号或未设专人指挥，洞内车辆相遇或有行人通行时未关闭远光改用近光，引发交通事故
10	地面交通	1. 施工围挡外导向标志不明显，导致车辆冲入施工现场； 2. 施工围挡大门处车辆进出无人指挥，导致施工车辆危及社会车辆及行人； 3. 交通干道距离基坑较近，车辆荷载及振动影响基坑稳定性

表 A–3　暗挖施工安全风险因素识别一览表

<table>
<tr><th>序号</th><th>风险类别</th><th>危险源和危害因素</th></tr>
<tr><td>1</td><td>地质风险</td><td>1. 地质条件复杂多变、地层中存在空洞疏松、土质自稳性差，导致坍塌事故；
2. 地层含水率大、补给源多且不明、降水措施不到位引起坍塌事故</td></tr>
<tr><td rowspan="4">2</td><td rowspan="4">超前支护</td><td>2.1　超前小导管注浆</td></tr>
<tr><td>1. 小导管材质、规格、长度及花眼不符合设计和方案要求；
2. 注浆压力未按要求分级逐步升压；
3. 未达到注浆终压或注浆量标准即结束注浆；
4. 浆液配置或存放过程中未设专人管理</td></tr>
<tr><td>2.2　超前大管棚</td></tr>
<tr><td>1. 大管棚材质、规格、长度及花眼不符合设计和方案要求；
2. 未达到注浆终压或注浆量标准即结束注浆</td></tr>
<tr><td rowspan="4">3</td><td rowspan="4">隧道开挖</td><td>3.1　土方开挖不当导致坍塌事故</td></tr>
<tr><td>1. 开挖前未核实施工涉及的地下管线情况，未制定相应的保护、加固措施；
2. 开挖进尺过大，超过设计及规范要求；
3. 核心土留置不符合要求；
4. 台阶长度、导洞间距不符合要求</td></tr>
<tr><td>3.2　石方爆破开挖</td></tr>
<tr><td>1. 隧道开挖及凿孔时，未使用湿式凿岩机；
2. 爆破器材运送过程中，炸药和雷管未装在专用箱（袋）内分开携带，引起爆炸事故；
3. 一次引爆的炮孔，未全部钻孔后装药，向炮孔内装炸药和雷管不符合规定；
4. 爆破器材加工房设置不符合规范要求；
5. 爆破后通风排烟时间不够（少于 15 min），检查人员就直接进入隧道造成中毒；
6. 爆破后未检查四周有无松动石块、支护有无损坏变形即开始施工；
7. 运送爆破器材未按有关规定进行；
8. 爆破器材未由爆破工专人护送，引起爆炸；
9. 用凿岩机或风钻钻孔时，操作人员未戴防尘口罩和风镜使得碎石溅入口鼻伤人</td></tr>
<tr><td rowspan="4">4</td><td rowspan="4">隧道运输</td><td>4.1　竖井垂直运输</td></tr>
<tr><td>1. 垂直运输采用龙门架等起重设备时，无专人指挥；
2. 土斗或材料升降过程中，井下作业人员未撤离至安全地带；
3. 材料、堆土等荷载距离竖井边小于 2 m，高度超过 1.5 m；
4. 起吊重物时钢丝绳不垂直或超过电动葫芦额定载重；
5. 吊物落地后在未确认稳固的情况下摘钩</td></tr>
<tr><td>4.2　洞内运输</td></tr>
<tr><td>1. 洞内运输车辆状态欠佳，制动失效，人料混载、超载、超宽、超高运输；
2. 有轨运输洞内洞外曲线半径不符合规定；双线运输时车辆错车净距及车辆距坑壁或支撑边缘的净距不符合规定；单线运输时未设人行道和错车道；
3. 线路尽头未设挡车装置、标志及卸车平台，运输线路无专人维修、养护、清理杂物；
4. 洞内倒车与转向时未开灯鸣号或设专人指挥，洞内车辆相遇或有行人通行时未关闭远光改用近光，引起交通事故；
5. 无轨运输洞内车速不符合规定，未设置防止运输车辆碰撞的标志</td></tr>
</table>

续表

序号	风险类别	危险源和危害因素
5	初期支护	5.1 钢架制作及安装
		1. 钢架未按设计文件要求加工制作引起坍塌； 2. 安装前未清理作业面松土和危石引起坠落伤人； 3. 连接板间未密贴； 4. 连接筋间距、搭接长度及焊缝等不符合设计文件要求； 5. 拱脚虚土未清理
		5.2 锁脚锚管
		1. 锁脚锚管材质、规格、长度及花眼不符合设计和方案要求； 2. 未按设计要求注浆
		5.3 挂网及喷射混凝土
		1. 挂网前未清理作业面松土和危石，未确认土壁稳定性； 2. 钢筋网片之间搭接长度不符合规范要求，且未与钢架牢固焊接； 3. 非作业人员进入喷射作业区； 4. 喷射作业中断或结束后未按规定要求的顺序进行停料、停风； 5. 未采取有效措施通风、降尘
		5.4 回填注浆
		1. 注浆材料的配比、压力等不符合设计及施工方案要求； 2. 注浆材料为有毒有害物质，不符合环保要求并引起施工人员中毒； 3. 回填注浆距离掌子面小于 5 m
6	二次衬砌	6.1 钢筋工程
		1. 切割机无火星挡板，附近堆放易燃物品； 2. 起吊钢筋规格、长短不一造成物体碰击； 3. 钢筋回转碰到电线引发触电伤害； 4. 起吊钢筋下方站人； 5. 起吊钢筋捆扎不牢
		6.2 模板及支架
		1. 模板台车导轨不坚实，组装后未进行定位复核； 2. 衬砌强度尚未达到规范要求即进行模板拆除； 3. 台车两端未设安全标志和警示灯
		6.3 二衬混凝土
		1. 高处混凝土施工作业缺少防护、无安全带引发高处坠落； 2. 插入式振动器电缆线被挤压引起漏电伤人； 3. 对混凝土输送未制定有针对性的安全措施； 4. 用电缆线拖拉或吊挂插入式振动器触电； 5. 混凝土滑槽未固定牢靠； 6. 泵送混凝土架子搭设不牢靠

续表

序号	风险类别	危险源和危害因素
6	二次衬砌	6.4　二衬背后注浆
		1. 注浆材料的配比、压力等不符合设计及施工方案要求； 2. 二次衬砌强度未达到规范要求即回填注浆引起其他伤害
		6.5　防水工程（卷材复合防水层）
		热风口、射钉枪枪口冲人引起人体伤害
7	地下水控制	1. 井口及井点管的位置未设置标志引发坠落伤害； 2. 井点施工前未对地下和空中的障碍物、管线位置进行确认； 3. 过量抽水，造成周边建（构）筑物下沉
8	穿越建（构）筑物	1. 地面建筑（包括房屋、桥梁等）结构属于危房或与隧道拱部垂直距离过小，造成沉降、开裂等； 2. 地下管线及建（构）筑物位于隧道结构的周围甚至侵入净空内，造成沉降、开裂等
9	穿越江河	河流位于隧道施工影响范围内且与隧道拱部垂直距离过小，造成河水侵入隧道，危及作业人员安全引起其他伤害

表 A-4 盾构施工安全风险因素识别一览表

序号	风险类别	危险源和危害因素
1	前期及盾构选型	1. 盾构选型失误或盾构性能和质量不满足实际工程要求，造成推进困难或盾构瘫痪； 2. 盾构井端头加固效果差造成塌井或淹井事故
2	盾构运输	1. 运输车辆承载力不足、道路承载力不足或地下有空洞造成倒塌伤害； 2. 盾构运输通过的桥梁承载力或净空、架空线净空不足； 3. 盾构运输通过路线的坡度或转弯半径不足，造成设备倾倒
3	盾构进场及组装	1. 盾构装、卸车吊装时碰触附近高压线； 2. 盾构装、卸车支垫不牢造成倒塌伤害
4	盾构始发期	1. 施工现场照明不足； 2. 基座质量不符合要求导致盾构倾覆； 3. 反力架质量不符合要求、反力架变形或开焊导致盾构倾覆； 4. 高压电缆损坏或受碰撞挤压放电； 5. 盾构转动部件伤人，洞口凿除物滚落伤人； 6. 始发端存在空洞，造成塌方； 7. 始发端加固范围不足、加固止水效果差、加固体强度不足或存在管线渗漏，导致涌水、涌砂、塌方； 8. 始发端存在不明障碍物，反力架提供反力不足，负环及支撑的强度、刚度或稳定性不足，造成推进困难、速度慢、沉降量大或塌方； 9. 泥浆设备、泡沫系统、电力系统、电气自动控制系统、机械系统或液压系统故障，造成无法推进、速度慢、沉降量大或塌方； 10. 盾尾密封系统设备故障、管片安装系统设备故障、渣土运输系统设备（皮带输送机、电瓶车、龙门吊等）故障、刀具刀盘系统设备故障、盾构自动测量系统设备故障、盾构润滑系统故障造成无法推进、速度慢、沉降量大或塌方； 11. 注浆管路堵塞、注浆泵损坏、注浆系统故障，无法注浆，造成沉降量大或塌方； 12. 管片拼装机转动伤人，刀盘转动伤人，压力管（如液压管、注浆管）爆裂伤人，皮带输送转动机伤人，管片或渣土运输车掉道、溜车伤人； 13. 出土量过多、注浆量过少或未注浆引起沉降或塌方； 14. 隧道内步道未清理、未设防滑、未设护栏或设置不规范，导致人员摔伤； 15. 始发井洞口未设护栏导致人员坠落； 16. 始发井孔口防洪水位不足，造成设备被淹
5	盾构正式掘进期	1. 地面加泥搅拌设备、浆液搅拌产生的机械伤害； 2. 土体改良塑流化效果差，掌子面不稳定造成塌方； 3. 出土量过多，引起沉降或塌方； 4. 背后注浆未注浆、注浆不及时或注浆压力不足、注浆量过少，引起沉降或塌方； 5. 推进速度过快，造成注浆不及时，引起沉降或塌方； 6. 盾构推进偏位过大，纠偏困难，引起沉降或塌方； 7. 由于操作、地质突变或土体改良效果等原因造成螺旋机发生喷涌，引起支承开挖面的压力骤降，从而引起塌方事故； 8. 危旧民房区施工，引起沉降，造成房屋开裂或倒塌；

续表

序号	风险类别	危险源和危害因素
5	盾构正式掘进期	9. 皮带输送机等转动时伤人（特别是测量人员在上方测量时）； 10. 渣土车掉道、溜车伤害设备或人员； 11. 管片洞内运输发生倾覆或管片从拼装机上脱落伤人； 12. 未拼成环，管片发生倾倒； 13. 管片拼装精度不足，引起管片错台、压裂； 14. 注浆过程中浆液管爆裂伤人； 15. 进仓人员未经体检，人员不适应气压作业造成伤害； 16. 加压过高或加压、降压速率过快，工作仓密闭不严或工作面漏气严重，不能稳压，导致降压过快对作业人员造成伤害； 17. 空压机压力不足或损坏，无备用空压机，工作压力不能维持，造成人员伤害； 18. 空压机压入的空气不清洁，造成人员伤害； 19. 通风设备造成的机械伤害； 20. 在高压下使用电焊、气焊或气割设备导致爆炸或窒息； 21. 高压配电柜、配电箱或开关柜未经检验合格，无三级漏电保护，造成用电伤害； 22. 高压接头不符合要求，未经检测合格； 23. 高压作业人员需有专人监护，单人无监护违规操作造成伤害； 24. 通风效果差引发窒息、中毒等伤害； 25. 地面空洞，造成塌方； 26. 地下管线渗漏造成涌水、涌砂、塌方； 27. 存在大的孤石、密实砂卵石或其他不明障碍物，造成推进困难、速度慢、沉降量大或塌方； 28. 存在厚人工填土，造成沉降量大或塌方； 29. 存在高压地下水，造成喷涌、推进困难、速度慢、沉降量过大或塌方； 30. 地下水体与地面水体连通，造成喷涌或淹井事故； 31. 瓦斯地层推进，引起爆炸或窒息； 32. 进入不明有毒气体或污染土中施工，导致中毒； 33. 盾构穿入不明暗河或溶洞
6	盾构接收	1. 接收端头加固体范围不足、加固体效果差，造成降沉量过大或塌方； 2. 接收端洞口密封不好，进洞时造成淹井和淹设备； 3. 接收基座强度不够，造成盾构倾倒
7	附属结构施工	1. 未对洞门施作支撑或加固不牢就进行开洞施工，造成塌方； 2. 软土未进行加固，导致开洞或施工过程中塌方； 3. 管片后的透水通道或联络通道未进行止水、止水效果差或未经检测合格，造成涌水、涌砂或塌方； 4. 管棚设置或施工未满足设计或规范要求； 5. 开挖步距过大，造成塌方； 6. 开挖段暴露长度大，时间长，支护不及时，造成塌方；

续表

序号	风险类别	危险源和危害因素
7	附属结构施工	7. 格栅间距过大，接头连接质量差，喷射混凝土强度或厚度不满足设计或规范要求，造成塌方； 8. 未及时对埋点进行监控量测，未及时发现问题，造成塌方； 9. 未及时按设计要求架设临时支撑，造成变形过大或塌方； 10. 二衬施工拆撑或换撑分段长度不合理、未按设计要求进行、未进行核算，造成变形量过大或塌方； 11. 二衬施工支架或模板台车强度、刚度、稳定性不满足要求，造成坍塌； 12. 空洞、水囊、上层滞水、厚回填土或管线渗漏未经处理或处理措施不到位，造成塌方； 13. 存在地面荷载及振动，无处理措施造成塌方； 14. 断面改变处和转角处施工，无相应的处理措施或措施不当，造成塌方； 15. 瓦斯地层施工，引起爆炸或窒息； 16. 进入不明有毒气体或污染土中施工，导致中毒； 17. 水池或泵房与联络通道的连接部位处下挖过程中无加强措施，造成塌方

参 考 文 献

[1] 住房和城乡建设部定额研究所. 建筑施工安全检查标准：JGJ 59—2011[S]. 北京：中国建筑工业出版社，2011.

[2] 邹永超. 建筑工程施工安全管理与实务[M]. 北京：中国建材工业出版社，2013.

[3] 周连起，刘学应. 建设工程质量与安全管理[M]. 北京：北京大学出版社，2010.

[4] 张瑞生. 建设工程质量与安全管理[M]. 2 版. 北京：中国建筑工业出版社，2013.

[5] 安关峰. 市政工程施工安全管控指南[M]. 北京：中国建筑工业出版社，2019.

[6] 全国注册安全工程师职业资格考试研究中心. 安全生产管理[M]. 北京：中国大百科全书出版社，2019.

[7] 中华人民共和国交通运输部. 公路隧道施工技术规范：JTG/T 3660—2020[S]. 北京：人民交通出版社，2020.

[8] 中华人民共和国国家卫生健康委员会. 工作场所有害因素职业接触限值：第一部分　化学有害因素：GBZ 2.1—2019[S]. 北京：中国标准出版社，2019.

[9] 中华人民共和国卫生部.工作场所有害因素职业接触限值：第二部分　物理因素：GBZ 2.2—2007[S]. 北京：人民卫生出版社，2007.

[10] 高波，王英学，周佳媚. 地下铁道[M]. 成都：西南交通大学出版社，2011.

[11] 刘健. 隧道通风安全与照明[M]. 重庆：重庆大学出版社，2015.

[12] 高向阳. 建筑施工安全管理与技术[M]. 北京：化学工业出版社，2016.

[13] 北京城建设计研究总院有限责任公司，中国地铁工程咨询有限责任公司. 地铁设计规范：GB 50157—2013[S]. 北京：中国建筑工业出版社，2014.

[14] 北京交通大学. 地铁工程施工安全管理与技术[M]. 北京：中国建筑工业出版社，2012.

[15] 姚雪梅. 地下工程施工安全风险管理系统研究[M]. 武汉：武汉理工大学，2010.

[16] 李平，张鲁风. 安全员岗位知识与专业技能[M]. 北京：中国建筑工业出版社，2013.

[17] 罗琳，罗斌. 建筑工程安全管理[M]. 武汉：武汉理工大学出版社，2013.